井筒变形机理分析及高强高性能混凝土井壁材料研究

经来旺 张 浩
徐辉东 杨仁树 ◎著

中国科学技术大学出版社

内容简介

本书围绕“立井井筒破裂机理”和“高强高性能混凝土井壁材料的性能与应用”两大核心内容展开研究。全书共包括6章具体内容，依次对各大矿区井壁破裂的基本情况、立井井壁破裂机理的研究现状、高强高性能混凝土井壁材料的研究与应用现状、立井井壁破裂机理与预测理论、矿山立井井壁防破裂措施、高强高性能混凝土原材料选择及配合比、高强高性能混凝土干缩性能和绝热温升特性、高强高性能混凝土耐久性能、高强高性能混凝土微观机理、深厚表土层冻结立井高强高性能混凝土现场施工应用等内容进行了较为深入的理论研究与实验分析。全书理论与实践相互印证，内容丰富，题材鲜明，可作为煤矿工程技术人员、高校专业教师、专业设计人员施工、教学与设计等方面的重要参考材料。

图书在版编目(CIP)数据

井筒变形机理分析及高强高性能混凝土井壁材料研究/经来旺等著. —合肥：中国科学技术大学出版社，2011.11

ISBN 978-7-312-02813-7

Ⅰ.井… Ⅱ.经… Ⅲ.①井筒变形—研究 ②混凝土井壁—研究 Ⅳ.①TD321 ②TD352

中国版本图书馆CIP数据核字(2011)第211417号

出版 中国科学技术大学出版社
地址 安徽省合肥市金寨路96号，230026
网址 http://press.ustc.edu.cn
印刷 安徽江淮印务有限责任公司
发行 中国科学技术大学出版社
经销 全国新华书店
开本 710 mm × 1000 mm 1/16
印张 14.25
字数 293千
版次 2011年11月第1版
印次 2011年11月第1次印刷
定价 28.00元

前　　言

本书的研究始于1999年，主要背景是20世纪80年代以后徐、淮、兖、屯等矿区煤矿立井井筒连续的、规模性的变形和破裂。虽然20世纪90年代许多高等院校、研究所投入了大量的人力、物力对这一现象进行了一定深度的研究并获得了一定的成果，但在导致井壁破裂的竖向附加力分布规律的理论计算方面未能给出具有说服力的结论，在立井次生地压的研究方面未能做出突破性的研究，以至于不能给出深厚表土层中立井井壁结构设计的较为准确的计算理论，更谈不上井壁材料方面的针对性的变革。

针对上述状况，本书从立井井筒次生地压成因及分布规律入手，以立井井筒危险点应力状态变化规律的研究为基础，以高强高性能混凝土井壁材料的研究为最终目标，历经12年，最终获得了巨大成功。目前高强高性能混凝土井壁材料在全国范围内得到了最为广泛的应用，90%以上的煤矿立井表土段井壁采用高强高性能混凝土材料，60%以上的新建铁矿也使用高强高性能混凝土作为表土段井壁材料。依据近几年来的调查分析，2004年以来使用高强高性能混凝土井壁材料的立井井筒基本保持完好，至此可以断言，发生在我国各大矿区的井壁破裂现象已经得到了彻底的遏制。

本书的研究以中国矿业大学为核心，以安徽理工大学、中国矿山建设(集团)公司为主要参加单位，其间淮南矿业(集团)公司、淮北矿业股份有限公司、山东新汶矿业(集团)公司等众多大型企业给予了积极的支持和帮助，对此，课题组的全体人员表示衷心的感谢！

本书共分6章，其中第1、2、3章由经来旺、张浩共同撰写，第4、5、6章由徐辉东、杨仁树共同撰写。全书由经来旺规划、整理与统稿。

编　者

2011年5月

目　　录

第1章 概 要

1.1 项目来源

(1)“十一五”国家科技支撑计划(2007BAK24B00)。

(2)安徽省“十一五”科技攻关项目。项目名称:深厚表土层冻结立井高强高性能混凝土井壁研究,项目编号:04012072。

(3)安徽省高等学校自然科学基金项目:3项。

① 深立井井壁破裂预测及防破裂措施研究,项目编号:2003KJ084。

② 矿山混凝土立井井筒塑性变形机理研究,项目编号:2005KJ008。

③ 矿山立井次生地压研究,项目编号:2006KJ004B。

(4)安徽省自然科学基金项目。项目名称:矿井水灾害之井筒破裂的力学机理与防治,项目编号:11040606M101。

1.2 研究概况

应用领域:矿山建设工程。

实施地点:自2004年在山东龙固煤矿开始实施该项目成果起,如今高强高性能混凝土井壁已遍布安徽、河南、山东、江西、内蒙古、新疆、山西等煤炭主要产区。

研究时间:1999～2011年。

1.3 主要研究内容

本书的研究围绕“立井井筒破裂机理”和“高强高性能混凝土井壁材料的性能

与应用”两大中心，具体研究了如下内容：

1.3.1 立井井筒破裂机理分析

1．绪论

主要介绍我国各大矿区井壁破裂的基本情况，研究井壁破裂机理、结构和材料优化的必要性和重要性。主要分析近年来井壁破裂机理研究中的各种理论观点和实验研究结果，提出存在的问题及课题组的观点，给出研究工作的思路及方法。

2．立井井筒表土段次生地压及表土与井壁间相互作用机理

主要目的是分析立井表土段次生地压和井壁竖向附加力的成因、分布及变动规律，较为细致地研究了矿区表土疏水沉降特征并进行了模拟实验研究，然后对表土与井壁之间的相互剪切作用和立井井筒对土体的支撑效应做了进一步的细致分析。

在对井筒周侧的表土进行受力和变形分析时，创新性地将表土层划分为薄板单元进行分析，并成功地解决了立井次生地压分布规律的求解、确定问题，从而为立井井壁破裂预测理论的建立奠定了基础。

通过表土与井筒之间刚度差的分析，揭示了立井井筒对表土的支撑效应，并以此为基础发现并论证了表土段下部土体中低压缩区的存在及竖向附加力分布范围内“中性层”位置的存在，建立了确定危险截面位置的理论公式；分析了温度变化对井壁应力的影响和井筒周侧地应力随地下水位的变化规律，揭示了竖向附加力存在塑性段及上、下弹性段的事实，并给出了相关理论计算公式，最后提出了井壁竖向、环向、径向的应力分布规律。

3．立井井壁重复破裂及预测理论研究

依据上述分析，对立井井壁重复破裂的条件及机理进行了较为深入的分析，给出了较有说服力的具体实例。

通过建立立井井壁破裂位置、破裂时间与地下水位之间的内在关系，建立了井壁破裂的预测方法，并形成了预测理论。

基于上述研究，利用计算机的数值计算与分析功能，建立了合理的力学计算模型，以典型实例为分析背景，从数值模拟的角度对立井井壁破坏的力学机理进行了分析研究，一方面论证了前述解析分析的结果，另一方面提供了一种较为简便的研究立井井壁破裂的理论与技术方法。

1.3.2 高强高性能混凝土井壁材料实验研究与应用

1．深厚表土层冻结井壁用高强高性能混凝土制备技术

通过实验室中的反复实验，拟合优选出适合高强高性能混凝土的掺合料和复合外加剂。在综合考虑高强高性能混凝土全配方配合比计算结果、矿物掺合料的增强效应和基本性能正交实验分析结果的基础之上，将模糊优选方法与结合层次分析法相结合，优选出不同水平下的相对优属度，提出高强高性能混凝土的最佳配合比范围。

2．高强高性能混凝土力学性能研究

根据高强高性能混凝土在常温与低温情况下力学性能及其微细观分形的变化，研究了强度增长与材料破坏的机理；并进行了常温及受冻后高强高性能混凝土收缩性能、耐久性能及相关力学性能(抗压强度、抗拉强度、轴心抗压强度和静力弹性模量)的实验研究。

采取工业CT扫描，提取混凝土受载后的裂纹，进行了分形维数的计算，分析了混凝土在常温与受冻情况下表面分形的变化。推导了混凝土分形与混凝土损伤量之间的关系，进一步揭示了混凝土受冻引起的混凝土损伤变量。同时从微观层面揭示了高强高性能混凝土的强度增长机理、孔隙的细化、生成物的转化。

3．高强高性能井壁混凝土应用简介

我国煤矿井壁高强高性能混凝土的应用始于2001年的济东矿区，2002年在河南程村煤矿主、副井井筒(冲积层厚度约429 m)中，达到了C60；2003年由中煤71处施工竣工的山东济西煤矿主井井筒(冲积层厚度约459 m)，现浇冻结井壁的混凝土强度等级达到了C60。而高强高性能混凝土的真正研究与应用则在2003年之后，由中国矿业大学、中国煤炭第三建设工程公司、河海大学、安徽理工大学等单位联合进行，此后高强高性能混凝土井壁材料的应用得到迅速推广，且强度等级越来越高，陆陆续续研制成功并推广应用了C70、C75级的井壁材料，短短几年之后，高强高性能混凝土井壁材料不仅覆盖了90%以上的新建大型煤矿立井井筒(表土段)的建设(参见表1.1)，而且被推广应用至其他金属矿山立井的设计，如马钢张庄铁矿6号井筒表土段全部采用高强高性能混凝土作为井壁材料。

表1.1 部分高强高性能混凝土井壁结构一览表

<table>
<tr><th>煤矿名称</th><th>井筒名称</th><th>井筒直径(m)</th><th>表土深度(m)</th><th>备注</th></tr>
<tr><td rowspan="3">板集煤矿(2009年7月建成投产)</td><td>主井</td><td>6.2(1)</td><td>584.1</td><td rowspan="3">混凝土标号为C40～C70</td></tr>
<tr><td>副井</td><td>7.3(1)</td><td>580.93</td></tr>
<tr><td>风井</td><td>6.5(1)</td><td>583.8</td></tr>
<tr><td rowspan="3">丁集煤矿(2007年12月26日矿井投产)</td><td>主井 C60～C70</td><td>7.5</td><td>530.05</td><td rowspan="3"></td></tr>
<tr><td>副井 C60～C70</td><td>8</td><td>525.25</td></tr>
<tr><td>风井 C60～C70</td><td>7.5</td><td>527.7</td></tr>
<tr><td>龙固煤矿</td><td>副井 C70</td><td>5</td><td>567.7</td><td></td></tr>
</table>

续表 1.1

煤矿名称	井筒名称	井筒直径(m)	表土深度(m)	备注
郓城煤矿	主井 C70	7.0	536.6	
	副井 C70	7.2	536.63	
郭屯煤矿	主井 C75	5	585	
	副井 C75	6.5	586.2	
	风井 C75	5.5	576.8	
顾北煤矿	主井	7.6	464	外壁采用了 C50、C60 高性能混凝土，内壁采用了 C50、C60、C70 高性能混凝土
	副井	8.1	462.5	
	风井	7.0	464.35	
薛湖煤矿	主井	5.0	439.3	薛湖煤矿冻结井壁工程采用 C50～C70 高性能混凝土
	副井	6.5	438.48	
花园煤矿	主井	4.5	481	
新桥煤矿	副井 C70	6.5	392	
赵固一矿	主井	5.0	634.8	C40～C80
	副井	6.5	634.8	
	风井	5.2	599.36	
赵固二矿	主井	5.0	528.85	C40～C80
	副井	6.9	527.5	
	风井	5.2	519.5	
泉店煤矿	副井	6.5	440.1	最高强度达到 C75
	风井	5.0	447.3	
赵楼矿	主井	7	473	C65
	副井	7.2	475	
	风井		471	
梁宝寺煤矿	主井	5.0	370.1	C30～C55
涡北煤矿	主井	5	413.9	C30～C55
	副井	6.5	410.15	
口孜东矿	主井	7.5	568.5	C40～C75
	副井	8.0	574.7	
	风井	7.5	573.0	

1.3.3 经济效益分析

包含两个方面：

(1) 井壁破裂预测理论的建立及防破裂措施研究产生的直接经济效益和社会效益；

(2) 高强高性能混凝土的应用带来的直接经济效益和间接经济效益。

1.4 主要研究单位

本书的研究由中国矿业大学牵头，中国矿业大学、安徽理工大学和中国矿山建设(集团)公司三家单位具体负责，国内数十家大型煤业集团参与。

第2章　绪　　论

煤炭是我国最主要的一次能源，在我国化石能源资源量中占95%，我国绝大多数工业生产离不开煤炭，因此，煤炭工业的正常生产维系着我国工业经济的正常发展。自20世纪80年代以来，发生在我国徐、淮、大屯、永夏、兖州等矿区的煤矿立井井壁破裂严重地影响了煤炭的正常生产，为此煤矿立井井壁破裂机理的研究、相应的防破裂措施的研究、井壁破裂预测理论的研究及高强高性能井壁材料的研究与应用就具有十分重要的意义。

2.1　各大矿区井壁破裂的基本情况

自从徐、淮、兖、屯等主要矿区发生较大规模的井壁破裂事故以来(具体见表2.1)，矿山立井井壁破裂机理的研究在我国已经有20多年的历史。20多年来，相继诞生了许多有关表土段立井井筒受力机理的研究成果[1~13]，其中较为著名的有"新构造运动假说"、"渗流变形假说"、"负摩擦力假说"、"三因素综合假说"、"竖向附加力假说"等。毫无疑问，这些假说对破裂井壁治理措施的制定，对新型防破裂井壁结构的研究起到了巨大的促进作用。但细究这些假说，并将它们与矿山立井井壁的一系列破裂特征进行对照，就会发现，这些假说在前提假设方面以及在解释井壁破裂特征方面均存在着尚需完善之处，例如：① 它们在分析土体下沉的同时，忽视了混凝土立井井筒与表土之间存在着巨大的刚性差，而这一刚性差使得立井井筒对周围土体会产生很大的支撑效应，从而造成井筒地压的重新分布；② 在分析下含层疏水沉降的同时，忽视了某些矿区的下含层会出现偶尔的、短期的充水膨胀现象；③ 在分析井壁破裂位置时，仅看到破裂发生在表土与基岩交界处的井筒，却忽视了尚有相当数量的井筒的破裂位置并非发生在该处。正是由于这些原因造成了许多研究人员在进行井筒受力分析时，只考虑下含水水头降低会使得土体中有效应力的增大，却忽视了立井井筒对土体的支撑会减小土体中的有效应力；只考虑向下竖向附加力的产生与发展，却忽视了向上附加力的存在；只考虑下含层与其余各含水层之间无水力联系，却忽视了这并不是一个绝对的情况，有许多立井井筒的周侧确实存在有渗水通道。而所有这些都会引起井筒受力状态的根本性不同，造成井壁应力分布规律的巨大差异，从而影响立井井壁破裂发生的位置与可能。本书的研究正是基于这么一个背景情况而展开的。

表 2.1　我国主要矿区井筒破裂基本情况

矿区	井筒名称	竣工时间 破裂时间	净径(m) 外径(m)	井壁类型	表土厚度(m) 冻结深度(m)	破裂时下含水水位距井口距离(m)	实际破裂深度(m)	破裂处表土性质
兖州	兴隆主井	1977.08.13 1997.06.23	6.5 8.7	双层井壁	189.31 216.4	93.57	150,184	黏土层，基岩风化层
	兴隆副井	1978.09 1997.06.26	7.2 9.6	双层井壁	190.41 221.75	93.57	154	黏土层，粉砂层，砂砾层
	兴隆西风井	1976.08 1995.10	5.0 6.4	双层井壁	189.5 219.45	89.17	165.6～171.6	中砂层，砂砾层
	兴隆东风井	1977.05.31 1997.06.07	5.0 6.4	双层井壁	176.45 204.95	93.572	157	砂砾层
	杨村主井	1984.12 1997.02.29	5.0 6.6	双层井壁	185.42 206.94	95.03	176.5	黏土层与砂层界面，中砂层
	杨村副井	1985.01.23 1997.12.02		双层井壁	184.45 212.44	96.99	160,176	黏土层，粗砂层，基岩风化层
	杨村北风井	1984.10.31 1997.02.04	4.5/5.8 4.5/5.9	350/300 350/350	173.4 212.8	95.03	150～156.6	基岩风化层，砂砾层
	鲍店主井	1979.05.14 1995.07.12	6.5 8.5	双层井壁	148.69 256	88.7	136～144	黏土质中粗砂层
	鲍店副井	1979.11.26 1995.06.05	8.0 10.2	双层井壁	148.6 256	88.7	126.9	中砂层
	鲍店南风井	1979.08.01 1996.08.09	5.0 6.6	双层井壁	157.92 189	89.78	158.1～159.3	基岩风化层
	鲍店西风井	1979.10.21 1996.08.02	5.0 6.6	双层井壁	202.56 234	93.2	168.4，180,204	砂砾层，细砂层，基岩风化层
淮北	临涣副井	1979.3.25 1987.7.12	7.2 9.8	双层井壁	239.10 275		239～241	黏土砂层，风化岩
	临涣东风井	1980.11.13 1994.4.12	5.0 6.5	预410	214.5		207	
	临涣西风井	1979.12.13 1993.6.29	6.0 7.9	预550	244.48		24.5～227.4	
	海孜主井	1982.8.15 1988.10.6	6.5 9.0	料石/200/400	248.69 285		211.7～219.7	黏土层
	海孜副井	1983.4.16 1987.9.21	7.2 10.0	700/300/400	247.24 285	85.74	232.8～237.4	黏土砂层

续表 2.1

矿区	井筒名称	竣工时间 破裂时间	净径(m) 外径(m)	井壁类型	表土厚度(m) 冻结深度(m)	破裂时下含水水位距井口距离(m)	实际破裂深度(m)	破裂处表土性质
淮北	海孜西风井	1980.11.30 1989.5.9	6.0 8.3	650/塑/500	240.92 80		231.5～234.75	
	海孜中风井	1980.5.15 1988.6.2 1989.05	4.7 7.1	600/300/400	245.18 285		226.75～234.5	
	童亭主井	1984.11 1991.4	5.5 6.4	预450	230.4		224.08～242.8	交界面
	童亭副井	1983.12.9 1991.4.15	6.55 7.55	预600	230.5		160～270	黏土砂层风化带
	童亭风井	1982.3.26 1992.5.23	5.0 6.8	450 450	225.3		224.8～226.8	风化砂页岩
	芦岭主井	1964.4 1987.8.28	5.2 7.0	450 450	235.2		206.97	黏土砂层风化带
	芦岭副井	1964.3.17 1987.6.30	6.1 7.7	200 600	235.2		212.1	风化页岩
	前岭北风井	1978.12 1987.10	3.5 4.7	双层井壁	96.2		112.6～113.9	
	任楼主井	 1993.10		双层井壁	275.01		217.87～272.9	黏土,砂质黏土,砂土
大屯	龙东主井	1983.3 1987.8	5.0 6.8	400 500	212 268	89.7	210	黏土层
	龙东风井	1983 1988			159.2		150～162	黏土砂层
	孔庄副井	1975.2 1989.3.21	6.0 7.9	500 450	156		142～145	黏土砂层
	孔庄风井	1975.7 1987.8	4.0 5.4	350 350	156.4	90.1	151.7～155.8	黏土砂层
徐州	张双楼主井	1983.6 1987.8.7	5.5 7.5	400 600	242.95		240～244	砂层风化页岩
	张双楼副井	1982.12.31 1987.7.29	6.5 8.9	500 700	243.15 285	91.05	229.3～230.6	黏土砂层
	张双楼风井	1979.11 1992.6.4	4.7 5.7		252		245～247	
	张集主井	1973.6 1981	5.0 6.4	350 350	105.3		101～102.6	黏土砂层
	张集副井	1973.12 1981	5.5 6.9	350 350	105.25		104～105	风化页岩
	夹河主井	1968 1982			78.6		100～104	
	张小楼副井	1973.12 1983.10	5.0 6.2	双层井壁	103.5		104.2～108.5	风化页岩
永夏	陈四楼主井	1989 1999.7.24	5.0 6.6	600/500 800/800	405 415	221.1	362.5～371.6	铝质黏土,砂质泥岩

2.1.1 矿山立井井壁破裂特征

根据大量现场勘察，自20世纪80年代至今，在我国的徐、淮、大屯、永夏、兖州等矿区发生破裂的70余个井筒均表现出如下特征：

① 地域集中性：破裂井筒均集中在华东地区黄淮一带，基本呈南北向带状分布；该区域为冲积平原，破裂井筒均穿越了较厚的冲积层。

② 明确的时间性：井壁破裂通常发生在矿井投产后的若干年间，且破裂期基本处于每年的4～10月份，大多集中于7～8月份。

③ 破裂位置集中性：井壁破裂位置一部分集中于第四系深厚表土层与基岩交界面及其附近，一部分分布于上部特定范围内的含水层或黏土层中。

④ 地质条件相近性：破裂井筒均穿过较厚的第四系表土层，下含水水位下降明显；破裂时，下含水水头位置基本降至距井口85～95 m的范围(见表2.2)。

⑤ 地表明显下沉：发生井筒破裂的矿井工业广场的下降幅度多在250～500 mm，且以井筒为中心沿径向逐渐增大，即以井筒为中心，地表表现出明显的弯曲变形。

⑥ 井筒、罐道变形显著：井壁发生破裂之前，通常表现出罐道弯曲变形、罐道与井壁之间的间隙缩小、混凝土井壁发生局部的纵向和径向变形。

⑦ 破坏形态相似性：井壁内缘混凝土呈楔形剥落、掉块，大多数破裂井筒的破裂带呈近似水平环状，少数表土层较厚且井径较大的破裂井筒的破裂带约呈45°斜向，井内侧纵、环向钢筋均向井内外突变形。

⑧ 井壁破裂均为矿井运营以后的若干年后，且井筒破裂必伴随下含水水头下降。

除了上述的共性之外，某些破裂井筒还表现出其他方面的一些特征：

① 某些破裂井筒采用注浆法治理后，井口及其周侧地面在一个较长的时间内表现出持续的抬升现象。

② 某些采用“卸压槽+壁后注浆”方法治理后的井筒，卸压槽处的纵向应变反而小于开槽前相应部位的纵向应变值，似乎破裂井筒的治理效应并非为卸压槽所带来。

③ 大多数破裂井筒具有底部含水层，但也有少数破裂井筒无底部含水层；大多数破裂井筒穿越的底部含水层厚度较大，但也有少数破裂井筒穿越的底部含水层厚度很小。

④ 某些井筒下部(表土段)的变形范围随时间的增长表现出逐渐向上延伸的态势，且在某一时间段内，各变形部位的纵向应变趋于均匀。

表 2.2 我国部分冻结立井井壁破裂情况一览表

矿区	井筒名称	竣工时间 破裂时间	净径(m) 外径(m)	井壁类型	表土厚度(m) 冻结深度(m)	破裂时下含水水位距井口距离(m)	实际破裂深度(m)	破裂处表土性质
兖州	兴隆主井	1977.08.13 1997.06.23	6.5 8.7	双层井壁	189.31 216.4	93.57	150,184	黏土层,基岩风化层
	兴隆副井	1978.09 1997.06.26	7.2 9.6	双层井壁	190.41 221.75	93.57	154	黏土层,粉砂层,砂砾层
	兴隆西风井	1976.08 1995.10	5.0 6.4	双层井壁	189.5 219.45	89.17	165.6～171.6	中砂层,砂砾层
	兴隆东风井	1977.05.31 1997.06.07	5.0 6.4	双层井壁	176.45 204.95	93.572	157	砂砾层
	杨村主井	1984.12 1997.02.29	5.0 6.6	双层井壁	185.42 206.94	95.03	176.5	黏土层与砂层界面,中砂层
	杨村副井	1985.01.23 1997.12.02		双层井壁	184.45 212.44	96.99	160,176	黏土层,粗砂层,基岩风化层
	杨村北风井	1984.10.31 1997.02.04	4.5/5.8 4.5/5.9	350/300 350/350	173.4 212.8	95.03	150～156.6	基岩风化层,砂砾层
	鲍店主井	1979.05.14 1995.07.12	6.5 8.5	双层井壁	148.69 256	88.7	136～144	黏土质中粗砂层
	鲍店副井	1979.11.26 1995.06.05	8.0 10.2	双层井壁	148.6 256	88.7	126.9	中砂层
	鲍店南风井	1979.08.01 1996.08.09	5.0 6.6	双层井壁	157.92 189	89.78	158.1～159.3	基岩风化层
	鲍店西风井	1979.10.21 1996.08.02	5.0 6.6	双层井壁	202.56 234	93.2	168.4,180,204	砂砾层,细砂层,基岩风化层
淮北	临涣副井	1979.3.25 1987.7.12	7.2 9.8	双层井壁	239.10 275		239～241	黏土砂层,风化岩
	临涣东风井	1980.11.13 1994.4.12	5.0 6.5	预410	214.5		207	
	临涣西风井	1979.12.13 1993.6.29	6.0 7.9	预550	244.48		24.5～227.4	
	海孜主井	1982.8.15 1988.10.6	6.5 9.0	料石/200/400	248.69 285		211.7～219.7	黏土层
	海孜副井	1983.4.16 1987.9.21	7.2 10.0	700/300/400	247.24 285	85.74	232.8～237.4	黏土砂层
	海孜西风井	1980.11.30 1989.5.9	6.0 8.3	650/塑/500	240.92 280		231.5～234.75	
	海孜中风井	1980.5.15 1988.6.2 1989.05	4.7 7.1	600/300/400	245.18 285		226.75～234.5	

续表 2.2

矿区	井筒名称	竣工时间/破裂时间	净径(m)/外径(m)	井壁类型	表土厚度(m)/冻结深度(m)	破裂时下含水水位距井口距离(m)	实际破裂深度(m)	破裂处表土性质
兖州	童亭主井	1984.11/1991.4	5.5/6.4	预 450	230.4		224.08～242.8	交界面
	童亭副井	1983.12.9/1991.4.15	6.55/7.55	预 600	230.5		160～270	黏土砂层风化带
	童亭风井	1982.3.26/1992.5.23	5.0/6.8	450/450	225.3/		224.8～226.8	风化砂页岩
	芦岭主井	1964.4/1987.8.28	5.2/7.0	450/450	235.2/		206.97	黏土砂层风化带
	芦岭副井	1964.3.17/1987.6.30	6.1/7.7	200/600	235.2/		212.1	风化页岩
	前岭北风井	1978.12/1987.10	3.5/4.7	双层井壁	96.2/		112.6～113.9	
	任楼主井	/1993.10		双层井壁	275.01/		217.87～272.9	黏土,砂质黏土,砂土
大屯	龙东主井	1983.3/1987.8	5.0/6.8	400/500	212/268	89.7	210	黏土层
	龙东风井	1983/1988			159.2/		150～162	黏土砂层
	孔庄副井	1975.2/1989.3.21	6.0/7.9	500/450	156/		142～145	黏土砂层
	孔庄风井	1975.7/1987.8	4.0/5.4	350/350	156.4/	90.1	151.7～155.8	黏土砂层
徐州	张双楼主井	1983.6/1987.8.7	5.5/7.5	400/600	242.95/		240～244	砂层风化页岩
	张双楼副井	1982.12.31/1987.7.29	6.5/8.9	500/700	243.15/285	91.05	229.3～230.6	黏土砂层
	张双楼风井	1979.11/1992.6.4	4.7/5.7		252/		245～247	
	张集主井	1973.6/1981	5.0/6.4	350/350	105.3/		101～102.6	黏土砂层
	张集副井	1973.12/1981	5.5/6.9	350/350	105.25/		104～105	风化页岩
	夹河主井	1968/1982			78.6/		100～104	
	张小楼副井	1973.12/1983.10	5.0/6.2	双层井壁	103.5/		104.2～108.5	风化页岩
永夏	陈四楼主井	1989/1999.7.24	5.0/6.6	600/500/800/800	405/415	221.1	362.5～371.6	铝质黏土,砂质泥岩

续表 2.2

矿区	井筒名称	竣工时间/破裂时间	净径(m)/外径(m)	井壁类型	表土厚度(m)/冻结深度(m)	破裂时下含水水位距井口距离(m)	实际破裂深度(m)	破裂处表土性质
双鸭山	东荣二矿副井	1993/1997.5.25 2002.5.31 2003.6.23	7.5/8.6	双层井壁	300		236.75～263.15	破坏段的井筒地质柱状:垂深236.75～240为粉砂岩,240.85～251.90为含砾砂岩,251.90～263.15依次为粉砂岩、煤、凝灰岩、砂岩
	东荣三矿主井	1994.07/2002.06	5.5	560	324/292.9			300
	东荣三矿副井	1994.07/2003.02	6.5	700	357/289.7			
兖州	太平副井	1987/2003.12			166.9		166.9	流砂层、风化基岩交界面
永城	车集主井	1992.7.15/2002.8.27	5.0	650/500			245～247	砂质黏土,泥岩层
义煤	新义副井	2005.11	6.0				441～446	砂质泥岩
兖矿	济三风井	1992.12/2004.8	7.5/8.4	500/600			130～134	
	杨村主井	1984.12/2005.7	5.0	400/400			135.3	
徐州	三河尖主井	1980.8/2000.4	5.5	500/400	214.17		177～183	
神火	新庄副井	1992/2002.6	6.0	450/450			130,110	
淮北	临涣副井	1979.3.25/2000.08	7.2/9.8	双层井壁	239.10/275		239.1～241	黏土砂层,风化岩
兖州	兴隆西风井	1976.08/2002.01	5.0/6.4	双层井壁	189.5/219.45	89.17	151.6～178	中砂层,砂砾层

上述的这些特征虽只是井壁破裂时表现出来的现象,但每一个特征的背后均有着深刻的内因,正是这些内因为我们正确揭示冻结立井井壁破裂的机理指明了

方向。

首先，井壁破裂之所以表现出地域集中性特征，主要是因为我国的华东地区黄淮一带是典型的冲积平原，冲积层的底部是含水丰富的砂砾层。随着矿井的开采，砂砾层中的含水就会通过一系列的渗水通道流入矿井，造成了表土的疏水沉降，表土的疏水沉降为处于深厚表土层中的井筒遭受较大负向摩擦力的作用创造了条件。

其次，"井壁破裂具有明确的时间性"向我们明确了两个信息：① 井壁的破裂与下含水的流失有关。因为下含水的流失只有在矿井开采的情况下才会发生，所以井壁的破裂通常发生在矿井投产以后的若干年间，至于破裂时间的长短则取决于地下水流失的速度。② 井壁的破裂与气温的升高有密切关系。井壁的温度决定于气温的变化，尤其是进风井受气温的影响十分显著，井壁温度的升高会导致其内产生很大的温度应力。

第三，"井壁破裂位置的集中性"告诉我们：立井井壁沿竖向的应力分布具有特定的规律性，而这种规律性是由作用在井筒上的外力决定的，因此根据现场实测所获得的应力、应变资料可以对作用在井筒上的外力进行分析，同时也可对井筒周围表土的变形与沉降情况进行研究。

第四，"地质条件相近性"在告诉我们下含水水头距井口的距离与井壁的破裂有特定关系的同时，也向我们初步揭示：在某些立井井筒周围，各含水层确实具有水力联系，各含水层在井筒周围有渗流发生。由于受渗透系数的限制，因渗流而引起的表土缩沉的范围并不大，只局限于井筒径向的一定尺寸内。

第五，"地表明显下沉"说明井筒的破裂与表土的疏水沉降紧密相关。因此，要想弄清井壁破裂的机理，有必要首先弄清表土疏水所引发的变形和沉降机理。

第六，"罐道变形显著"明确指出：表土疏水沉降与井筒受力密切相关。

第七，"破坏形态相似性"向我们揭示出绝大多数立井井壁破裂的原因应是一致的。对此，中国矿业大学和安徽理工大学的崔广心、杨维好、孙文若、程桦等人通过模拟实验进行了研究，结果表明井壁破裂的主要因素是竖向附加力过大。

第八，"井壁破裂均为矿井运营以后的若干年后"这一特征结合"破裂井筒处均发生有地下水水位大多下降至距井口 90 m 左右"这一情况，表明井壁破裂与下含水水位之间具有重要的内在关系。

此外，某些破裂井筒所表现出来的其他方面的特征在告诉我们井筒破裂主要为竖向附加力所为之外，还说明某些立井井筒周侧确实存在着渗水通道。

总之，每一破裂特征中都隐藏着导致井壁破裂的实质因素。所以，从这些破裂特征入手来分析、研究井壁的破裂情况，有利于我们客观、正确地认识立井井壁的破裂机理。

2.1.2 矿区表土疏水沉降特征

中国煤炭科学研究院许延春高级工程师利用 Sondex 观测系统对兖州矿区兴隆庄煤矿工业广场及临涣矿工业广场各表土层(距井筒距离 60 m 左右)进行了现场测试[14],测试结果表明:矿区表土的变形存在有如下特征:

① 中含通常有一微小增量,且围绕着某一稳定水平上下波动;

② 下隔层发生较大的压缩变形;

③ 一含变形量时有变化,且层厚通常均会发生微小减量,但总体变形量基本稳定在一定水平;

④ 下含水层压缩量最大;

⑤ 井筒周围的地面标高以井筒为中心沿径向逐渐降低,即土层发生弯曲变形。

对应于上述表土的变形特征,各含水层的承压水头也表现出了各自相应的特点:下含层水头持续下降,中含层水头较为稳定,上含层水头受季节及大气降水的影响较大。

长期以来,人们一直将中含层承压水头无明显变化作为下含层与其上各含水层之间无水力联系的依据,并在此基础之上来分析表土的变形特征及立井井壁的受力特征。这种观点存在有不确切之处,从图 2.1 矿区表土沉降特征分析图可以看出,整个矿区因受煤层开采的影响会发生程度不同的沉降,沉降使得矿区范围内的各表土层的位置较周围区域相应表土层的位置降低,其结果一方面增大了作用在各含水层(下含层除外)上下界面的竖向压力,使得含水层的厚度变大;另一方面也降低了各含水层中自由水的势能,形成了与周围区域相应含水层中自由水的势能差,为自由水向矿区的径向渗流创造了条件。因此,中含层水头的相对稳定并不能说明该含水层不存在水力流失的可能,也不能凭此断定其与其他含水层之间不存在有水力联系。当该含层通过井筒周围的渗水通道向下含层进行水力补给时,只要补给的速度很小,则该含层在矿区之外区域水头的作用下和径向渗流的影响下,除井流漏斗中心一定范围内,漏斗外围的水头完全可以稳定在某一水平值附近。此外,中含层厚度并非不变,只是围绕着某一水平上下波动,这也间接地表明了该含水层与其他含水层具有一定的水力联系。

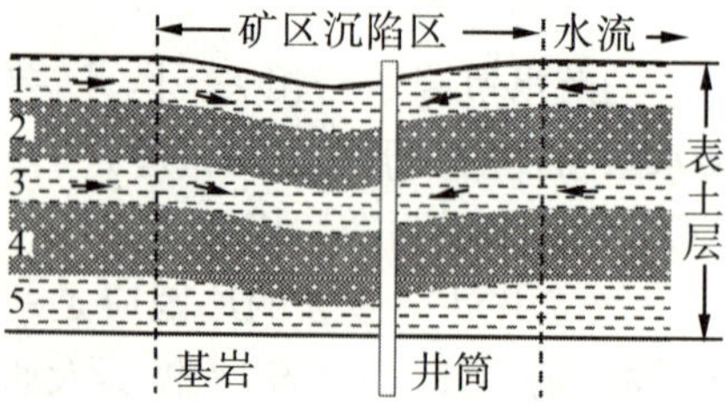

图 2.1 矿区表土沉降示意图

表土沉降的其他特征:

“下隔层发生较大的压缩变形”打破了多年来理论界一直坚持的下隔层不渗

水、不变形的观点，对重新认识下隔层在井壁破裂中所具有的作用具有重要意义，对正确理解井筒周围存在有水力通道具有重要作用。

“一含变形量时有变化，且层厚通常均会发生微小减量，但总体变形量基本稳定在一定水平”揭示了一含存在有水力流失，但由于受矿区周围区域水头的作用及径向渗流的影响，当流失的水量达一定程度后，渗入量和渗出量即会渐渐达成平衡。但此处的平衡受大气降水的影响较大，因此会表现出围绕某一水平上下波动的情况。

“下含水层压缩量最大”说明了下含层的水力流失最为严重，而“井筒周围的地面标高以井筒为中心沿径向逐渐降低”则初步揭示了下含层沿井筒径向的压缩量呈逐渐递增态势，也相应地吻合了沿井筒径向向外有效应力逐渐增大的道理，同时也间接地论证了矿区表土发生水平位移的原因(尤其在下含层与黏土层交界面及其以上附近区域)。

以上表土的沉降特征结合图2.1的实测资料(土层厚度的增减变化)揭示了某些井筒所穿越的上、中、下含水层中存在有水力的变化，即自由水的流入和流出，这对正确地理解井筒周围渗水通道的存在和立井井壁的破裂机理具有重要的指导作用。

2.2　立井井壁破裂机理的研究现状

目前，立井次生地压在国内外学术界还是一个较新的名词，历史上曾经出现过的“太沙基—崔托维奇立井地压计算公式”反映了立井次生地压的某些特性，但总体上不够完善，尚需继续深入地进行研究。立井分布规律的研究在我国已有一定的时期，下面就这一方面结合井壁破裂机理做一概括性的介绍。

立井井壁的破裂分为两个阶段：① 冻结壁解冻阶段立井井壁的破裂；② 生产经营期间立井井壁的破裂，又称为表土沉降阶段的井壁破裂。其中第二阶段的立井井壁破裂现象可以说是中国的一大特色。立井井壁破裂的主要因素是表土沉降过程中作用于井筒上的竖向附加力，这主要取决于我国某些矿区特殊的地质构造，下面就这一领域的研究现状做一概括性介绍。

2.2.1　多种推理性假说并存

首先是“新构造运动假说”。该假说认为立井井壁破坏的主要因素是地球的构造应力，即认为现代地壳运动造成了地层发生区域性水平挤压，使得第四系地层与基岩交界处产生应力集中而使井壁破坏。但在徐、淮、大屯、永夏、兖州等矿区，破裂井筒数量仅达20%左右，多数并没有破坏，同时该假说也不能合理地解释井壁破裂的季节性、钻井井壁比冻结井壁破裂事故少且破裂发生时间晚等破裂特征，因而该假说受到较多人的质疑。

其次是“渗流变形假说”与“负向摩擦力假说”。这两种假说认为井壁破坏的主要因素是底含层排水、渗流导致的地层下降，地层下降使得井壁受到了方向向下的负摩擦力作用，导致了表土与基岩交界面部位井壁竖向应力的增大。但是由于它不能合理解释为什么大多数井筒的破裂发生在7～8月份、冻结法井筒比钻井法井筒破坏得多和早、很多地质条件类似的井筒并未发生破裂等事实，因而也存在着不完善的地方。

第三是“三因素综合假说”。该假说认为工程地质条件、排水条件引起的负摩擦力和水平地应力三因素是井壁破裂的主要因素，但水平地应力目前依据不够充分；此外，该假说也解释不了井壁破裂的时间性问题。

最后是“竖向附加力假说”。该假说除了包含有“渗流变形假说”之外，还考虑了因温度变化而在井壁内产生的竖向温度应力。这一假说合理地解释了为什么大多数井筒破裂发生在7～8月份、冻结法井筒比钻井法井筒破坏得早及多这两个事实，显然较前三个假说全面得多。目前，该研究领域中的很多学者均持这一观点。但是这一假说，在力学模型建立时所做的前提假设方面尚存在着不完善之处，如没有考虑混凝土井壁下部较大的变形会导致向上附加力的产生，绝对地认为下含水层与其余各含水层之间没有水力联系，在分析下含层水头降低导致下含层压缩的同时没有考虑立井井筒的支撑效应会减小土层中的有效应力并导致立井井筒下部一定范围内微压缩区的存在，同时也未考虑内外壁温差及径向热膨胀等因素，因此，在研究井壁破裂的时候，各因素到底占有多大的成分，井筒破裂的危险位置在哪，危险位置及危险位置处的应力随着地下水位的下移如何变化、随着井筒直径的改变如何变化、随着表土厚度的增加如何变化等均不能从这一假说中得到说明，故而该假说对立井井壁破裂机理的解释存在需进一步完善的地方。

2.2.2 理论解析分析

理论解析分析的基础是“渗流变形假说”和“竖向附加力假说”，研究的出发点是破裂井筒所穿越的底含水层产生了明显的水位下降。目前，较有影响的理论解析分析均具有以下几个方面的共同点：

① 与井壁作用的土体分为弹性带和塑性带两部分，且在塑性带部分，土与井壁之间产生相对滑动(见图2.2)；

② 认为底含失水压缩的同时，上覆隔水层不会失水变形；

③ 井壁为线弹性体；

④ 在地层沉降受井筒影响的范围内，底含及上覆土层的变形可简化为轴对称

平面问题进行研究；

⑤ 井壁轴向应变沿径向均匀分布；

⑥ 上下各含水层之间无水力联系。

以上述假设为基础得出的解析成果均认为，井壁破裂是由于下含层疏水缩沉所导致的竖向附加力所致，并据此得出了井筒最危险的破裂位置应发生在表土与基岩交界面部位。这些理论成果对完善井壁的受力分析确实起到了相当积极的作用，为卸压槽治理措施的有效实施，为“抗”、“让”、“减”等井壁破裂治理技术的运用找到了理论依据。但由于上述解析成果均是建立在相应的前提假设基础之上，因此结果的准确性、合理性自然地要受到前提假设正确性的制约，这主要表现在以下几方面：

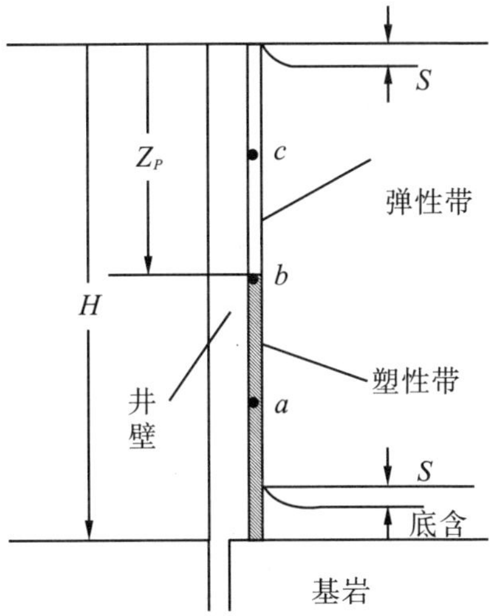

图 2.2 土与井壁之间相互作用弹塑性分析

① 只有底含疏水缩沉与事实不符。中国煤炭科学研究院许延春高级工程师在兖州矿区利用沉降孔获得的实测结果[14]说明下含层压缩量最大，下隔层次之，其余土层的厚度始终处于不停的变动之中。此外，如若只存在底含压缩，则因底含处井筒的竖向压缩变形必小于底含的竖向压缩变形，因此，所有井壁的破裂部位只可能发生在土岩交界面处，而事实情况并非全部如此。

② 均未考虑矿区各含水层的沉降所形成的锅底会使得周围区域同层的含水向锅底渗流，即只看到中含层水头的基本稳定，并因此而错误地认为中含层与下含层之间无水力联系。

③ 在肯定表土对井筒作用有向下附加力的同时，忽略了井筒对表土的支撑效应及因此而引发的立井地压的重新分布现象。

此外，应用上述观点在分析某些具体问题时，计算的结果与井壁变形的实测值也往往不能相互对应。以张双楼副井为例，在 1993.01～1993.12 期间，该矿工业广场内下含水水头值处于 -78.15～-84.78 m 范围，依据上述观点进行的解析分析[15]，其危险截面上的竖向应力值应为 22.81 MPa 左右(对应于 1987 年 8 月第一次井壁破裂至 1993 年 12 月水位落差约 20 m)，远未达到钢筋混凝土井壁的强度值，混凝土井壁的受力与变形仍应处于弹性阶段，然而在垂深 203～211 m 和 224～236 m 井壁段一年内的实测竖向收敛位移却已经分别达到了 13.855 mm 和 18.545 mm，相应的平均应变值分别为 0.001732 和 0.0015454，根据静载下混凝土的应力—应变关系，其应力、应变不能符合。此外，203～211 m 段一年内发生的应变值较 224～236 m 段的应变值大 12.1%，表明上段的井壁应力增幅大于下段的井壁应力，这也与上述的解析理论存在冲突，即最大应力并非发生在基岩交界面部位(张双楼副井的冲积层厚度为 243.15 m)。与此类似的情况还有童亭矿副井、风井的变形实测数据。

另外,根据剪切弹性区剪应力计算公式(2-1)[15],地表与井口的沉降值应相等,而事实上在发生沉降的工业广场,地表却呈现出弯曲变形的特征。

$$\tau(z)=K_s(S-V_z) \tag{2-1}$$

式中,K_s 为土与井壁相互作用刚度系数;S 为不受井壁影响范围处的底含失水压缩变形量(m);V_z 为距地表深度为 z 处的井筒向下位移量(m)。

2.2.3 模拟实验研究现状

自 20 世纪 90 年代开始,为了进一步搞清井壁破裂的真实原因,同时也为了对理论成果进行相应的验证,我国一些有条件的科研单位、高等学校及著名的专家分别就立井井壁的破裂进行了大量的模拟实验方面的研究。此中颇具代表性的模拟实验主要有以下三个:

实验 1　三维物理模拟实验[16]

该实验根据相似原理,用钢筋混凝土设计了 6 个井壁模型(见表 2.3),每个模型上各布置了 150 多个测点,采用分级加载方式分别做了水平载荷作用实验和水平与竖直载荷联合作用实验。

表 2.3　模型试件尺寸及配筋表

试件编号	试件尺寸(mm)			混凝土强度等级	钢筋等级	配筋率(%)	
	外径	内径	高度			纵筋	环筋
1#	1400	1200	1000	200#	一级	0.6	1.2
2#	1400	1200	1000	200#	一级	0.6	1.2
3#	1400	1200	1000	200#	一级	1.2	1.2
4#	1400	1200	1000	200#	一级	1.2	1.2
5#	1400	1200	1000	200#	一级	0.6	0.6
6#	1400	1250	1000	200#	一级	0.6	0.6

根据实验结果判断,徐淮地区竖井的受力方式为水平和竖向载荷的联合作用,井壁的破裂主要由竖向载荷引起,井壁破裂发生在表土与基岩交界面处主要是应力集中所致。

实验 2　关于井壁破裂形态的加载模拟实验[17]

该实验用钢筋混凝土材料浇筑成直径为 900 mm 的井筒模型,进行轴向和水平加载两种实验,观测井壁混凝土的破坏形态。结果表明,竖向载荷为主引起的井壁破裂,不仅破坏形态与徐淮地区实际井壁破坏形态相似,而且产生破坏时的现象及变形特征也与现场监测相吻合:主破裂面沿井筒的环向分布,许多次级破裂与井壁的轴线成 25°～35°角。

实验 3 相似模拟实验[18～22]

实验模拟台如图 2.3 所示，该模拟实验首先模拟了底含失水后井壁附加应力的大小，模型井壁高约 2.0 m，外径 0.4 m，每次可模拟实际井壁长约 50.0 m，采用顶部加载模拟土体自重，用底座荷重传感器测得的井壁总附加载荷除以模型外壁总面积，得到井壁附加切应力。

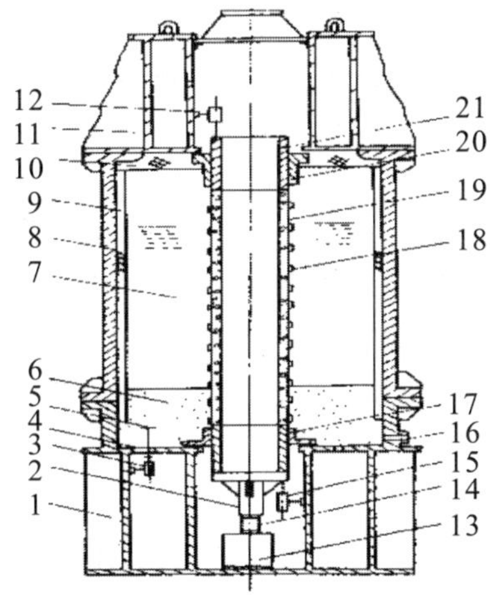

图 2.3 井壁受力模拟实验台

1.底座；2.承力座；3.土层压缩量位移计；4.泻水孔；5.土层压缩量测点；6.底部含水层；7.土体；8.外支承圈；9.侧面液压囊；10.顶部液压囊；11.上盖；12.上端位移计；13.支座；14.荷重传感器；15.下端位移计；16.出水孔；17.下部内挡圈；18.应变计；19.模型井壁；20.上部内挡圈；21.内支撑杆

上述 3 个模拟实验具有一个共同的极为重要的成果，即井壁的破裂为竖向附加力所致，而正是这一成果为“卸压槽”处理事故方法的应用奠定了重要基础，为立井井壁破裂机理及破裂预测的深入研究指明了方向，也构成了本书重要的基础依据。

2.2.4 计算机数值模拟研究

随着计算机软件技术的迅速发展，人们在进行相似模拟及解析研究的同时，更多地转向了计算机数值模拟的研究。目前该领域较具代表性的研究成果主要有图 2.4[23～25]和图 2.5[26]所示的两个。其中，图 2.4 为利用有限元法对立井井筒在深部土层失水变形时以及深部与浅部含水层同时失水变形时井壁轴向附加应力分布规律的数值分析，研究用 ADINA 有限元程序解决了解析法不能很好解决的深厚土层中因土层较多、性质差异较大而引起的不同土层与井壁相互作用的差异问题及土层中的位移、应力场的分布及变化特征问题。但该研究在力学模型的建立上存在着需进一步完善的地方，即没有考虑温度因素对井壁受力的影响以及绝对地认为各含水层之间无水力联系，同时也未对井壁的变形特征加以考虑，因此，造成了研究结果不能合理地解释某些破裂特征，如井壁破裂的时间性问题，井壁沿纵向的变形从下（基岩交界面）向上逐年上移等。然而，该研究所使用的分析方法与理论无疑是宝贵的。

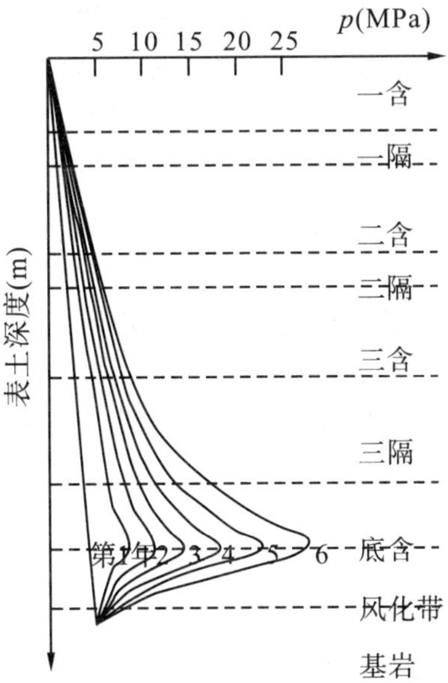

图 2.4 井壁纵向应力分布

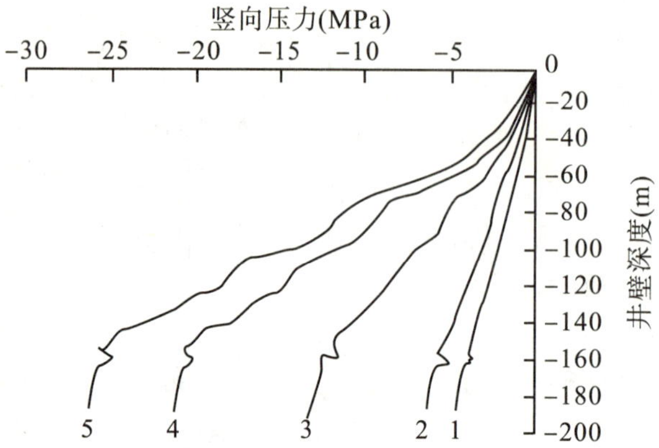

图 2.5 井壁内侧应力变化规律

1.侧压+重力;2.侧压+重力+1a 附加力;

3.侧压+重力+5a 附加力;

4.侧压+重力+10a 附加力(首次破裂);

5.侧压+重力+13a 附加力(压碎)

图 2.5 为利用大型通用结构分析软件 ANSYS 所进行的井壁结构弹塑性数值模拟。该研究同前面描述的情况有一定的差别,它首次考虑了竖向、环向及径向钢筋的改变对井壁力学特性的影响,并采用线性分级加载方式[26]模拟竖直附加力随疏水时间的增加。在井壁破裂的具体位置的研究方面,该研究分析出的井壁竖向应力分布规律与前述研究略有不同。

此外,文献[27]关于该课题也进行了较为深入的黏弹性数值模拟研究,并得出了非常重要的与上述两种情况大致相同的结论。

2.2.5 模糊反演分析

目前,利用模糊理论对疏水沉降地层中井筒所承受的负摩擦力进行反演分析的研究非常的少,公开发表的研究成果更少[28~30],该法强调了反演井筒所受负摩擦力的不确定性、不精确性,即模糊性;通过对隶属函数、敏感性及贡献性的模糊分析得到负摩擦力的较低值、可能值和较小值三个级别的值,然后再算出平均值作为设计值。该方法的优点是解决了物理模拟实验无法同时考虑多个影响因素的缺点,但因无法给出负向摩擦力的真值, 因此运用起来仍然很不方便;此外,目前的研究中对负向摩擦力的成因及其中温度的作用缺乏定量分析,因此仍需进一步完善。

总而言之,尽管上述各种研究方法不尽相同,但就其研究过程和运用的理论而言,都具有一定的可取之处。然而,由于上述各种研究均奠基于某些前提假设,因此,其成果的准确程度必然受制于相应前提假设的正确与否。因此,进一步完善前提假设,并建立更为准确的力学模型对该课题的深入研究具有重要的意义。

2.2.6 现场实测

作为一种最具说服力的论证手段和方法,现场实测一直是井巷专家力求进行的一项工作,但由于环境的特殊性,井壁应力和变形的实测在我国开展得并不多。

典型的实测主要有以下几项：

① 淮南矿业学院丑万禧教授利用其发明的套筒致裂法对淮北临涣主井实施的井壁绝对应力实测[31]；

② 淮北矿务局等单位应用内井壁表面贴应变花的方式对临涣副井井壁实施的井壁相对应力实测[32]；

③ 张双楼矿利用 YHD－100 位移计对张双楼副井进行的竖直收敛位移实测[33,34]；

④ 淮北矿务局谢洪彬等人对童亭副井、风井进行的竖向和径向收敛位移实测[35]；

⑤ 安徽理工大学汪仁和教授利用电阻应变砖、光弹应变计和机械卡规等仪器对临涣主井井壁应变的实测[36]；

⑥ 中国煤炭科学研究院许延春高级工程师等人利用 Sondex 观测系统对兴隆庄煤矿各井筒工业广场表土层沉降、变形的实测[14]；

⑦ 中国矿业大学吕恒林、崔广心、高孟民等人利用埋入式混凝土应变计对鲍店南风井井壁及卸压槽所做的竖向和环向应变的实测[37]。

上述各项实测中，除丑万禧、许延春之外，其余各项实测的目的均是为了了解井壁加固及修复效果，并没有用于分析、研究井筒的受力和井壁破裂的机理，这是十分令人遗憾的。虽然这些年来相关科研部门和有关高等院校也做了一定的模拟实验，但由于受诸多因素的限制，模拟实验的可靠性远不能与现场实测的结果相比。本书在研究表土沉降机理和建立井筒力学模型时将充分地利用上述现场实测的结果，以期得出立井井壁破裂机理的正确分析。

此外，因竖向附加力与井筒周侧表土的地压直接相关，而该地压在表土沉降的过程中会发生重新分布现象，地压的重新分布反过来又会对表土的压缩沉降具有重大影响，因此，仅仅依据井筒影响范围之外的地点所获取的底含失水压缩变形量的数据是不能够对井筒的变形和受力进行较为精确的分析和计算的。

2.3 高强高性能混凝土井壁材料的研究与应用现状

2.3.1 高强高性能混凝土井壁材料的研究与应用

本书这一项目的研究源于 2003 年，此前，国内外高强高性能混凝土井壁材料的研究与应用基本处于一种空白状态，原因之一是深厚表土层中井壁破裂现象是我国煤炭领域中发生在 20 世纪 80 年代以后的一种较为独特的现象，原因之二是井壁混凝土不同于一般建筑用混凝土，它要在 −20 ℃的环境中浇筑、增强。

近年来随着煤矿开采深度的加深，特别是华东地区，立井穿过表土层的厚度越来越深，大量的冻结立井混凝土井壁出现不同程度的破坏，不仅花费了大量的维修费用，而且严重地影响了矿井的生产安全，从而引起了国内建井界、高校、设计、施工、科研单位专家的高度重视。国内高校和研究机构做了大量的实验研究，对深厚表土层混凝土井壁破裂机理、力学特性、附加应力等进行多次模拟实验研究，取得了一定的成果，提出了新的理论和观点。同时，对华东地区已建冻结混凝土井壁破裂原因进行了大量的调研，提出并制定了防止井壁破裂的措施和方案。

但以上研究理论大多只注重混凝土井壁的破裂机理、破裂原因及预防加固措施方面，而对混凝土本身的性能方面，如提高混凝土的强度等级、采用高强度等级混凝土、提高混凝土的耐久性和其他性能方面研究得比较少。特别是对深井冻结井壁，深厚表土层 C60 以上高强高性能混凝土的研究更少。无论是设计方面，还是施工方面，或者理论研究方面，只强调了混凝土的强度指标，而忽视了混凝土的高密实度、低渗透性、高体积稳定性、高耐久性和大流动性等其他重要性能指标，其中高耐久性是高性能的核心。

国内实践方面，近几年随着冲积层厚度的不断加深，高校、科研单位与设计院以及施工单位通力合作，2001 年在济东矿区冻结井中成功浇筑了 C55 高强混凝土井壁；2002 年在河南程村煤矿主、副井井筒（冲积层厚度约 429 m）中，达到了 C60；2003 年由中煤 71 处施工竣工的山东济西煤矿主井井筒（冲积层厚度约 459 m），现浇冻结井壁的混凝土强度等级达到了 C60。

上述的研究与应用仅是对混凝土的设计强度有了具体的研究，但对其他重要性能如抗冻性、抗渗性、干缩、温度变形、耐久性等重要指标却没有进行具体的研究。

2.3.2 高强高性能混凝土材料的研究与应用

高性能混凝土的研究首先于 1986 年在挪威开展，此后日本、美国、加拿大、法国、德国相继致力于研究与开发。这些国家制备的高性能混凝土主要采用硅灰＋高效减水剂，其抗压强度通常达 70～80 MPa，美国制备了 130 MPa 的高性能混凝土并已应用于高层建筑，美国的 P. Mendis 还介绍了抗压强度达 150 MPa 的高性能混凝土。但目前对于高性能混凝土的确切含义仍有不同的理解。从强度来说，大多数认为不宜低于 50～60 MPa，而日本则更加重视工作性和耐久性[14]，如新建的明石跨海悬索桥，缆索锚固混凝土约需 52 万 m^3，要求高耐久性、大流动性、高体积稳定性及低水化热，而强度指标只有 42 MPa（28 d）和 50 MPa（90 d），其桥墩混凝土约需 50 万 m^3，要求高耐久性、高抗冲刷与低温升，而强度仅有 20 MPa，但在报道中也称为高性能混凝土。

近年来国内对高性能混凝土的研究也取得了一些新的进展，如在建筑、道桥、水利、国防等各个领域逐渐认识到发展高性能混凝土的意义，国内大城市如京、沪、津、沈、深圳等地对采用高性能混凝土已逐步接受并形成共识，不少大工程重视了混凝土材料的耐久性和使用寿命，如上海东方明珠电视塔下部有 180 m 的塔身采用 C60 粉煤灰混凝土，并将这种混凝土成功地泵送到 350 m 的高处；上海金茂大厦 4 m 厚底板一次连续浇注 1.35 万 m^3 的 C50 粉煤灰高性能混凝土；北京首都机场新候机楼共 26 万 m^3 的混凝土中，除基础外，所有墙、梁、板、柱均采用坍落度 20～22 cm 的 C60 高性能混凝土[15]。国内尽管做了一些工作，但从研究与应用水平来看，与国际先进水平相比，仍然存在较大差距。

在高性能混凝土研究方面，国外主要有日本、欧洲、美、加等一些国家和地区对高性能混凝土研究较多，但只侧重于地面工程，波兰、德国、俄罗斯等国对冻结井筒、井壁研究较多，主要侧重冻结技术、钢板井壁、地面预制混凝土井壁，对冻结井壁 C60 以上现浇高性能混凝土的研究尚未见到，对深厚表土层冻结立井 C60 以上的高强高性能混凝土的应用研究尚属首次。

纵观现状，对于高性能混凝土的研究与发展方向，国内外学者均给予了高度重视，但许多相关重大科学技术问题仍未得到彻底解决，尤其是涉及材料制备技术，目前尚缺乏新的思路，更没有进入到材料结构形成过程中微观机理的分析及在多因素作用下材料的耐久性和损失劣化研究。某些问题因缺少理论指导而处于知其然而尚不知其所以然的状态。

① 作为高强高性能混凝土，目前国内外研究得很多，受“高强混凝土”概念的影响或对其理解上存在的差异，几乎都采用高强的技术途径，而往往忽视了量大面广的中、低强度等级混凝土的高耐久性。

② 目前，对混凝土耐久性的研究依然是逐个因素孤立地进行，而实际工程结构是在应力或非应力与不同化学腐蚀疲劳条件共同作用下运行的，单一因素作用下的耐久性难以真实地反映客观实际。

③ 混凝土配合比设计一般是以强度为主要设计指标，再根据鲍罗米公式计算所需水灰比，然后选择相应的单位用水量及砂率，根据重量法或体积法来确定相应的配合比，对混凝土的耐久性设计的影响考虑得不够充分，传统的混凝土配合比已经不能适用于高耐久性混凝土的配制。

④ 对于矿物掺合料的应用，依然停留在利用工业废渣的认识水平上，还没有真正挖掘出矿物掺合料对混凝土耐久性的贡献。另外，有些学者夸大了掺合料的作用，没有正视矿物掺合料应用不利的一面和存在的问题。

⑤ 关于高性能混凝土的配制及其性能方面的研究，很多都只停留在实验和理论分析上，并没有与工程实际很好地结合，因而研究所得出的结果往往脱离实际。

2.4 研究内容、拟解决的关键问题

2.4.1 研究内容

本书研究的主要目标是揭示立井次生地压和井壁竖向应力的分布规律、冻结立井井壁的破裂机理，并在此基础之上建立立井井壁破裂预测理论，同时对高强高性能混凝土在低温下的力学性能及相关情况进行研究。为了实现这一目标，研究的内容主要包括以下几个方面：

(1) 立井井壁破裂机理方面：

① 井壁破裂特征和矿区疏水沉降特征；

② 立井次生地压的成因、分布及变动规律；

③ 立井井壁竖向应力分布规律及变动规律的研究；

④ 不同破裂因素对井壁破裂影响分析；

⑤ 立井井壁破裂位置、破裂时间、温度变化、地下水位变化之间的关系。

(2) 高强高性能混凝土的实验研究、现场应用方面：

① 配合比实验研究；

② 干缩性能和绝热温升特性实验研究；

③ 耐久性能实验研究；

④ 微观机理分析；

⑤ 实验室模拟实验研究；

⑥ 外层井壁现场实验段实验研究；

⑦ 施工现场应用研究。

2.4.2 拟解决的关键问题

上述研究内容中，井壁破裂机理研究方面最为关键的问题是“立井次生地压和竖向附加力的成因、分布与变动规律”，“井壁破裂特征和矿区疏水沉降特征”[38,39]的研究则是其最为重要的基础；高强高性能混凝土井壁材料研究方面最关键的问题是低温下高强高性能混凝土的实验研究及制作。

大量的模拟实验及理论分析表明竖向附加力是立井井壁破裂的主要原因，因此，其分布规律的确立对正确地揭示井壁的破裂机理具有重要意义。由于影响竖向附加力的因素较多，如温度变化、表土疏水沉降、立井井筒对土体的支撑效应等，

加上其中的一些重要因素至今尚无人考虑过,如立井次生地压等,因此,这一问题的研究不仅很重要而且很困难,构成了该课题的最为关键的一环。

对于高强高性能混凝土的实验研究,常温情况下的研究多年前就已进行,且已成功。由于煤矿立井的施工多采用冻结法,因此,低温情况下的高强高性能混凝土的制备才能满足煤矿建设的需要,而这一领域在我国一直无人问津,处于空白状态,无可以借鉴的数据、理论、方法,因此,其实验研究构成了该课题一个十分关键的内容。

2.5 研究方法、技术路线和主要工作

2.5.1 研究方法

1. 井壁破裂机理的研究方法

通过对现场实测数据的分析,揭示井筒周侧渗水通道的存在,并在此基础之上对立井次生地压和井筒承受的竖向附加力的成因和分布规律进行研究;通过解析分析,找出井筒破裂的危险层位置;运用合理的强度准则,校核危险位置处的井壁是否破裂,从而对井壁破裂进行预测;利用地下水位的沉降规律,推断出危险层位置处的应力增长规律,进而对井壁破裂的时间进行确定;依据强度准则,对危险层位置处的应力数值实施人为改变,从而达到防止破裂的目的。

2. 高强高性能混凝土材料的研究方法

以山东巨野煤田龙固煤矿副井深厚表土层冻结井壁设计为研究目标,从高强高性能混凝土配合比及施工工艺的实验研究入手,然后依次研究如下方面问题:高强高性能混凝土的变温特性,突变压力对混凝土特性的影响,高强高性能混凝土的性能(抗渗性、抗氯离子渗透性、抗冻性、干缩、绝热温升),高强高性能混凝土微观机理,高强高性能混凝土外层井壁实验段现场实验,高强高性能混凝土的实际应用。

2.5.2 技术路线

本书的研究由两大中心内容构成,因此,相应的研究路线也有两条:

(1) 立井井壁破裂机理研究的技术路线,如图2.6所示。

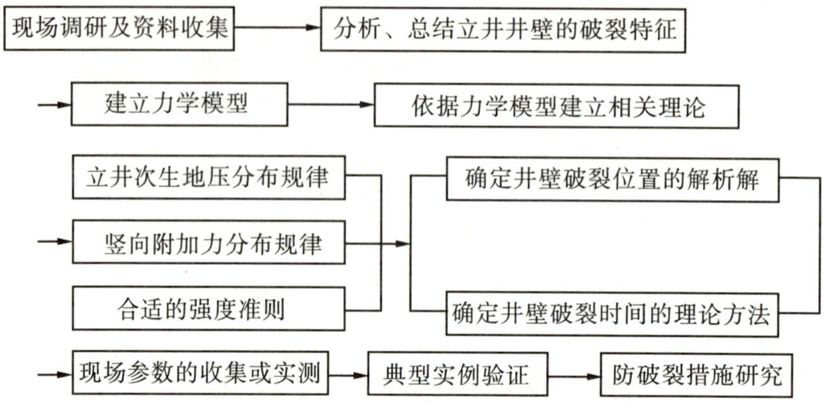

图 2.6　立井井壁破裂机理研究的技术路线

(2) 高强高性能混凝土井壁材料研究的技术路线,如图 2.7 所示。

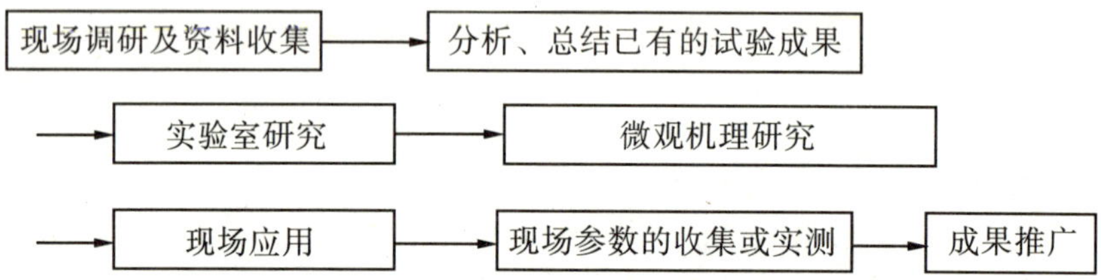

图 2.7　高强高性能混凝土井壁材料研究的技术路线

2.5.3　主要工作

本书研究过程中涉及的工作主要包括以下几个方面:

① 现场调研,资料收集。调研我国主要矿区破裂井筒情况,收集相关的工程地质、水文地质资料,收集和整理矿区地下水水位变化数据。

② 模拟实验。建立反映表土沉降与地下水水位下降之间关系的沉降池一座,所需土方量约 7 m^3,粉细砂约 4 m^3。实验内容主要有两个:第一,含水层之间无水力联系情况下表土沉降与地下水水位下降之间关系的研究;第二,井筒周侧存在渗水通道情况下表土沉降与地下水水位下降之间关系的研究。

③ 高强高性能混凝土实验室实验。主要包括低温下高强高性能混凝土的配比实验、力学性能实验及微观检测实验等。

④ 理论求解。包括立井井筒次生地压解析解的求解、立井井筒承受的竖向附加力分布规律解析解的推论、温度应力解析公式的推导和井壁破裂预测方法的研究。

⑤ 井壁防破裂措施研究和井壁重复破裂机理研究。这部分研究基于上述的理论研究成果,研究中需将理论成果与现场实际情况进行对照。

⑥ 高强高性能混凝土的实际应用及应用效果检测与调研。

第3章 立井井壁破裂机理与预测理论

立井井壁破裂的主要原因在于表土的沉降，表土的沉降则在于地下水的流失，由于地下工程的隐蔽性，井壁破裂过程中的很多因果关系必须借助于一些表征去研究，并通过相应的实验去论证。本章从矿区表土疏水沉降特征入手，利用大量现场实测的数据，并借助于相似模拟实验展开研究。

3.1 立井井壁破裂特征与矿区表土疏水沉降特征

由于立井井筒是处于深厚表土层中的一种特殊构筑物，对它的分析、研究不能同地面构筑物一样对待；加上导致其破坏的主要外力为作用于井筒外壁与表土之间的竖向附加力，我们无法直接去观察这些外力的作用和变动情况，同时也无法用仪器直接对其进行有关的测试，因此很多情况下，井壁破裂特征的分析就成了研究立井井壁破裂机理的一条重要途径。又因矿区表土的疏水沉降与作用于井筒外壁上的竖向附加力直接相关，所以，矿区表土疏水沉降特征的正确分析对竖向附加力分布规律的研究具有十分重要的作用，同时所举和索引的大量实例也是对后面所得出的附加力分布规律理论的重要验证。此外，渗水通道理论的论证对矿区表土疏水沉降特征的研究也具有重要的基础作用。

3.1.1 矿山立井井壁破裂特征

根据大量现场勘察，自20世纪80年代至今，在我国的徐、淮、大屯、永夏、兖州等矿区发生破裂的70余个井筒均表现出了如下特征：

① 地域集中性：破裂井筒均集中在华东地区黄淮一带，基本呈南北向带状分布；该区域为冲积平原，破裂井筒均穿越了较厚的冲积层。

② 明确的时间性：井壁破裂通常发生在矿井投产后的若干年间，且破裂期基本处于每年的4～10月份，大多集中于7～8月份。

③ 破裂位置的集中性：井壁破裂位置一部分集中于第四系深厚表土层与基岩交界面及其附近，一部分分布于上部特定范围内的含水层或黏土层中。

④ 地质条件相近性：破裂井筒均穿过较厚的第四系表土层，下含水水位下降明显；破裂时，下含水水头位置基本降至距井口 85～95 m 的范围(见表 3.1)。

表 3.1　我国部分冻结立井井壁破裂情况一览表

井筒名称	竣工时间/破坏时间	冲积层厚度(m)	底含层位置(厚度)(m)	实际破坏深度(m)	冻结深度(m)
张双楼副井	1982.12.31/1987.07.29	243.15	233.15～243.15(10)	225.0，229.3～230.5	285
海孜副井	1983.03/1987.08.21	247.24	214.81～247.24(32.43)	232.8～237.5	285
海孜主井	1982.08/1988.10.06	248.69	214.81～247.24(32.43)	211.79～219.79	285
海孜中央风井	1980.05/1988.06	245.18		226.75～234.75	285
兴隆主井	1977.08.13/1997.06.23	189.31	165.91～189.31(23.4)	150,184	216.4
兴隆副井	1978.09/1997.06.26	190.41	167.61～189.31(22.8)	154	221.75
兴隆西风井	1976.08/1995.10	183.9	163.2～183.9(20.7)	165.6～171.6	219.45
兴隆东风井	1977.05.31/1997.06.07	176.45		157	204.95
杨村主井	1984.12/1997.02.29	185.42	165.92～185.42(19.5)	176.5	206.94
杨村副井	1985.01.23/1997.12.02	184.45	174.00～185.42(10.45)	160,176	212.44
杨村北风井	1984.10.31/1997.02.04	173.4	160.67～173.4(12.73)	150～156.6	212.8
鲍店主井	1979.05.14/1995.07.12	148.69	130.31～148.69(18.38)	136～144	256
鲍店副井	1979.11.26/1995.06.05	148.6	130.85～148.6(17.75)	126.9	256
鲍店南风井	1979.08.01/1996.08.09	157.92	140.36～157.92(17.56)	158.1～159.3	189
鲍店北风井	1979.10.21/1996.08.02	202.56	175.67～202.56(26.89)	168.4,180,204	234

⑤ 地表明显下沉：发生井筒破裂的矿井工业广场的下降幅度多在 250～500 mm，且以井筒为中心沿径向逐渐增大，即以井筒为中心，地表表现出明显的弯曲变形。

⑥ 井筒、罐道变形显著：井壁发生破裂之前，通常表现出罐道弯曲变形、罐道

与井壁之间的间隙缩小、混凝土井壁发生局部的纵向和径向变形。

⑦ 破坏形态相似性：井壁内缘混凝土呈楔形剥落、掉块，大多数破裂井筒的破裂带呈近似水平环状，少数表土层较厚且井径较大的破裂井筒的破裂带约呈45°斜向，井内侧纵、环向钢筋均向井内外突变形。

⑧ 井壁破裂均为矿井运营以后的若干年后，且井筒破裂必伴随下含水水头下降。

除了上述的共性之外，某些破裂井筒还表现出了其他方面的一些特征：

① 某些破裂井筒采用注浆法治理后，井口及其周侧地面在一个较长的时间内表现出持续的抬升现象。

② 某些采用“卸压槽＋壁后注浆”方法治理后的井筒，卸压槽处的纵向应变反而小于开槽前相应部位的纵向应变值，似乎破裂井筒的治理效应并非为卸压槽所带来。

③ 大多数破裂井筒具有底部含水层，但也有少数破裂井筒无底部含水层；大多数破裂井筒穿越的底部含水层厚度较大，但也有少数破裂井筒穿越的底部含水层厚度很小。

④ 某些井筒下部(表土段)的变形范围随时间的增长表现出逐渐向上延伸的态势，且在某一时间段内，各变形部位的纵向应变趋于均匀。

上述的这些特征虽只是井壁破裂时表现出来的现象，但每一个特征的背后均有着深刻的内因，正是这些内因为我们正确地揭示冻结立井井壁破裂的机理指明了方向。

首先，井壁破裂之所以表现出地域集中性特征，主要是因为我国的华东地区黄淮一带是典型的冲积平原，冲积层的底部是含水丰富的砂砾层。随着矿井的开采，砂砾层中的含水就会通过一系列的渗水通道流入矿井，造成了表土的疏水沉降，表土的疏水沉降为处于深厚表土层中的井筒遭受较大负向摩擦力的作用创造了条件。

其次，“井壁破裂具有明确的时间性”向我们明确了两个信息：① 井壁的破裂与下含水的流失有关。因为下含水的流失只有在矿井开采的情况下才会发生，所以井壁的破裂通常发生在矿井投产以后的若干年间，至于破裂时间的长短则取决于地下水流失的速度。② 井壁的破裂与气温的升高有密切关系。井壁的温度决定于气温的变化，尤其是进风井受气温的影响十分显著，井壁温度的升高会导致其内产生很大的温度应力。

第三，“井壁破裂位置的集中性”告诉我们：立井井壁沿竖向的应力分布具有特定的规律性，而这种规律性是由作用在井筒上的外力决定的，因此根据现场实测所获得的应力、应变资料可以对作用在井筒上的外力进行分析，同时也可对井筒周围表土的变形与沉降情况进行研究。

第四，“地质条件相近性”在告诉我们下含水水头距井口的距离与井壁的破裂有特定关系的同时，也向我们初步揭示：在某些立井井筒周围，各含水层确实具有水力联系，各含水层在井筒周围有渗流发生。由于受渗透系数的限制，因渗流而引起的表土缩沉的范围并不大，只局限于井筒径向的一定尺寸内。

第五，“地表明显下沉”说明井筒的破裂与表土的疏水沉降紧密相关。因此，要想弄清井壁破裂的机理，有必要首先弄清表土疏水所引发的变形和沉降机理。

第六，“罐道变形显著”明确指出：表土疏水沉降与井筒受力密切相关。

第七，“破坏形态相似性”向我们揭示出绝大多数立井井壁破裂的原因应是一致的。对此，中国矿业大学和安徽理工大学的崔广心、杨维好、孙文若、程桦等人通过模拟实验进行了研究，结果表明井壁破裂的主要因素是竖向附加力过大所为。

第八，“井壁破裂均为矿井运营以后的若干年后”这一特征结合“破裂井筒处均发生有地下水水位大多下降至距井口 90 m 左右”这一情况，表明井壁破裂与下含水水位之间具有重要的内在关系。

此外，某些破裂井筒所表现出来的其他方面的特征在告诉我们井筒破裂主要为竖向附加力所为之外，还说明某些立井井筒周侧确实存在着渗水通道。

总之，每一破裂特征中都隐藏着导致井壁破裂的实质因素。所以，从这些破裂特征入手来分析、研究井壁的破裂情况，有利于我们客观、正确地认识立井井壁的破裂机理。

3.1.2　矿区表土疏水沉降特征

目前，世界各国对表土疏水沉降这一现象均进行了较深入的研究，并获得了大量的研究成果[40~52]，但真正研究矿区表土疏水沉降与井壁破裂之间关系的文章却不多[39,51]，中国煤炭科学研究院许延春高级工程师利用 Sondex 观测系统对兖州矿区兴隆庄煤矿工业广场及临涣矿工业广场各表土层（距井筒距离 60 m 左右）进行了现场测试[14]（见表 3.2），测试结果表明：矿区表土的变形存在有如下特征：

① 中含通常有一微小增量，且围绕着某一稳定水平上下波动；

② 下隔层发生较大的压缩变形；

③ 一含变形量时有变化，且层厚通常均会发生微小减量，但总体变形量基本稳定在一定水平；

④ 下含水层压缩量最大；

⑤ 井筒周围的地面标高以井筒为中心沿径向逐渐降低，即土层发生弯曲变形。

对应于上述表土的变形特征，各含水层的承压水头也表现出了各自相应的特点：下含层水头持续下降，中含层水头较为稳定，上含层水头受季节及大气降水的影响较大。

表 3.2 临涣矿隔含水层变形

分区	层位	厚度(m)	1988.9.9~1990.8.21 变形量(mm)	1988.9.9~1990.8.21 变形速率(mm·月$^{-1}$·m^{-1})	1989.12.17~1990.11.22 变形量(mm)	1989.12.17~1990.11.22 变形速率(mm·月$^{-1}$·m^{-1})	1990.3.22~1991.3.9 变形量(mm)	1990.3.22~1991.3.9 变形速率(mm·月$^{-1}$·m^{-1})	1990.5.30~1991.6.16 变形量(mm)	1990.5.30~1991.6.16 变形速率(mm·月$^{-1}$·m^{-1})	年平均变形量(mm)
Ⅱ区	一含	31.013	+9	$+2.4\times10^{-2}$	+3	$+8.1\times10^{-3}$	+8	$+8.06\times10^{-3}$	+8	$+2.1\times10^{-3}$	+7.0
	一隔	33.864	-6	-1.5×10^{-2}	+11	$+2.0\times10^{-2}$	-1	-2.46×10^{-3}	+1	-2.46×10^{-3}	+1.25
	二含	4.986	+4	-6.7×10^{-2}	0	0	-1	-1.67×10^{-2}	-1	-1.67×10^{-2}	+0.5
	二隔	31.787	-4	-1.7×10^{-2}	+3	$+7.9\times10^{-3}$	-2	-5.2×10^{-3}	-4	-1.1×10^{-3}	-2.25
	三含	17.018	+10	-4.9×10^{-2}	-1	-4.9×10^{-3}	0	0	+1	$+9.8\times10^{-3}$	+2.5
	三隔上	40.985	+7	$+1.4\times10^{-2}$	+9	$+1.8\times10^{-2}$	+2	$+4.1\times10^{-3}$	-2	-4.1×10^{-3}	+4.0
Ⅰ区	三隔下	39.976	-4	-8.3×10^{-2}	-5	-1.0×10^{-2}	-11	-2.3×10^{-2}	-12	-2.5×10^{-2}	-8.0
	四含上	28.848	-17	-4.9×10^{-2}	-20	-5.8×10^{-2}	-17	-4.9×10^{-2}	-16	-4.6×10^{-2}	-17.5
	四含下	10.082	-8	-6.6×10^{-2}	-10	-1.65×10^{-2}	-19	-1.6×10^{-1}	-19	-1.6×10^{-1}	-14.0
合计		238.659	-10	—	-10	—	-46	—	-43	—	-27.25
Ⅰ区合计		—	-29	—	-35	—	-47	—	-47	—	-39.5

20多年的研究[53~60]表明，矿山立井井壁破裂的根本原因是矿区下含水层疏水导致的表土沉降所产生的表土与井筒外壁之间的负向摩擦力所致。在分析井壁破裂机理的过程中，众多学者都对矿区表土的变形特征进行了分析[14,15,25,61]，并以此为依据分析了立井井壁的破裂机理及重复破裂机理[62~74]。但此处必须指出，在过去很多"关于表土沉降特征与井壁破裂关系"的研究中，关于表土沉降特征的分析均是建立在距井筒距离长达60～70 m沉降孔的实测资料的基础上的，以这样的数据来分析井壁破裂原因，显然存在着不合理的成分，因为在很多情况下，如井筒周侧存在渗水通道时，考虑井筒对周侧土体的支撑效应时，井筒周侧表土的沉降与较远处表土的沉降情况有很大差异，故我们不能将桩与土之间相互作用的有关理论简单地应用于此处。此外，长期以来，人们一直将中含层承压水头无明显变化作为下含层与其上各含水层之间无水力联系的依据，并在此基础之上来分析表土的变形特征及立井井壁的受力情况，事实上，这种观点存在有不确切之处，为了说明这一点，首先请看下面的矿区表土沉降特征分析图（图3.1）。

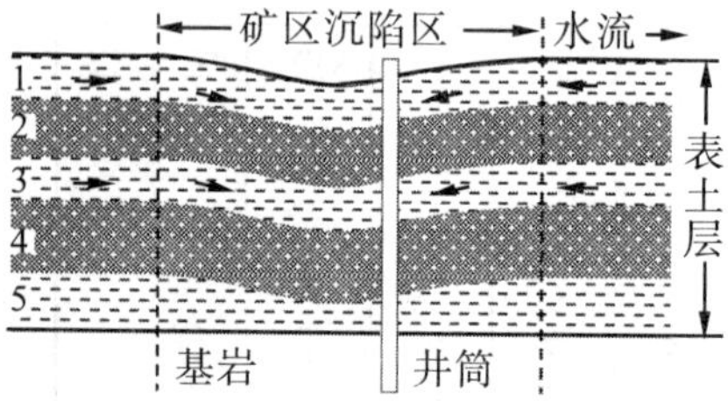

图3.1　矿区表土沉降示意图

整个矿区因受煤层开采的影响会发生程度不同的沉降，沉降使得矿区范围内的各表土层的位置较周围区域相应表土层的位置降低，其结果一方面增大了作用在各含水层（下含层除外）上下界面的竖向压力，使得含水层的厚度变大；另一方面也降低了各含水层中自由水的势能，形成了与周围区域相应含水层中自由水的势能差，为自由水向矿区的径向渗流创造了条件。因此，中含层水头的相对稳定并不能说明该含水层不存在水力流失的可能，也不能凭此断定它与其他含水层之间不存在有水力联系。当该含层通过井筒周围的渗水通道向下含层进行水力补给时，只要补给的速度很小，则该含层在矿区之外区域水头的作用下和径向渗流的影响下，除井流漏斗中心一定范围内，漏斗外围的水头完全可以稳定在某一水平值附近。此外，中含层厚度并非不变，只是围绕着某一水平上下波动，这也间接地表明了该含水层与其他含水层之间具有一定的水力联系。

接下来分析表土沉降的其他特征：

"下隔层发生较大的压缩变形"打破了多年来理论界一直坚持的下隔层不渗水、不变形的观点，对重新认识下隔层在井壁破裂中所具有的作用具有重要意义，对正确理解井筒周围存在有水力通道起重要作用。

"一含变形量时有变化，且层厚通常均会发生微小减量，但总体变形量基本稳定在一定水平"揭示了一含存在有水力流失，但由于受矿区周围区域水头的作用及径向渗流的影响，当流失的水量达一定程度后，渗入量和渗出量即会渐渐达成平衡。但此处的平衡受大气降水的影响较大，因此会表现出围绕某一水平上下波动的情况。

“下含水层压缩量最大”说明了下含层的水力流失最为严重，而“井筒周围的地面标高以井筒为中心沿径向逐渐降低”则初步揭示了下含层沿井筒径向的压缩量呈逐渐递增态势，也相应地吻合了沿井筒径向向外有效应力逐渐增大的道理，同时也间接地论证了矿区表土发生水平位移的原因（尤其在下含层与黏土层交界面及其以上附近区域）。

以上表土的沉降特征结合图3.1的实测资料（土层厚度的增减变化）揭示了某些井筒所穿越的上、中、下含水层中存在有水力的变化，即自由水的流入和流出，这对正确地理解井筒周围渗水通道的存在和立井井壁的破裂机理具有重要的指导作用。

3.1.3 矿区各含水层之间的水力关系

从20世纪80年代至今，关于立井井壁破裂机理的研究在我国已有30多年的历史。30多年来，由于对表土变形、沉降机理的认识不足，尤其受中含层水头较为稳定这一现象的蒙蔽，很多人一直坚持“下含层与其他含水层之间无水力联系”的观点，结果造成了对立井井壁破裂机理的不完善认识。实际上，相当数量井筒的周围存在着特定的渗水通道，这一点不仅可以根据现场实测资料进行证实，而且还可以根据某些立井井壁所表现出来的破裂位置特征及相关的模拟实验来进行论证。

1. 矿区各含水层之间“渗水通道”存在理论

如图3.2所示，立井井筒周围的表土分为两个不同的区域：冻融土区域（壁后充填区域—钻井井筒）和原状土区域。

冻融土区域内，一方面冻土融化时，造成土层液化[53]，使得黏土的渗水系数剧烈增加（见表3.3），沟通了底含层与上部各含层之间的水力联系，从而在井筒周侧的一定径向范围内形成了一渗水通道；另一方面，井筒掘进过程中，冻结壁在地压作用下会产生较大的环向应力并会发生较大的径向位移，原状土体的结构已经遭受破坏，也为渗水通道的形成创造了条件。除此之外，以下因素也会对冻融土区域成为渗水通道造成影响：

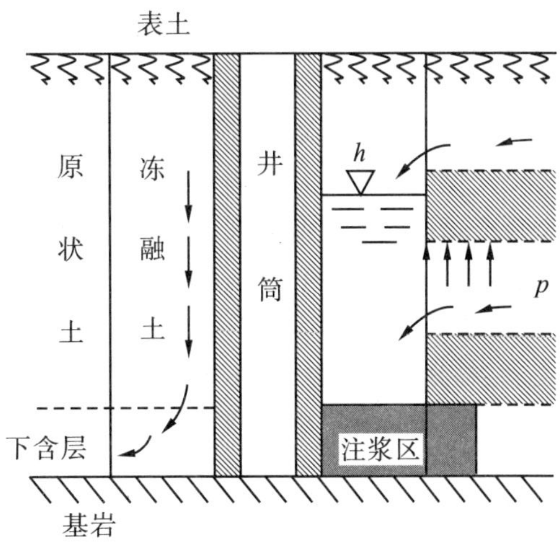

图3.2 含水层水力关系分析图

① 冻结管拔除后管孔的充填质量不达标。

② 井筒外壁在施工期会因周围冻土冻胀力的作用而形成一系列的微小裂缝。

③ 壁后衬垫材料的使用及井筒沿径向的热胀冷缩。

④ 隔水层并非完全不渗水。兴隆庄东风井下隔层的较大压缩变形以及其他一些下含层缺失井筒(如童亭风井)的破裂均表明隔水层也会发生较严重的疏水压缩变形。故受过扰动和冻后融化的隔水层具有渗水性当属意料之中。

表 3.3 原状土与冻融土物理性质指标差异性比较[54]

土样	含水量(%)	密度($g \cdot cm^3$)	干密度($g \cdot cm^3$)	空隙比(%)	饱和度(%)	比重	液限(%)	塑限(%)	塑性指数	液性指数	水平渗透系数($cm \cdot s^{-1}$)	垂直渗透系数($cm \cdot s^{-1}$)
北一亚黏土	$\frac{42.7}{41.9}$	$\frac{1.88}{1.82}$	$\frac{1.32}{1.28}$	$\frac{0.99}{1.06}$	$\frac{100}{100}$	$\frac{2.68}{2.69}$	$\frac{41}{37.7}$	$\frac{24.5}{23}$	$\frac{16.5}{14.7}$	$\frac{1.10}{1.28}$	$\frac{2.23\times10^{-6}}{20.7\times10^{-6}}$	$\frac{0.672\times10^{-6}}{6.88\times10^{-6}}$
南一亚黏土	$\frac{38.1}{38.5}$	$\frac{1.83}{1.83}$	$\frac{1.32}{1.32}$	$\frac{1.04}{1.04}$	$\frac{98}{98.3}$	$\frac{2.74}{2.74}$	$\frac{40}{37.5}$	$\frac{23.2}{23.5}$	$\frac{16.8}{14.0}$	$\frac{0.91}{1.08}$	$\frac{3.72\times10^{-6}}{11.8\times10^{-6}}$	$\frac{0.722\times10^{-6}}{3.23\times10^{-6}}$

注:① 表中横线上为原状土,横线下为冻融土。

② 表中数据为黏土冻至 -10 ℃并保持 48 小时解冻后的结果,而立井施工时冻结壁的冻结时间长达 3 个月左右,且靠近冻结管的温度处于 -30～-40 ℃,因此现场冻结壁冻融后的渗透系数较实验结果应大得多。

由于很多立井井筒周围渗水通道的客观存在,对各含水层应考虑其因有效应力的增大而发生的压缩变形。由于上面各含水层的径向渗透系数小于渗水通道内土的渗透系数,因此,井筒周围一定范围土体内的水位即为下含水水位,随下含水的流失,上部含水层将会因疏水而缩沉。由于上部含水层疏水、沉降过程中会因立井井筒对土体的支撑效应而使得一部分土体重量转移作用至井筒之上,从而使得立井井筒周侧土体中竖向地压重新分布,造成下部含水层在水头下降的同时有效应力增加甚微的情况,即井筒周侧的下部土体在下含水流失的过程中仅会发生微小的变形。对于井筒下部周侧土体中存在有"微压缩区"的这一情况,后面的模拟实验将给予足以说明问题的论证。

上面为冻结立井周侧土体中水力通道的形成分析,对于钻井井筒,这一通道为壁后充填区域。长期以来,我国钻井法施工井筒的壁后充填物一直是水泥浆和碎石(或矿渣),具体施工时,两种材料分段交叉充填,一般碎石的充填量要远多于水泥浆(表土段)。由于碎石和矿渣是良好的透水体,而水泥浆在强度增加的过程中也会因周侧土体侧压的作用而变成松散体,因此,壁后充填区域便成了渗水通道,沟通了上下各含水层之间的水力联系。

由于煤层的开采及底含层的疏水沉降引发矿区各表土层形成了如图 3.1 中所示的凹陷区域,使得矿区含水层与外围区域相应含水层中的自由水之间形成势能差,增强了外围区域含水层中的自由水向矿区渗流的能力,当外来水的渗流量与补给下含层的水量平衡时,除井流漏斗范围之内含水层水头会较原水头有明显降落外，井流漏斗范围之外各含层(下含层除外)的水头就会相对稳定，这就是下隔层之上的各含水层的水头(距井筒 60 m 之外)在表土沉降的过程中长期保持相对稳定状态的原因。所以，很多矿区中含层水头的稳定并不是起因于底含层与中含层之间的水力隔绝。同时，按照这一论述，沿井筒径向越远，开采前后的水头差就越小(以井筒为中心的一定范围)。

此外，根据上述渗水通道理论，在对破裂井筒实施注浆处理之后的一段时间内，因通道内水位上涨的幅度较小，有效应力减小所引发的土体竖向膨胀不足以恢复井筒周侧土体中因原先水位降低所导致的立井井筒地压降低的数值时，混凝土的徐变特性及上部土体的继续沉降会使得井筒继续处于压缩的状态；当水位上升到一定水平时，井筒才会渐渐地由压缩转变为拉伸。井筒由压缩转变为拉伸除了存在有上述的原因之外，因失水导致浮力减小而下沉的隔水层重新获得浮力的作用而产生向上的位移也是一个重要的原因。所以，自实施注浆之日起，在随后的一定时期内，表土段井筒将依次经历拉伸→压缩→拉伸→稳定的过程，很多现场实测数据也证实了这一客观过程(详见表 3.4)。

2．“渗水通道”存在理论的现场实测论证

关于“渗水通道”存在理论的正确与否，仅凭上述的分析，显然依据不足。下面从相关的各种实测数据出发来对此进行更为深入和细致的论证。

(1) 依据注浆效果论证“渗水通道”存在理论

至今为止，尚未有任何人为了探明各含水层之间是否存在有水力联系而进行实测，此处所分析的实测数据均来自于井壁加固和修复后为了了解加固和修复的效果而进行的现场实测。

张双楼风井井壁变形检测[34]

井筒破裂情况：张双楼风井井深 306.5 m，净直径 4.7 m，表土层厚 256.42 m，采用钻井法施工，预制钢筋混凝土井壁，壁厚 0.5 m。1992 年 6 月 4 日发现在垂深 245～247 m 处发生破坏，且呈缓慢加剧趋势，严重处高达 1.8～2.5 m，剥落最大厚度为 0.2 m，同时梯子间发生严重扭曲变形。

加固修复措施：经过比较研究，1993～1994 年对该风井采用了地面注浆加固修复。注浆总段高为 230～285 m，分 5 个注浆段，其中底含层为注浆密实段，最大扩散距离达 10 m。

加固效果检测：根据现场观测，在注浆工程结束之后的 1 年里(1994 年)，井筒仍表现出继续压缩的状况，全年纵向压缩量 5.4 mm[75]。但从 1995 年开始，井筒周围的地表出现了长时期的持续抬升。为了分析井壁变形的原因，先后对该立井井壁进行了两个阶段的详细检测：第一阶段，从 1995 年 1 月 12 日起至 1995 年 11 月 16 日止，利用 QJ－85 型收敛计对加固段(243～255 m)进行了变形检测，检测结果[34]如表 3.4 所示；第二阶段，注浆工程施工前 229 d 至施工后 739 d，对井壁(部位同上)实施纵向位移速率检测[3]，注浆前 229 d 平均纵向位移压缩速率为

0.066 mm/d,注浆后 739 d 稳定拉伸速率为 2.02×10^{-3} mm/d 和 3.82×10^{-3} mm/d(两个测桩)。注浆后,不仅停止了压缩变形,而且发生了持续的拉伸变形。

表 3.4　张双楼风井变形检测结果[34]

单位:mm

检测日期	径向 1	径向 2	径向 3	竖向 1	竖向 2
1995.01.12	−1.11	+0.51	+1.63	+1.21	+2.21
1995.02.27	+4.32	−1.46	−1.11	+0.65	+0.99
1995.04.02	−4.55	+0.10	−0.10	+1.46	/
1995.05.18	−0.09	+0.92	−0.69	+0.67	+2.54
1995.06.19	+1.30	−0.82	+0.79	+0.91	+1.02
1995.07.25	−0.96	+0.45	+0.40	+0.01	−1.61
1995.08.25	+0.02	+0.09	−0.33	−0.38	+0.11
1995.09.19	−0.11	−0.26	−0.03	+0.48	+0.53
1995.10.19	−0.08	+0.11	−0.02	+0.19	+0.05
1995.11.16	+0.08	+0.06	−0.10	+0.70	+0.61
总变形量	−1.18	−0.30	+0.64	+5.90	+6.45

注:“+”为拉伸变形,“−”为压缩变形。

变形数据及变形机理分析:表 3.4 中的两组竖向应变值表明,在近一年的时间里井筒的受检测部位基本上处于不断增长的状态(仅一个负变形检测结果出现在夏季,应是温度升高的结果),由于检测时间是在注浆工程结束一年之后,因此完全排除了注浆压力作用的结果;因无卸压槽存在,故也排除了应力释放的说法。由于井筒周侧的下含层部位注浆的程度达到了密实状态,且沿井筒外侧的径向扩散距离高达 10 m,加上地面持续抬升的主要部位发生在井筒的周侧,因此,完全排除了注浆处理之后下含层富水变化的影响。同时资料[48]显示,1994～1995 年张双楼矿区底含水头虽下降势头趋缓,但仍呈下降状态。这样一来,井壁发生拉伸变形及井筒周侧地面发生抬升的原因只有一个,即井筒周围必存在如图 3.2 中所示的渗水通道;下含层的密实注浆封断了下含层与上部各含层之间的水力联系,使得原先的渗水通道变成了一个下端封闭的环行深槽,上部各含水层持续地渗流使得槽内的水位不断上升,井筒周侧土体中的有效应力不断减小,压缩的土体发生回弹。同时,当水位超过了某一含水层上界面时,该含层的水头值(渗水通道附近)就会显著增大,其上隔水层所受到的向上压力 p 就会明显增加,造成向上的位移及该含水层的增厚。上述两方面因素的共同作用使得渗水通道附近的表土层整体向上位移,且自下向上位移逐渐增大，从而给立井井筒以向上的附加力，使得井筒沿纵向发生拉伸变形。随着水位上升到稳定水平，地面的抬升及井筒的拉伸方可结束。

鲍店南风井注浆效果检测[37]

鲍店南风井表土层厚度 157.92 m，表土段采用冻结法施工。1996 年 7、8 月，在垂深 158 m 处井壁发生破裂，混凝土呈块状剥落，破裂带高约 1.5 m，径向裂隙深 50～70 mm，钢筋外凸，属典型的压裂破坏。1998 年 4 月 1 日～7 月 19 日采用“破壁注浆＋卸压槽＋套壁”法对破裂井壁实施了综合治理，1998 年 3 月建立了井壁监测系统，同年 4 月 19 日至 1999 年 10 月 22 日进行井壁环向和竖向应变数据采集(见表 3.5)。

表 3.5 鲍店南风井综合治理后井壁应变实测数据[37]

测试水平	时间段 / 应变	壁后注浆阶段	开卸压槽阶段	套壁阶段	治理期间累计	治理后0～5月	治理后6～9月	治理后10～15月	总累计
第一测试水平，垂深113.5 m	环向应变 1	+33	−7	+12	+38	−33	+10	+81	+96
	环向应变 3	+11	+20	+10	+41	−70	−19	+10	−38
	环向应变 5	+75	+23	+15	+113	−48	−10	+34	+89
	环向应变 7	+9	−6	+14	+17	−48	+2	+47	+18
	平均值	+32	+7.5	+12.5	+52.25	−49.75	−4.25	+43	+41.25
	竖向应变 2	+15	+11	+10	+36	−57	−9	+33	+3
	竖向应变 4	+4	−2	+10	+12	−48	+2	+53	+19
	竖向应变 6	+9	−4	+18	+23	−22	+14	+72	+87
	竖向应变 8	+58	+17	+11	+86	−63	−18	+23	+28
	平均值	+21.5	+5.5	+12.25	+39.25	−47.5	−2.75	+45.25	+34.25
第二测试水平，垂深125.3 m	环向应变 9	0	−10	+12	+2	−27	+15	+76	+66
	环向应变 13	+115	+10	+25	+150	+10	+35	+106	+301
	环向应变 15	−200	0	+18	−182	−23	+5	+59	−141
	平均值	−28.3	0	+18.3	−10	−13.33	+18.33	+80.3	+75.3
	竖向应变 2	+70	+30	+10	+110	−60	−10	+17	+57
	竖向应变 4	+200	0	+20	+220	−30	0	+64	+254
	竖向应变 6	+305	+10	+20	+335	−60	−20	+30	+285
	竖向应变 8	+478	+10	+5	+493	−85	−30	−1	+377
	平均值	+263.5	+12.5	+13.75	+289.5	−58.75	−15	+27.5	+243.25

续表 3.5

测试水平	时间段 / 应变	壁后注浆阶段	开卸压槽阶段	套壁阶段	治理期间累计	治理后0～5月	治理后6～9月	治理后10～15月	总累计
第三测试水平，垂深139.5 m	环向应变1	−85	+5	+20	−60	−20	+10	+91	+21
	环向应变3	−30	+5	+5	−20	−20	+10	+64	+34
	环向应变5	+65	+5	+20	+90	+10	+17	+105	+222
	环向应变7	+145	+15	+7	+167	−72	−15	+5	+85
	平均值	+23.75	+7.5	+13	+44.25	−25.5	+5.5	+66.25	+90.5
	竖向应变2	+365	−15	+10	+360	−65	−10	+34	+319
	竖向应变4	+10	0	0	+10	−60	−10	+26	−34
	竖向应变6	+110	−10	+10	+110	−90	−15	+17	+22
	竖向应变8	−25	0	+20	−5	−40	0	+72	+27
	平均值	+115	−6.25	+10	+118.75	−63.75	−8.75	+37.25	+83.5
环向应变总平均值		+9.15	5	+14.68	+28.83	−29.53	+6.53	+63.18	+69.01
竖向应变总平均值		133.25	3.92	12	+149.2	−56.67	−8.83	+36.7	+120.4
备注		正值表示拉应变，负值表示压应变							

表中数据表现出了与张双楼南风井注浆治理后同样的情况，即：治理期间井壁拉伸，治理之后一定期间内(0～10个月)井壁压缩，之后(10个月以后)井壁再次表现出拉伸。这一实测结果再次论证了井筒周侧渗水通道的存在。

兴隆庄注浆效果检测[76]

张双楼风井为钻井井筒，对于冻结法施工的井筒(如兴隆庄的主、副、两风井)，注浆后的检测结果表明：注浆效果同钻井井筒一致，即：注浆之后井口周侧的地面出现了持续的抬升(根据各井筒工业广场水准测量[77])。下面以兴隆庄副井井筒的具体检测结果为例来进行说明。

副井在1997年5月9日治理完工后到10月7日期间，相对上升11 mm；从1981年12月至1997年12月期间，水准点(主-2，主-3)的平均沉降速率为2.245 mm/月[57]；而1996年12月至1997年12月下含水水头下降值为1.127 m，每月下降值约0.094 m，较1983年12月至1997年12月下含层水头平均下降值2.10 m/年低了46.3%[14]，于是可换算出1996年12月至1997年12月期间水准点的平均沉降速率为1.203 mm/月，进而推算出1997年5月9日治理完工后到10月7日期间水准点的沉降量约为6.024 mm，较11 mm小4.976 mm。因此，1997年9月5日～10月7日期间井筒周侧地面应呈绝对上升趋势。由于该段时间内治理工作已经结束，故地面抬升绝非注浆压力所为。

此处需说明的是，兴隆庄副井采用的是壁后注浆与卸压槽相结合的综合治理方法，不可否认卸压槽的卸压功效，但卸压槽绝不可能引起地面抬升，所以地面抬升的根源在于破壁注浆。由于地面的抬升在注浆施工结束之后仍保持了一个较长时间段，故地面抬升的根本原因也不在于注浆压力。这也再次论证了 2.1 节中的理论分析及 3.1 节中的变形机理阐述。由于壁后注浆的范围有限，因此其堵断井筒周围渗水通道的效果同地面注浆相比要差得多，故其引起的井壁拉伸程度及拉伸持续的时间也远逊于地面注浆，这可从张双楼主、副井的壁后注浆同风井的地面注浆对井壁竖向变形的影响对比中得到验证，也可从 2.1 节中的理论分析及 3.1 节中的变形机理阐述中得到圆满解释。

注浆法治理破裂井壁过程中所产生的堵水效应除了上述介绍的情况之外，还存在有另外一种情况，即注入下含层的浆液堵住了工业广场范围内下含水向井下的渗水口，使得下含水水位上升，从而导致工业广场地表的整体抬升，井口也随之抬升。这方面较为典型的事例主要有淮北海孜西风井[78]、姚桥 1 号副井[79]等井筒。表 3.6 给出了海孜西风井"四含"观察孔注浆前后水位变化的具体数据，从这些数据可看出：从注浆之日起，下含水水位即开始上升，与此同时，整个工业广场地面随之抬升，并带动井口与之一起抬升。但此种情况下的抬升与前述注浆效应对应的井口抬升有本质区别：前者注浆后，抬升的区域为井口及周侧小范围内的地表，工业广场的其他区域仍表现为下降，下含水水位也仍然处于下降态势；后者为工业广场范围内地表的整体抬升，下含水水位迅速上升，井口相对水准点表现出相对下降现象(详见图 3.3 姚桥副井工业广场地面抬升分析图)[79]。鉴于两种注浆效应的本质区别，我们不能用后者所表现出来的效应来否认和掩盖渗水通道的存在。

表 3.6　海孜西风井"四含"观察孔注浆前后水位变化

	观测日期	"四含"水位(m)	变化值(m)	备注
注浆前	1989.5.28	113.95	0	① 西风井注浆时间为 1989.6.15～1989.7.22；② 注浆前水位下降速率为 1 m/月
注浆中	1989.6.24	112.4	+1.55	
注浆中	1989.7.17	110	+2.4	
注浆后	1989.8.17	109	+1	
累计			+4.95	

(2) 依据井壁破裂位置论证"渗水通道"存在理论

如若下含层与其他含水层之间不存在水力联系，下含层的压缩是表土沉降的绝对因素，加上井筒变形刚度远较土体的变形刚度为大，则土与井壁之间的竖向附加力必发生在下含层范围内，立井井壁中最大的竖向应力必位于土岩交界面处，即

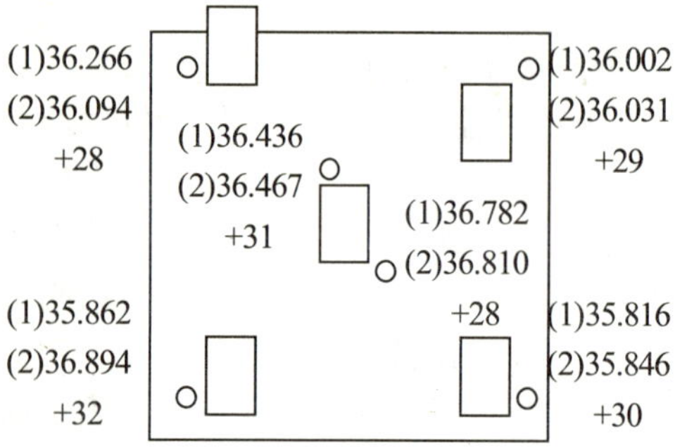

图 3.3　姚桥 1 号副井注浆引起地面抬升数据分析

井筒如若破坏，则破坏必发生在土岩交界面处，发生在其他部位的可能性很小，除非井筒质量存在问题。但事实上，相当数量井筒的破裂位置并不在土岩交界面处，而是发生在偏上的部位，且偏离的距离表现出随表土深度的增加而增加的特征。同时，对于表土层较厚、井壁较薄的井筒，往往在两个不同的位置同时出现破裂。具体见表 3.7。

表 3.7　破裂井筒破裂位置一览表

井筒名称	竣工时间/破坏时间	冲积层厚度(m)	实际破坏深度(m)
张双楼副　井	1982.12.31/1987.07.29	243.15	225.0，229.3～230.5
海　孜主　井	1982.08/1988.10.06	248.69	211.79～219.79
海孜中央风井	1980.05/1988.06	245.18	226.75～234.75
兴　隆主　井	1977.08.13/1997.06.23	189.31	150,184
兴　隆副　井	1978.09/1997.06.26	190.41	154
兴隆西风　井	1976.08/1995.10	183.9	165.6～171.6
兴隆东风　井	1977.05.31/1997.06.07	176.45	157
杨　村主　井	1984.12/1997.02.29	185.42	176.5
杨　村副　井	1985.01.23/1997.12.02	184.45	160,176
杨村北风　井	1984.10.31/1997.02.04	173.4	150～156.6
鲍　店副　井	1979.11.26/1995.06.05	148.6	126.9
鲍店北风　井	1979.10.21/1996.08.02	202.56	168.4,180,204

对于上述破裂井壁，如若用下含层与其他含水层之间不存在水力联系的观点

来进行解释，无论怎样都是行不通的。但是如果考虑含水层之间存在水力联系，同时结合立井地压重新分布学说，则这一现象可以得到圆满的说明。

(3) 依据底含层是否缺失论证"渗水通道"存在理论

"底含与其上含水层无水力联系，表土的沉降取决于下含层的压缩"，这一观点否决了隔水层的透水性，从而促使人们自然会产生"只要底含层缺失，表土就不会沉降，井壁就不会发生破裂"的观点。然而事实并不全是这样，下含层缺失的兴隆东风井和童亭风井井壁破裂的事实极其有力地论证了这一点。同时，下含层厚度很薄、渗透性能不佳的矿区井筒的破裂也说明了同样的道理，如龙东主井[64]，其底砾层厚度仅 1 m 左右，富水性也较弱，而砾石层本身又具有较低的压缩性。因此，下含层缩沉是导致井壁破裂的主要因素的观点是不客观的。对于这样的井筒破裂，用"渗水通道"存在理论来进行解释，似乎更具说服力。同时，下含层缺失井筒的破裂也间接地论证了冻融黏土具有较好的渗透性能，这同样为"渗水通道"存在的观点提供了依据。

(4) 依据底含层厚度与井壁破裂和重复破裂之间的关系来论证"渗水通道"存在理论

如底含层与其他含水层之间无水力联系，则在冲积层厚度及其他因素(井径、壁厚、混凝土强度等级等)大致相同的情况下，底含层的厚度越厚，则破裂的次数应越多。但从表 3.1 中可看出，海孜副井处的表土层比张双楼副井处的表土层厚出 4.09 m，底含层厚出 22.43 m，理应海孜副井的破裂次数多于张双楼副井，但实际上，张双楼副井的破裂次数是 5 次，而海孜副井的破裂次数是 3 次；相应的童亭副井表土层厚 230.5 m，底含层厚 12 m，只破裂过两次[35]。再比如说，龙东主井处表土层厚 212 m，底砾层厚仅 1 m，但却分别于 1987.08 和 1990.07 两次破坏[62]，相形之下，我国黄淮地区很多井筒的表土层厚度及底含层厚度均要大于龙东主井的情况，但却没有发生破坏。因此，对某些立井井筒而言，底含层疏水压缩导致井壁破裂及含水层之间无水力联系的观点是不切实际的。

(5) 依据卸压槽的卸压效应论证"渗水通道"存在理论

依据渗水通道理论，井筒周侧的下含层是处于微压状态的，在表土层较厚的情况下，井筒下部会受到方向向上的竖向附加力的作用，如若此时将卸压槽设置在靠近土岩交界面的地方，因卸压槽上方尚有一段井筒受到向上摩擦力的作用，同时该摩擦力会随着上部井筒的下移而发生数值的增大和范围的增加，所以卸压效果非常不好，此时卸压槽的压缩量会远小于外围地面的沉降量，起不到很好的卸压效果。我国某些主要矿区采用卸压槽治理的井筒其后又发生了二次、三次乃至四次重复破裂，主要原因就在于卸压槽位置设置过低所致。这方面最为典型的例子要数兴隆西风井的两次破裂治理后的鲜明对照。

兴隆西风井于 1995.10 和 2002.01 分别在垂深 165.6～171.6 m 和 151.6～178 m 处发生了两次破裂，为此，兴隆庄矿于 1996.8～1997.9 期间实施了破坏井壁段的第一次加固处理，采取的治理措施为“套壁＋破壁注浆＋卸压槽”，卸压槽布置在风化层中，卸压效果很不理想，结果治理不足5年后，井壁发生了更为严重的破裂。第二次破裂后，兴隆庄矿经过仔细研究，将新卸压槽设置在距井口163.5 m处，结果取得了很好的卸压效果，至今井壁完好无损。资料[14]也明确地总结出：在利用卸压槽措施来处理井筒破裂事故时，卸压槽越是靠近基座，卸压效果就越差，井口出现的相对抬升也越大。

上述的分析和实例均充分表明：井筒下部存在正向（方向向上）的附加力，进而也论证了某些井筒周侧渗水通道的存在。

(6) 依据井壁绝对应力的实测论证“渗水通道”存在理论

目前，井壁竖向绝对附加应力实测方面开展的工作极少，至今唯一开展过井壁绝对应力测试的是安徽理工大学的丑万禧教授，他采用自己研制的套筒致裂法对临涣主井进行了5个钻孔的测试工作[80]。测试工作在1993年6月进行，5个钻孔分别位于三个测试水平。第一水平为垂深100 m（二隔中间部位），设置一个钻孔，布置在井壁断面的南侧；第二水平为垂深200 m（三隔底部），设置两个钻孔，分别布置在井壁断面的南、北两侧；第三水平为垂深240 m（底含与基岩交界部位），设置两个钻孔，同样布置在井壁断面的南、北两侧。整个测试结果列于表3.8。从表3.8和图3.4可看出，无论切向应力，还是竖向应力，均近似与井壁深度成线性关系，这种线性关系要求作用在井壁上的竖向附加应力沿深度向下近似均匀分布（距井筒上端一定深度范围之内），而这正与“渗水通道”理论对应的竖向附加应力的分布规律是十分吻合的。对于下含层与其上各含水层水力隔绝情况下的井筒，根据文献[60]，竖向附加应力沿深度应呈迅速增大的曲线关系（见图2.4），显然这不符合临涣主井井壁的竖向应力分布规律，这也说明了某些立井井筒的周围确实存在有渗水通道。

表3.8　临涣主井绝对应力测试结果[80]

名称	一水平	二水平		三水平	
	南侧	南侧	北侧	南侧	北侧
混凝土液压致裂抗拉强度(MPa)	18	18.5	21	19	18
井壁内缘切向应力(MPa)	11.5	19	19.5	22	24
井壁内缘竖向应力(MPa)	14.5	25	26.5	32.5	34

(7) 依据井壁破裂时下含水水位距井口的特定距离论证“渗水通道”存在理论

在我国破裂的立井井筒中，我们不难发现这样一个规律，即：绝大多数破裂的立井井筒在初次破裂时，下含水水头距井口的距离大多处于85～96 m的范围内。表3.9列出了我国部分矿井破裂井筒初次破裂时的下含水水位的具体位置。结合表2.1，我们不难发现，这些立井井筒所穿越的表土层厚度各不相同，有的还相差很大。对此特征，如若按照下含层完全独立的情况来处理，依据该种情况下的求解理论[60]，显然分析不通。但若按照“渗水通道”理论来分析，我们可以知道：水头之上的井筒与表土之间应该处于塑性剪切状况，而正是这一部分的竖向附加力构成了井筒危险点处竖向总应力中最大的一个组成部分，对井壁的破裂与否具有极为关键的作用。对大多数破裂井筒而言，85～96 m的地下水位对应的井筒与表土之间竖向塑性剪切力的总值则正好对应着井壁危险点处破裂应力的数值，所以，很多破裂井筒的初次破裂都发生在这么一种特殊的状态下。破裂井筒的初次破裂发生时，下含水水位所具有的这种特殊的位置特征再次有力地说明了我国很多立井井筒的周围存在有渗水通道。

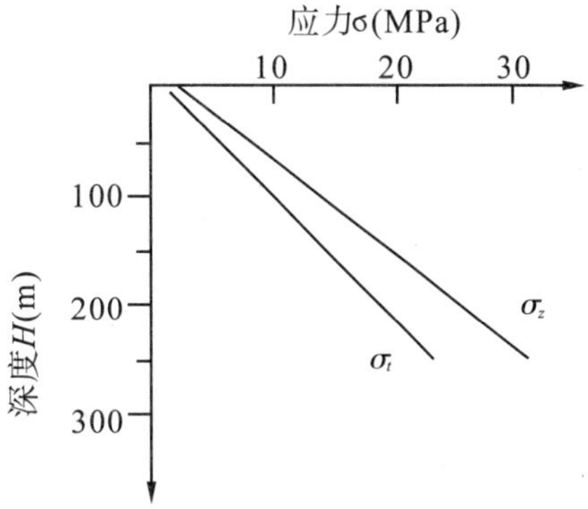

图3.4　井壁应力随深度的变化规律

表3.9　我国部分冻结立井井壁破裂情况一览表[15,32,81～83]

井筒名称	竣工时间/初次破坏时间	破裂时下含水水头距井口的距离（地面标高/下含水水头标高）(m)
张双楼副井	1982.12.31/1987.07.29	91.05(36.05/－54)
海孜副井	1983.03/1987.09.21	84
海孜主井	1982.08/1988.10.06	97
海孜中央风井	1980.05/1988.06	93
兴隆主井	1977.08.13/1997.06.23	93.57(47.17/－46.40)
兴隆副井	1978.09/1997.06.26	93.57(47.17/－46.40)
兴隆西风井	1976.08/1995.10	88.66(47.17/－41.49)
兴隆东风井	1977.05.31/1997.06.07	93.57(47.17/－46.40)
杨村主井	1984.12/1997.02.29	95.638(48.25/－47.388)
杨村副井	1985.01.23/1997.12.02	97.88(48.25/－49.627)
杨村北风井	1984.10.31/1997.02.04	95.638(48.25/－47.388)
鲍店主井	1979.05.14/1995.07.12	88.7(44.7/－44)
鲍店副井	1979.11.26/1995.06.05	88.7(44.7/－44)
鲍店南风井	1979.08.01/1996.08.09	89.78(43.4/－46.38)
鲍店西风井	1979.10.21/1996.08.02	93.2(46.2/－47)

除了上述列举的实例之外，张双楼副井实测应变值[60,64,67]，童亭矿副井、风井井壁变形实测分析[35]，均间接地说明了渗水通道的存在，从而井壁破裂的各种特征得到圆满的解释，表土段立井井壁正确的力学模型得以建立。

总之,"渗水通道"理论圆满地解释了长期以来一直未能得到说明的现象,如注浆后井筒周侧地面持续抬升、井壁破裂与下含水水位距井口距离存在特定对应关系(见表3.9)、井壁的破裂位置并非均处于坚硬基岩交界面处、注浆后井壁竖向拉伸[37]等现象。

3.1.4　本节小结

本节分析了发生在我国主要矿区井筒破裂的特征和表土疏水沉降的特征,以现场实测数据为依据充分论证了某些立井井筒周侧渗水通道的存在。文中列举的大量实例均为我国主要矿区典型矿井的井筒,实测数据也均来自于该领域知名专家的科研成果,因此具有极强的说服力。

渗水通道存在的论证不仅对立井井筒次生地压分布规律的正确分析有重要的基础作用,而且对深厚表土层中井壁结构设计优化的研究也具有十分重要的基础作用。

3.2　井筒周侧表土沉降模拟实验分析

由于立井次生地压和竖向附加力的分布取决于工业广场表土的沉降情况,为此,在总结分析了"渗水通道"理论之后,下面着重通过模拟实验来研究工业广场范围内表土沉降的机理。

目前,国内外研究表土沉降的实验成果不少[84~88],但与煤矿立井井筒相关的实验研究却并不多[89],本实验的目的主要是为了定性地分析地下水渗流过程中井筒周侧表土的沉降情况,以期为立井井壁破裂机理的研究及表土段井筒力学模型的建立奠定基础。

3.2.1　表土沉降模拟实验

实验目的:观察各含水层含水水头沿井筒径向的变化;观察各表土层沿井筒径向的沉降情况;观测地表沉降变形情况;特别关注井筒周围土体的缩沉及其与井筒附近下含水水位之间的关系。分析存在"渗水通道"和不存在"渗水通道"两种情况下表土沉降的差异。

1. 实验设施

主要的实验装置为一特制的水泥沉降池,净长2.25 m,净宽1.25 m,净高1.45 m,池内设置光滑瓷砖(见图3.5(a))。在沉降池西侧短边底部安置一疏水管用于控制下含水层的水位。

(a)

(b)

图 3.5　模拟实验用沉降池

另一主要的实验设施为一混凝土立柱，柱高 1.5 m，直径 20 cm，柱体表面沿纵向制作成规律性的凹凸状，相邻两个凸起部分的间距为 5 cm，以模拟表土与井筒之间的剪切接触面(见图3.5(b))。

其余设施包括沉降检测杆、水文监测管、直尺等(见图 3.6)。

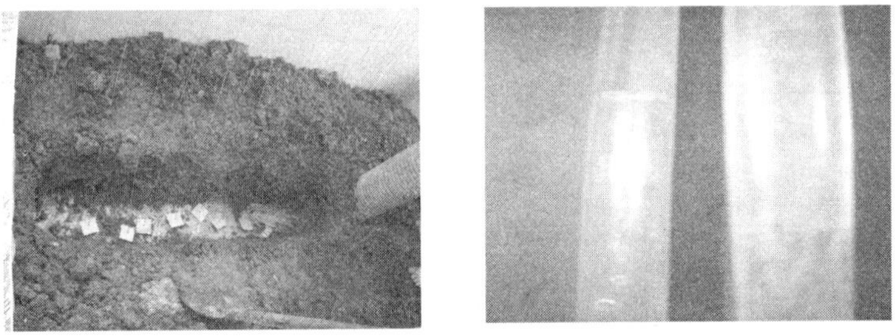

图 3.6　沉降检测杆与水文监测管

如图 3.7 所示为塑料防水层和渗水管道。

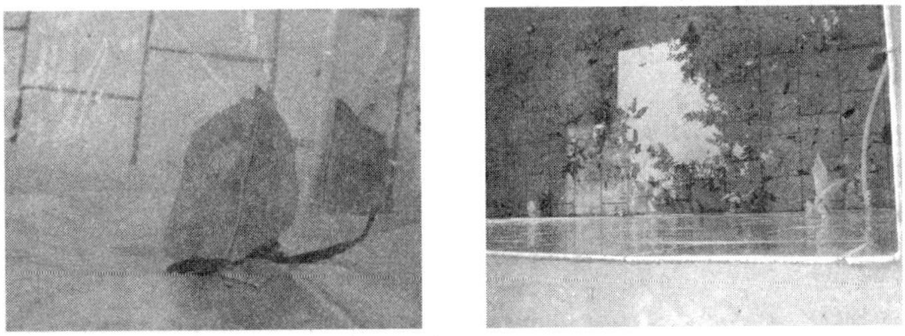

图 3.7　塑料防水层和渗水管道

2. 实验设计

(1) 土层结构

整个冲积层设置为三含两隔结构。其中，两隔水层为黏性土组成，本身不具透水性；三个含水层均为黏土质砂组成。黏性土和黏土质砂的具体性质详见表 3.10、表 3.11。

表 3.10　各土层物理性质一览表

层位	土性	含水量 W(%)	孔隙比 e	液性指数 I_1	相对密度 r(g·cm^{-3})	液限 W_1(%)	塑限 W_P(%)	塑性指数 I_P	饱和度 S_r
一含	含黏粉细砂	23.4	0.641		2.72				
一隔	黏土	27.2	0.814	0.18	2.76	47	22.6	24.4	0.94
二含	含黏粉细砂	23.4	0.641		2.72				
二隔	黏土	27.2	0.814	0.18	2.76	47	22.6	24.4	0.94
三含	中细砂	20.7	0.63		2.70				

表 3.11　各土层力学性质一览表

层位	土性	压缩系数 α_{1-2}	压缩模量 (MPa)	粘聚力 C(kPa)	内摩擦角(°)	渗透系数(m/s)
一含	含黏粉细砂	0.23	7.13	28.3	29.3	2.34×10^{-5}
一隔	黏土	0.34	5.34	32	26.5	4.8×10^{-7}
二含	含黏粉细砂	0.23	7.13	28.3	29.3	2.34×10^{-5}
二隔	黏土	0.34	5.34	32	26.5	4.8×10^{-7}
三含	中细砂	0.20	7.45	23	34.6	5.43×10^{-4}

注：各土层土的物理、力学性质为实验结束后取样测定。

（2）实验设计

沿沉降池的纵向分别在东 40 cm 和东 215 cm 处设置两对水文监测管，水文管为透明塑料圆管，直径 1.5 cm，每对管分别位于中下含水层的底部，上端高出沉降池顶面 10 mm。各层测管的布置方式见图 3.8。通过水文监测管可以测出任意时刻各含水层的水位及各含水层水位沿径向的变化情况。

沿井筒径向布置间距 0.25 m 沉降检测杆（见图 3.8）若干，检测杆的下部置于相应部位的含水层上边界面处，由于沉降检测杆会与相应位置处的土层一同下移，因此可以了解到各层表土的沉降、压缩情况，沉降与地下水位之间的关系，同时还可了解到表土沉降沿径向的变化规律。

在沉降池西侧的下部设一渗水口，渗水口内侧布置一定数量的石子，石子外侧包裹一层塑料纱以防止渗水通道的堵塞；渗水口的外侧设置一阀门，通过阀门可调节渗水速度的大小。

在沉降池的西侧设置两根输水管，输水管直立土中，其中一根疏水管的下端位于底含层中,另外一根疏水管的下端位于中含层中。输水管的作用有两个:一是注水,二是在底含疏水的同时,保持中含距井筒较远处水位的稳定。

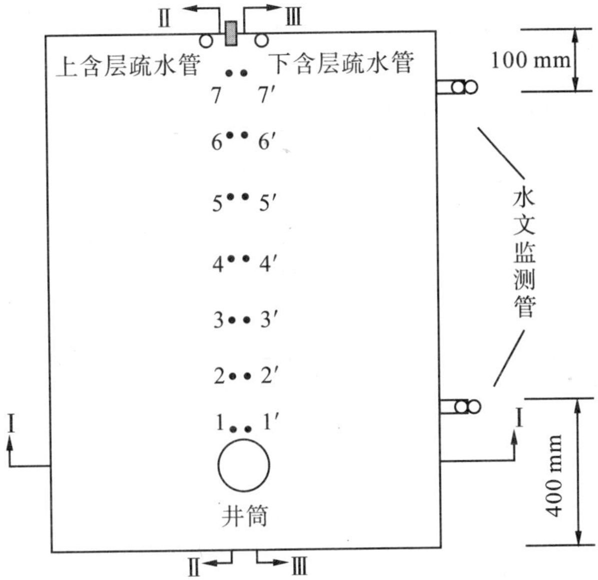

图 3.8 表土疏水沉降实验平面布置图

为防止渗水,沉降池内表面除了铺贴一层 15 cm×15 cm 的白色瓷砖外(见图 3.5),另铺设塑料薄膜一层(见图 3.7)。此外,由于塑料薄膜与黏土之间具有较大的黏结性,而与光滑瓷砖表面之间的摩擦力却很小,故塑料薄膜的使用可以很大程度地降低沉降池池壁对土体下沉的约束。

整个实验的平面布置见图 3.8,整个实验的竖向布置见图 3.9、图 3.10、图 3.11。

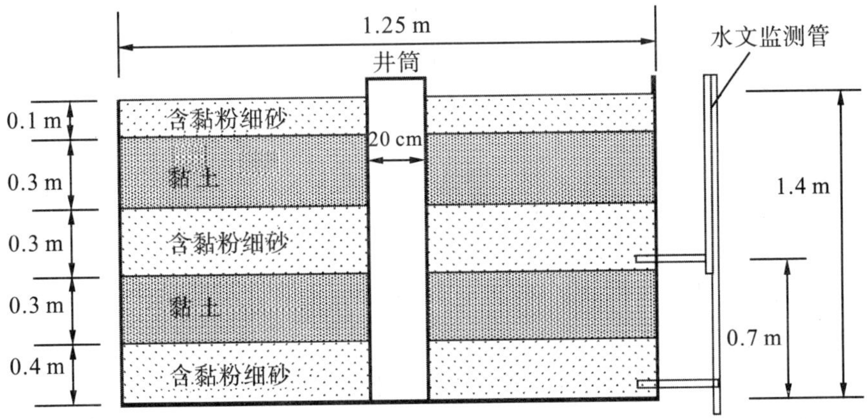

图 3.9 表土疏水沉降实验 Ⅰ-Ⅰ 剖面图

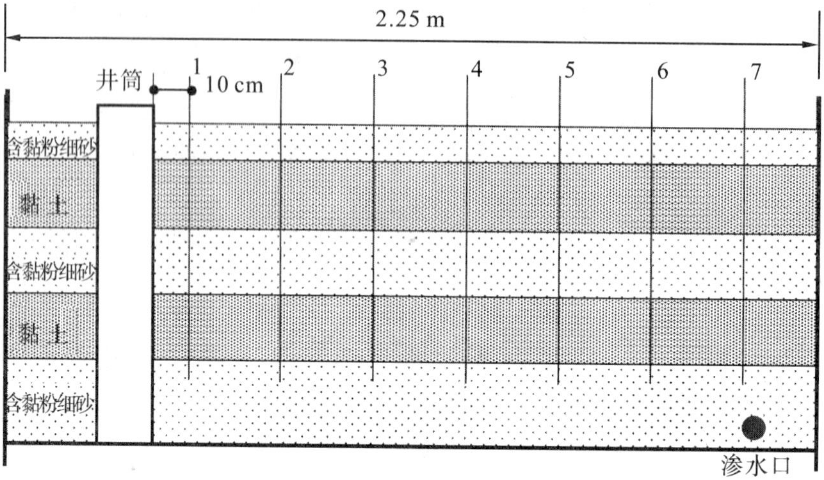

图 3.10　表土疏水沉降实验Ⅱ-Ⅱ剖面图

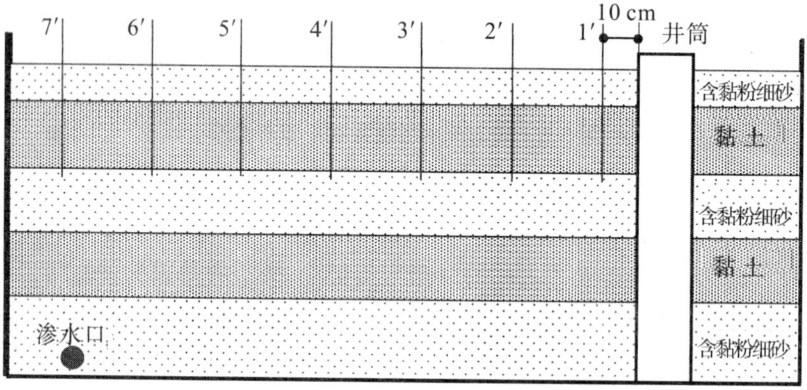

图 3.11　表土疏水沉降实验Ⅲ-Ⅲ剖面图

注：每个沉降试点沿周向布置两个沉降杆，间距 10 cm。

(3) 实验步骤

① 将制作好的混凝土立柱(井筒)固定于池中的底板上(见图 3.5)。

② 将按表 3.12 所示比例配制好的含黏粉细砂铺入底层 40 mm(松砂)，然后灌水，疏水让其做先期沉降，同时将水文监测管的管头按图 3.7 固定于相应位置处。

③ 为防止隔水层透水，在底层砂和下隔层之间铺设一层塑料薄膜，薄膜之上铺设黏土，进行人工踩实后，使其厚度达到 30 mm 左右，同时将沉降杆 1～7 按照图 3.8、图 3.9 固定于规定位置处。

④ 在铺设好的黏土层上再铺设一层塑料薄膜，其作用同样是为了防止水的渗透。黏土层上接着铺设砂层，进行人工夯实后，使砂层的厚度达到 30 mm 左右。

表 3.12 含黏粉细砂配制比例

砂(mm)			粉(mm)	黏(mm)	渗透系数 (cm·s^{-1})	土性名称
0.5～0.25	0.25～0.1	0.1～0.05	0.05～0.005	<0.005		
%	%	%	%	%		
46.5	28.5	12	6	7	2.34×10^{-5}	含黏粉细砂

⑤ 重复步骤③、④,并同时注意按照图 3.11 固定设置好相应的沉降杆。

⑥ 各土层静置 3 个月后将各含水层的水头升至 1.4 m 处(以池底板水平为零水平),然后再静置 5 个月。

⑦ 经以上过程后,三个含水层之间是不存在水力联系的,因此可以先做含水层之间无水力联系情况下的疏水沉降实验。

整个疏水过程在 0.5 h 内完成,记录下各个水文测孔的各个沉降杆的下沉量。对于该实验,各项具体测量数据见表 3.13、表 3.14、表 3.15 和表 3.16。

表 3.13 各含水层水位变化情况一览表

单位:mm

时间(分钟)	下含层		中含层	
	东	西	东	西
0	141	141	143	143
5	88	67	143	143
10	73	56	143	143
15	68	52	143	143
20	64	49	143	143
25	61	47	143	143
30	59	46	143	143

注:“0”表示疏水前的测量值。

表 3.14 底含沉降情况一览表

单位:mm

时间(分钟)	1	2	3	4	5	6	7
0	0	0	0	0	0	0	0
5	0	0.02	0.04	0.08	0.10	0.12	0.12
10	0	0.02	0.06	0.10	0.12	0.14	0.14
15	0.02	0.04	0.08	0.12	0.12	0.14	0.14
20	0.02	0.04	0.08	0.12	0.14	0.16	0.16
25	0.02	0.04	0.08	0.12	0.14	0.16	0.18
30	0.04	0.06	0.10	0.12	0.16	0.18	0.18

表 3.15 二含沉降情况一览表

单位:mm

时间(分钟)	1′	2′	3′	4′	5′	6′	7′
0	0	0	0	0	0	0	0
5	0	0.02	0.04	0.08	0.10	0.12	0.14
10	0	0.02	0.06	0.08	0.12	0.14	0.14
15	0	0.02	0.06	0.10	0.12	0.14	0.16
20	0.02	0.04	0.08	0.12	0.14	0.16	0.16
25	0.02	0.04	0.08	0.12	0.14	0.16	0.18
30	0.02	0.04	0.10	0.12	0.16	0.18	0.18

表 3.16 地表沉降情况一览表

单位:mm

时间(分钟)	1″	2″	3″	4″	5″	6″	7″
0	0	0	0	0	0	0	0
5	0	0	0.04	0.08	0.10	0.12	0.14
10	0	0.02	0.04	0.08	0.12	0.14	0.14
15	0	0.02	0.04	0.08	0.12	0.14	0.16
20	0	0.02	0.06	0.10	0.14	0.16	0.16
25	0	0.02	0.06	0.12	0.14	0.16	0.18
30	0.02	0.04	0.08	0.12	0.16	0.18	0.18

⑧ 含水层之间无水力联系情况下的疏水沉降实验完毕之后，利用一直径为30 mm的钻管在井筒周围轴对称地钻取3个钻孔，钻孔贯穿整个土层厚度，钻好之后用中粗砂填充之，从而使得各含水层在井筒周围形成渗水通道。

⑨ 通过补水管和渗水通道将各含层水位重新补至1.4 m水头，然后静置3个月。

⑩ 打开渗水阀门，重复步骤⑨，并按照表3.17、表3.18、表3.19、表3.20的要求做好实验记录。

表 3.17　各含水层水位变化情况一览表

单位：mm

时间(分钟)	下含层		中含层	
	东	西	东	西
0	142	142	142	142
5	126	105	126	130
10	111	94	111	114
15	105	89	105	107
20	102	87	102	104
25	99	86	99	101
30	97	84	97	99

注："0"表示疏水前的测量值。

表 3.18　底含沉降情况一览表

单位：mm

时间(分钟)	1	2	3	4	5	6	7
0	0	0	0	0	0	0	0
5	0	0	0	0	0.02	0.04	0.06
10	0	0	0	0.02	0.04	0.06	0.06
15	0	0	0	0.02	0.04	0.06	0.08
20	0	0	0.02	0.04	0.06	0.08	0.08
25	0	0	0.02	0.04	0.08	0.08	0.10
30	0	0.02	0.04	0.08	0.10	0.12	0.12

表 3.19　二含沉降情况一览表

单位：mm

时间(分钟)	1′	2′	3′	4′	5′	6′	7′
0	0	0	0	0	0	0	0
5	0	0	0.02	0.04	0.06	0.06	0.06
10	0	0.02	0.02	0.06	0.08	0.10	0.10
15	0.02	0.04	0.06	0.10	0.12	0.12	0.14
20	0.02	0.04	0.08	0.10	0.12	0.14	0.14
25	0.02	0.06	0.10	0.10	0.14	0.16	0.16
30	0.04	0.08	0.10	0.12	0.16	0.18	0.18

表 3.20　地表沉降情况一览表

单位:mm

时间(分钟)	1″	2″	3″	4″	5″	6″	7″
0	0	0	0	0	0	0	0
5	0	0	0.02	0.04	0.06	0.06	0.06
10	0	0.02	0.04	0.06	0.08	0.10	0.10
15	0	0.04	0.06	0.10	0.12	0.12	0.14
20	0.02	0.04	0.08	0.10	0.12	0.14	0.14
25	0.02	0.06	0.10	0.10	0.14	0.16	0.16
30	0.04	0.08	0.10	0.12	0.16	0.18	0.18

⑪ 实验结束,对各土层取样进行土的物理、力学性质分析,结果见表 3.10、表 3.11。

⑫ 用一钻管分别在 4 拐角处钻取 4 个土柱,以确定实验前各土层的实际厚度,取样后留下的钻孔用黏土填充并轻轻捣实。经钻孔取样,该实验在进行疏水沉降后,各土层的实际厚度详见表 3.21。

表 3.21　各土层实际厚度一览表

	一含	一隔	二含	二隔	三含
层厚(mm)	100	309	298	305	410

3. 实验现象

根据实验过程的观测和表 3.13 至表 3.20 中的具体数据,实验中发生的现象可归纳如下:

(1) 各含水层相互隔绝情况

① 中含水层的东、西两水文监测管的水位在下含层疏水过程中保持稳定。

② 下含层的东、西两水文监测管的水位在下含层疏水过程中东测管的水位明显高于西测管。

③ 底含层的"1"号沉降杆所测得的相应位置处的底含压缩量明显,即井筒周围的下部土体具有明显压缩;但压缩量沿井筒径向向外逐渐增大,表明井筒对土体的支撑效应存在。

④ 地表发生弯曲变形,但沿井筒径向弯曲曲率的变化不大。

(2) 各含水层相互沟通情况(存在渗水通道情况)

① 中含层东、西两水文监测管显示的水头相差明显(疏水管疏水过程),东低西高。

② 中、下含水层东测管的水头在疏水的开始阶段保持一致,直至下含层水头

低于中含层下界面为止。

③ 在利用中含层注水管保持西测管水头不变的情况下，中含层的压缩量呈现出沿井筒径向向内逐渐增大的现象，且疏水前后，中含层西部含水层厚度没有变化。

④ 底含层东、西两水文监测管显示的水头相差明显(疏水管疏水过程)，西低东高。

⑤ 底含层的“1”号沉降杆所测得的相应位置处的底含压缩量非常不明显，即井筒周围的下部土体为微压缩区；沿井筒径向向外，底含的压缩量逐渐增大，呈微曲线分布。

⑥ 地表发生弯曲变形，且沿井筒径向弯曲曲率的变化较大；井筒附近地表的弯曲曲率最大，沿井筒径向向外，地表的弯曲曲率逐渐减小。

4. 实验结果

总结上述两种不同情况下的疏水沉降，不难得出三个重要结果：① 发生疏水的含水层中存在有沿井筒径向的渗流，且渗流的方向指向相应含水层水力流失的地点。② 无论井筒周围是否存在渗水通道，井筒周围下部土体的压缩量沿井筒径向均呈逐渐增大态势，说明了立井井筒对周围的土体具有支撑效应，正是这一支撑效应改变了作用于立井井筒上地压的分布规律。但两种情况相较而言，无渗水通道情况下井筒周侧下部土体的压缩量要明显大于渗水通道存在时的相应部位的压缩量。③ 无论井筒周围是否存在渗水通道，地表沿井筒径向均会发生弯曲变形，但两种情况下弯曲变形的规律存在着明显的差异。根据这一差异，即可判断矿区井筒周围的土体中是否存在有渗水通道，并可以此为依据来选择相应的理论来计算表土的沉降和井筒承受的竖向附加力。

3.2.2　井筒周侧表土沉降机理分析

由于各含水层之间的关系存在有两种情况，故与之相应的表土沉降也分为两种，即：① 存在渗水通道情况下的表土沉降；② 各含水层水力隔绝情况下的表土沉降。下面对这两种不同情况下表土沉降的机理进行分析。

1. 存在渗水通道情况下的表土沉降机理

此时的表土沉降应包含两个组成部分：① 隔水层浮力减小导致土体压缩引发的表土沉降；② 渗水通道内水位降低引发饱和土压缩变形所引发的表土沉降。

(1) 隔水层浮力减小导致土体压缩引发的表土沉降

如图3.2所示，当渗水通道中的水头降至第一隔水层顶部水平之后，第一隔水层(渗水通道附近)所受到的向上浮力开始随水头的下降而减小，使得该隔水层之下各含水层中有效应力增大，从而引发第一隔水层开始下沉，同时上部含水层因向渗水通道渗流，水头沿井筒径向向内呈逐渐降低态势，在地面载荷及自身空隙水减少的情况下开始缩沉，沉降的过程中通过竖向剪切力的作用带动渗水通道内的土体向下位移，同时给相应位置的井壁以向下的竖向附加力作用。随着下含水水位的不断下移，下含层的压缩与上部土体的缩沉将逐渐增加。地面总的沉降趋势由下含层的沉降与上部土体的缩沉共同决定。

(2) 渗水通道内水位降低使得饱和土压缩变形所引发的表土沉降

根据饱和土的有效应力原理，渗水通道内水头下降的过程中，饱和土区域土体的有效应力会相应增加，从而导致该区域土体发生压缩变形，同时引起通道内土体与外井壁之间发生相对位移，且从下至上这种相对位移会逐渐增大。关于这种情况下饱和土有效应力增量的计算及土体压缩量的计算属土力学的范畴，具体的解析分析将在后面介绍。

以渗水通道理论为基础的表土沉降机理的分析在指明下含层失水压缩的同时，揭示了立井井壁上部周侧的土体也会因失水而发生压缩沉降，而正是这一结论为正确地认识竖向附加力的分布规律奠定了基础，为立井井壁破裂预测理论的建立提供了理论依据。

根据有效应力原理，下含层的压缩量要大于上部土体的压缩量。但实际上，井筒周侧的下部区域压缩量极小，其主要原因在于表土沉降过程中井筒对土体的支撑效应。众所周知，表土下沉会给井筒一向下的竖向附加力作用，但同时井筒也会给表土一向上的反作用力，正是这一反作用力改变了地压的原始分布状态，使得井筒周围的下部土体在因失水而发生有效应力增大的同时，井筒的支撑效应却导致竖向地应力减小，因此造成了井筒周侧下部土体中有效应力总的增量非常微小的结果。

加上沿井筒径向向外下含层的水头呈逐渐降低态势，故地面总体沉降表现出以井筒为中心沿径向向外逐渐增大的情况。

此外，由于上部土体与井筒之间的剪切变形处于塑性范围，所以上部各表土层受到的向上剪切力较大，若将整个表土分成若干水平薄板来对待，则薄板靠近井筒的部位弯曲变形的程度较大，这就是该种情况下井筒周侧地表弯曲曲率较大的原因。

2. 各含水层水力隔绝情况下的表土沉降机理

这种情况下，由于上部各含水层不发生水头改变，因此不存在压缩问题。此处，发生压缩变形的土体仅局限于下含层，塑性剪切力只可能发生在表土层的下部，因此，沿井筒轴线向上，表土与井筒之间的竖向附加力呈逐渐减小态势，并分为塑性和弹性两个明显的剪切段。尽管上部弹性段的竖向附加力较小，但毕竟体现出了井筒对周围土体的支撑效应，且该支撑效应会随着下含水水头的下降而迅速增长，因此下含层的压缩量不会很大。

由于上部土层所承受的向上附加力为弹性剪切力，其数值远小于存在渗水通道情况时的相应剪切力，且该种情况下发生压缩变形土层的厚度要远小于渗水通道存在时的情况，所以由该剪切力引起的井筒周侧地表弯曲的程度要明显小于存在渗水通道情况时相应地表的弯曲程度。

3.2.3　本节小结

实验表明：两种不同情况下的表土沉降具有明显的不同之处，即地表的弯曲规律不同。以此为依据即可判断出各含水层之间是否存在有渗水通道，而这对立井井壁力学模型的正确建立及井壁破裂预测理论的研究均具有极为重要的意义。此实验的另一重要意义是：它揭示了渗水通道存在时井筒周侧的下部土体中微压缩区的存在，这为井筒下部（表土段）承受方向向上的竖向附加力作用理论的建立奠定了基础，进而为表土段立井井筒力学模型的建立提供了实验依据，为后续的立井井筒受力分析奠定了基础。

3.3　立井次生地压形成机理及其与地下水流失之间对应关系研究

对于立井井筒的受力和变形，近年来的研究成果颇多[90～95]，但似乎大都忽略了立井地压在表土沉降过程中的重新分布这一情况。实际上，对于立井井筒地压这一课题，很久以前国内外许多专家就已经开始了研究。主要的研究成果有早期的普氏公式（1893 年）、秦氏公式（1948 年）、秦氏修正公式[96]（1952 年）等。这些成果反映了稳定表土层中井筒的地压分布规律，理论上可纳入平面挡土墙压力公式的范畴。以后随着钻井法的诞生和推广，重液理论[97]又被一定程度地应用于井壁结构设计过程中的地压计算，当然该理论也仅是反映了稳定土层的地压分布情况。从 20 世纪 80 年代开始，由于较大范围的立井井壁破裂事故的发生，人们才逐渐地认识到表土沉降带给立井井筒的竖向附加力才是立井井壁破裂的主要因素，并因此而总结出了“竖向附加力”假说。但可惜的是表土沉降过程中立井井筒对周围土体的支撑（承载）效应及由此而产生的地应力的重新分布未能得到人们的充分认识，即很多人至今尚未认识到作用于井筒上的地压因地下水的流失已经发生了很大的变化，井筒周侧的土层已不再是稳定土层。正是基于这一原因，立井井筒的稳定与破裂的机理长期以来得不到圆满的解释，如：为什么许多矿井工业广场发生了程度大致相同的沉降，有的井筒破裂，而有的井筒却不破裂；为什么有的井筒穿越的下含层很厚，井筒不发生破裂，而有的井筒穿越的下含层厚度很薄，井筒却发生破裂；有的井筒所处工业广场发生了很大的表土沉降，井筒没有发生破坏，而有的井筒所处工业广场的表土沉降较小却发生了破裂。实际上，关于深厚表土层中作用于井筒上地压的重新分布问题，20 世纪 80 年代以前国内外就有人研究过，代表性的成果有太沙基—崔托维奇立井地压计算公式[97]和马英明教授对深厚表土层中井筒压力实测资料的研究[98]。20 世纪 80 年代以后，安徽理工大学的丑万禧教授对该课题也进行过间接的实测研究，并得出了井壁竖向应力呈近似线性分布的重要结论[80]。由于崔托维奇所处的年代与我国发生大范围井壁破裂事故的年代相距久远，因此他所建立的力学模型[99,100]（主要反映太沙基的拱效应）与我国破裂井筒现场表土（井筒周侧）的受力情况出入较大（主要表现为土层弯曲变形），因此并不适用于我国深厚表土层中井壁结构的设计、破裂机理的分析及破裂预测理论的建立。但不可否认太沙基—崔托维奇立井地压计算公式、马英明教授对深厚表土层中井筒压力实测资料的研究、丑万禧教授得出的井壁竖向应力呈近似线性分布的重要结论对矿山立井次生地压的分布及变动规律理论的建立有着极为重要的启发性作用，即这些成果告诉我们，立井地压在表土沉降的过程中会发生重新分布，且由于立井井筒的支撑效应，竖向附加力从上至下会有一个小→大→小的变化过程。这里将就矿山立井地压的这种重新分布、温度应力、地压应力分别进行研究，以期为深厚表土层中立井井壁结构的设计和立井井壁破裂预测理论的建立提供理论基础。

作用在立井井筒外壁上的竖向附加力与立井次生地压密切相关。竖向附加力产生在井筒外壁和表土之间，由于矿区水文地质情况的复杂性，该附加力的分布规律至今尚存在有许多需完善之处。长期以来，国内外许多专家对土与构筑物之间的剪切应力进行了大量的研究，并获得了许多成果[101~116]，这些研究成果对获取某些基础性的参数作用重大，但由于矿山立井井筒与表土之间的作用范围很大，这种大范围内的分布规律很难靠基础性的实验得到，因此对竖向附加力的研究还必须在上述实验研究的基础之上进行系统、严密的力学分析。

3.3.1 立井井筒次生地压的产生及井筒周侧表土的变形特征

近 30 年来的研究结果表明：立井井壁破裂的主要因素是表土在沉降过程中所形成的对立井井壁的竖向附加力。由于立井井筒所具有的较大刚度，它在承受表土施加的竖向附加力的同时，也给予表土一相反方向的反作用力，即立井井筒在表土沉降的过程中对周围的表土具有支撑效应。正是立井井筒具有的这种支撑效应，一方面使得井筒周侧的土体在沉降过程中不可避免地会发生轴对称弯曲变形，另一方面也因相当一部分土体的重量通过竖向附加力转移到了立井井筒之上，由立井井筒来承担，从而造成了井筒地压的重新分布，即表土的沉降促使了立井井筒次生地压应力的产生。

从上述立井井筒次生地压产生的过程，此处可以认定井筒周侧表土的沉降和变形对次生地压的产生、分布及变动规律有着重要的影响。因此，井筒周侧表土正确的受力和变形分析对于较为准确的立井井筒次生地压及其分布和变动规律的获得具有重要作用。

依据资料[63,67]的分析可知，很多立井井筒周侧的表土层中都存在一渗水通道，且渗水通道内的水位应等同于下含水的水头，各含水层通过渗水通道而发生一定的水力联系。根据渗水通道理论，在下含水流失的过程中，各含水层在井筒附近的水头均会有所降低，于是井筒周侧表土的缩沉不可避免。资料[117,118]及我国几个主要矿区工业广场的地表沉降状况清楚地表明井筒周测表土因缩沉而发生的变形是一种轴对称弯曲变形，表土层土性不同、井筒外径不同的工业广场，这种轴对称弯曲变形的范围也有所不同。由资料[63,67]可知，工业广场表土的变形由两大因素形成：① 下含层疏水沉降导致其上土体下移；② 其余含水层通过渗水通道发生疏水引起其在井筒附近的水头降低而导致压缩和下移。如若不存在立井井筒，只有一渗水通道，依据饱和土的有效应力原理[118]可知：沿渗水通道径向向外土体的沉降将逐渐减小，但是由于立井井筒的存在，井筒周侧相当一部分土体的重量通过表土与井筒外壁之间的竖向附加力转嫁到了井筒之上，下部土体所承受的源自于上部土体重量的竖向应力就会相对减小。因此，一方面水头的下降会导致下部土体竖向应力的增大，另一方面立井井筒对上部土体重量的支撑作用又会减小下部土体的竖向应力，两方面综合的结果是：井筒周侧下部土体的一定区域内存在有微压缩区，从而导致了立井井筒周侧下部土体的沉降表现出沿井筒径向逐渐增大的情况(见图 3.12)。由于每一井筒的支撑效应不同，因此沉降稳定的界限也相应地存在差异，从而也决定了其上地面沉降曲线的界限 γ_m 及因井筒尺寸不同而造成的差异变动范围。

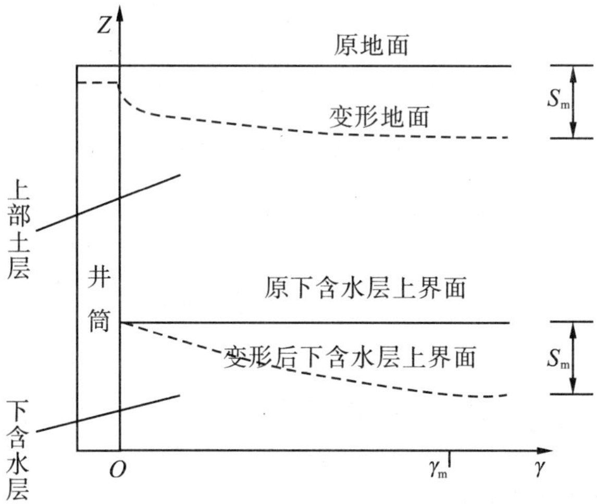

图 3.12　地层变形分析

依据上述的分析，在进行表土弯曲变形的受力分析时，应以表土所受的竖向附加力为主要计算依据,而不应以 γ_m 的数值为主要计算依据。

3.3.2 次生地压分布规律分析

由于上部各含水层均存在着如图 3.13 所示的水头降低情况,且通常第一含水层距地面较近(≤40～50 m),加上潜水层也存在着失水缩沉的情况,故依据文献[119]的理论分析,当渗水通道内的水位随下含水的流失而下降较大时(≥40 m),某一深度以上部位的表土就会由于有效应力的增大而发生较大的缩沉,并促使土与井筒之间的剪切力超过弹性剪切力的极限值而进入塑性阶段;该深度以下,因井筒对土体支撑效应的影响,井筒周侧土体中的有效应力的增量会相应降低,从而相应部位的土体缩沉量以及表土与井筒之间的剪切变形程度也会随之减小,当土与井筒之间的剪切力小于弹性剪切力的极限值时,则二者之间的剪切变形便会进入弹性段。由于井筒下部会因上部受到较大竖向附加力的作用而发生较大的竖向变形,当该变形超过周围土体的压缩变形量时,井筒外壁上还会产生向上的弹性剪切力的作用,即井筒与表土之间的弹性剪切力存在着方向相反的两部分,相应的井筒部位分别称为上、下弹性段。下面将就塑性段、两弹性段剪切力的分布规律及各段之间的界面位置进行分析。

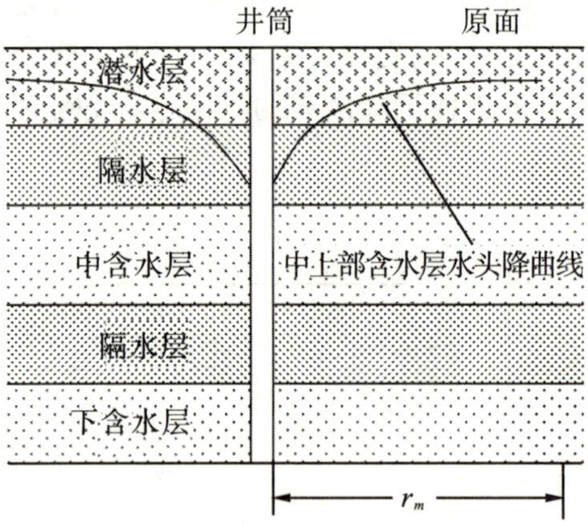

图 3.13 上部含水层水头降曲线

3.3.3 塑性段井筒次生地压及相应部位竖向附加力分布规律

1. 地层弯曲挠曲线分析

为了研究井筒周侧土体中地应力沿深度的分布规律,现将整个表土层划分为若干层厚度非常薄的薄板,薄板的受力情况如图 3.14 所示,分析过程中假定轴对称圆形薄板的变形为弹性变形,即薄板为弹性体。

表土与井壁之间的剪切力进入塑性范围之后，随即恒定在某一具体数值。该数值与该处的竖向地压之间应存在如下的关系：

$$\tau_z = k_0 \cdot \lambda \cdot (\sigma_v)_z \tag{3-1}$$

式中，τ_z、$(\sigma_v)_z$ 为距井口距离为 z 处的表土与井壁之间的竖向附加力和表土的竖向应力，单位 MPa；k_0 为表土与井壁之间的最大静摩擦系数；λ 为表土的侧向应力系数。

对于地下水流失过程中表土所表现出来的弯曲变形，此处不难看出上述的竖向附加力是这种弯曲变形的根源。又因竖向附加力与相应位置处的土的竖向应力之间存在有式(3-1)所示的正比例关系，因此，竖向附加力的研究可通过对相应位置处土的竖向应力的分析来进行。在进行竖向应力分析之前，首先利用变分法[120,121]进行弯曲薄板挠曲线的求解。

由于 σ_z 沿井筒深度并非为均值，其沿深度的变化速率也并非恒定，故此处可采用数学中的微元法来分析其竖向的分布规律。如图 3.14 所示，现以井筒为中心，在距井口距离为 z 处的位置取一厚为 $\mathrm{d}z$ 的轴对称圆形薄板，薄板下方的土体看成板的基础。由于 Q_z 的作用，薄板会发生弯曲变形，若按照图 3.14(c)中所建立的坐标系，弯曲变形后的板应具有如下的位移边界条件：

$$w\mid_{r=\infty} = 0, \quad \frac{\partial w}{\partial r}\mid_{r=\infty} = 0 \tag{3-2}$$

另外，上述的圆形薄板在 $r = R$ 处还应该满足下述的位移边界条件：

$$w\mid_{r=R} = \frac{\gamma_e g \cdot \mathrm{d}z - \mathrm{d}(\sigma_v)_z}{k} \tag{3-3}$$

设挠度表达式为：

$$w = \sum_{m=1}^{\infty} B_m w_m = B_1 \frac{R^{\frac{23}{11}}}{r^{\frac{23}{11}}} + B_2 \left(\frac{R^{\frac{23}{11}}}{r^{\frac{23}{11}}}\right)^2 + \cdots \tag{3-4}$$

显然，选取的挠度表达式满足式(3-2)中的位移边界条件。

上式中指数 23/11 的确定主要依据张双楼副井，鲍店主、副井，兴隆主、副井等井筒的实际受力破裂情况经反复调整确定。

图 3.14(c)中，根据板竖直方向的静力平衡可得：

$$2\pi R Q_z = \int_R^{+\infty} 2\pi r q(r)\mathrm{d}r \tag{3-5}$$

对于上式中的 $q(r)$，可依据温克勒地基模型[122,123]求得，即：

$$q(r) = kw \tag{3-6}$$

代入式(3-5)，可得：

$$2\pi R Q_z = 2\pi \int_R^{+\infty} k w(r) r \mathrm{d}r = 2\pi k \int_R^{+\infty} w(r) r \mathrm{d}r \tag{3-7}$$

令式(3-4)中的 $m = 1$，并将其代入式(3-7)，经整理后可得：

$$R Q_z = k R^{\frac{23}{11}} B_1 \int_R^{+\infty} \frac{1}{r^{\frac{12}{11}}}\mathrm{d}r = 11 k R^2 B_1 \tag{3-8}$$

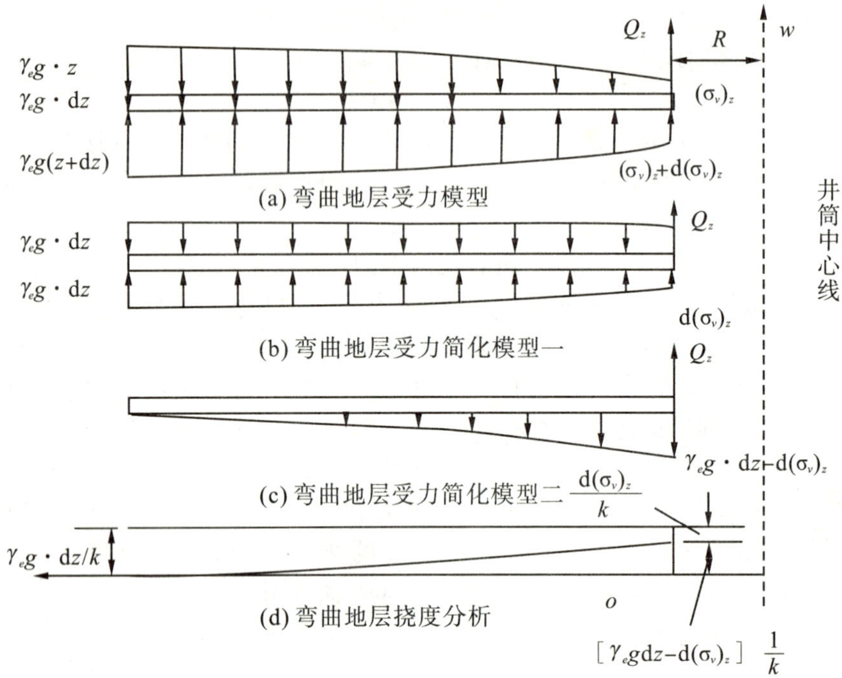

图 3.14 地层弯曲变形分析

进而可求得：

$$B_1 = \frac{Q_z}{11kR} \tag{3-9}$$

图 3.14 及上列诸式中，k 为地基弹性模量，单位 MPa/m^3；w 为薄板弯曲变形的挠度，单位 m；γ_e 为表土的容重，单位 kg/m^3；μ 为土的泊松比；B_m 为瑞次法中的待定系数；dz 为板的厚度，单位 m；r 为圆板中某点的径距，单位 m；R 为井筒外壁半径，单位 m。

将式(3-9)代回式(3-4)，得：

$$w = B_1 \frac{R^{\frac{23}{11}}}{r^{\frac{23}{11}}} = \frac{Q_z}{11kR}\frac{R^{\frac{23}{11}}}{r^{\frac{23}{11}}} = \frac{\lambda k_0 (\sigma_v)_z \cdot (dz)}{11k}\frac{R^{\frac{12}{11}}}{r^{\frac{23}{11}}} \tag{3-10}$$

上述诸式中，$Q_z = (\sigma_v)_z \lambda k_0 \cdot dz$。

2. 井筒次生压力分布规律分析

由图 3.14(d)可知，当 $r = R$ 时，

$$w(r)|_{r=R} = \frac{\gamma_e g \cdot dz}{k} - \frac{d(\sigma_v)_z}{k} \tag{3-11}$$

结合式(3-10)，即可得出关于塑性段竖向地压应力分布规律的微分方程如下：

$$\frac{d(\sigma_v)_z}{dz} + \frac{\lambda k_0 (\sigma_v)_z}{11R} = \gamma_e \cdot g \tag{3-12}$$

上式为一阶线性微分方程，其解为：

$$(\sigma_v)_z = Ce^{-\frac{\lambda k_0 z}{11R}} + \frac{11\gamma_e gR}{\lambda k_0} \tag{3-13}$$

由于存在边界条件：$(\sigma_v)_z|_{z=0} = 0$，将上式代入即可求得积分常数 C 的数值如下：

$$C = -\frac{11\gamma_e gR}{\lambda k_0} \tag{3-14}$$

将 C 值代回(3-13)式，即可得到塑性段竖向地压应力分布规律的数学表达式为：

$$(\sigma_v)_z = \frac{11\gamma_e gR}{\lambda k_0}(1 - e^{-\frac{\lambda k_0 z}{11R}}) \tag{3-15}$$

进而又可以得到塑性段井筒水平地压的分布规律(3-16)式及作用在外井壁上竖向附加力的分布规律(3-17)式如下：

$$(\sigma_h)_z = \lambda(\sigma_v)_z = \frac{11\gamma_e gR}{k_0}(1 - e^{-\frac{\lambda k_0 z}{11R}}) \quad (0 \leqslant z \leqslant H_2) \tag{3-16}$$

$$\tau_z = k_0\lambda(\sigma_v)_z = 11\gamma_e gR(1 - e^{-\frac{\lambda k_0 z}{11R}}) \quad (0 \leqslant z \leqslant H_2) \tag{3-17}$$

式(3-15)、(3-16)、(3-17)较好地反映了表土沉降期间表土与井筒相互作用的塑性段井筒次生地压及竖向附加力的分布规律，这一规律概括起来主要包括以下几个方面：

① 从上至下，井筒地压及竖向附加力自零开始逐渐增大，并渐渐地趋向于如下的常量：

$$(\sigma_v)_{\text{const}} = \frac{11\gamma_e gR}{\lambda k_0}, \quad (\sigma_h)_{\text{const}} = \frac{11\gamma_e gR}{k_0}, \quad \tau_{\text{const}} = 11\gamma_e gR \tag{3-18}$$

② 井筒地压及竖向附加力的分布规律与土的弹性常数(E、μ)、容重 γ_e、侧压系数 λ、井筒与外井壁之间的最大静摩擦系数 k_0 等因素有关。

③ 在②中各相关因素不变的情况下，井筒地压和竖向附加力随井筒外径的增大而增大，随井筒外径的减小而减小。

此外，上述公式从理论上完善了太沙基和崔托维奇关于井筒地压的分析[97,100]，并验证了马英明教授对深厚表土层中井筒压力实测资料的研究及丑万禧教授所得出的井壁竖向应力应呈近似线性分布的重要结论。

3. 讨论：水位以下塑性剪切力及竖向地应力分析

由于塑性段下限位置 A 在地下水位下移的一定时期内始终处于渗水通道中水位之下，因此水位上下表土与井筒之间的竖向附加力及竖向地应力的分布规律应有所不同。上面给出了水位之上土与井壁之间的剪切力和竖向地应力分布规律，下面来讨论水位之下塑性剪切力及竖向地应力的分布规律。

水位以下饱和土中的竖向地应力和土与井壁之间的竖向附加力的理论分析与水位以上相应应力的理论分析的过程及方法完全一样，不同之处在于其中某些物理量的取值。对于水位以下的饱和土，应以其浮容重 γ_e' 为计算依据。

联合式(3-10)和式(3-11)并进行整理可得：

$$\frac{d(\sigma_v)_z}{dz} + \frac{\lambda k_0 (\sigma_v)_z}{11R} = \gamma_e' g \tag{3-19}$$

求解上述微分方程即可获得 $(\sigma_v)_z$ 的表达式如下：

$$(\sigma_v)_z = Ce^{-\frac{\lambda' k_0' z}{11R}} + \frac{11\gamma_e' gR}{\lambda' k_0'} \tag{3-20}$$

将边界条件 $(\sigma_v)|_{z=z_D} = (\sigma_v)_D$ 代入上式即可求得待定常数为：

$$C = \left[(\sigma_v)_D - \frac{11\gamma_e' gR}{\lambda' k_0'}\right] e^{\frac{\lambda k_0' z_D}{11R}} \tag{3-21}$$

代入(3-20)式即可获得井筒周侧表土的竖向应力分布规律如下所示：

$$(\sigma_v)_z = \left[(\sigma_v)_D - \frac{11\gamma_e' gR}{\lambda' k_0'}\right] e^{-\frac{\lambda' k_0' (z-z_D)}{11R}} + \frac{11\gamma_e' gR}{\lambda' k_0'} \quad (H_2 \leqslant z \leqslant z_A) \tag{3-22}$$

相应竖向附加力的计算公式应为：

$$(\tau)_z = k_0' \lambda' (\sigma_v)_z = [k_0' \lambda' (\sigma)_D - 11\gamma_e' gR] e^{-\frac{\lambda' k_0' (z-z_D)}{11R}} + 11\gamma_e' gR \quad (H_2 \leqslant z \leqslant z_A) \tag{3-23}$$

3.3.4 上弹性段井筒次生地压及相应部位竖向附加力分布规律

表土与井壁相互作用的弹性段范围内的竖向附加力分布规律比塑性段竖向附加力分布规律相对复杂，这主要表现在以下两个方面：

① 由于弹性段分为竖向附加力向上和向下的两段，因此一方面要分析两段的附加力分布规律，另一方面还必须确定两段的界面。

② 弹性段竖向附加力与作用于井筒外壁上的水平地压有关，沿表土深度方向不呈线性分布。

1. 上弹性段竖向附加力分布规律分析

图 3.15 所示为中国矿业大学李文平教授对我国某一矿区相关表土所进行的直剪和三轴实验，根据直剪图形分析及李文平教授的研究，$u_0 = 7$ mm 为弹塑性变形的界限位置。由于立井井筒的上弹性段范围内，从上至下剪切位移减小的同时，作用于井筒外壁上的水平地压在相应地增大，因此，该段范围内竖向附加力—剪切位移曲线应该是一条右端源于小地压(井筒与表土相互作用的弹、塑性段交界面处的地压，剪应力—剪切位移曲线的弹、塑性段交界面处的剪切位移 $u_0 = 7$ mm)，左端终于坐标原点，而整条曲线则位于小地压剪应力—剪切位移曲线和大地压(井筒与表土相互作用的两弹性段交界面处的地压)剪应力—剪切位移曲线之间，具体情况请见图 3.16 的分析。

从图 3.16 的分析可看出，曲线 3 与曲线 1 非常贴近，故具体研究中可用曲线 1

代替曲线3作为弹性段剪应力—剪切位移规律曲线。由于 AB 段(见图3.17)范围较大,同时 AB 段的侧向地压通常在2 MPa之内,所以该曲线的曲率非常小,具体计算时可用下列直线函数近似表示:

$$\tau_z = C(Z_B - Z) \tag{3-24}$$

式中,C 为待定常数,可根据边界条件确定。

因 $Z = Z_A$ 时,$\tau_z = \tau_A$,代入式(3-24)即可求得 C 的表达式如下:

$$C = \frac{\tau_A}{(Z_B - Z_A)} \tag{3-25}$$

将上式代回式(3-24)即可获得 AB 段竖向附加力的分布规律如下:

$$\tau_z = \frac{\tau_A(Z_B - Z)}{Z_B - Z_A} \tag{3-26}$$

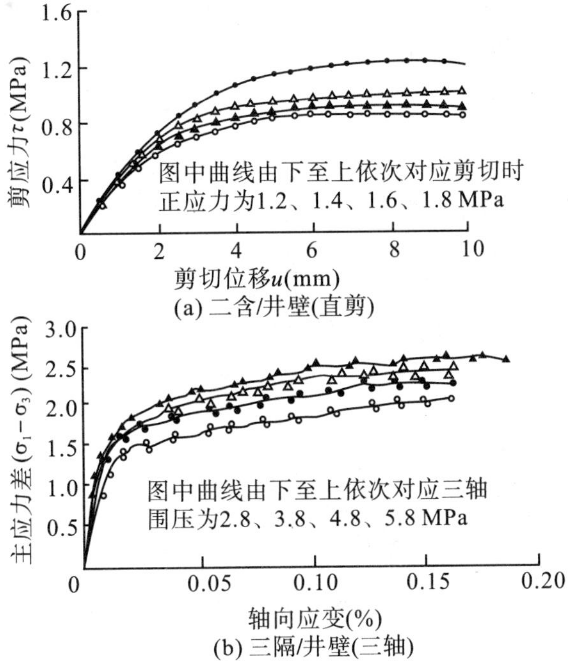

图3.15　土与井壁接触面相互剪切作用实验代表曲线

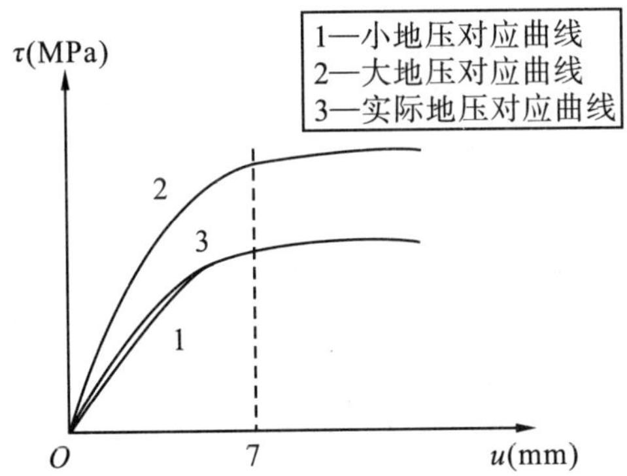

图3.16　弹性段剪应力—剪切位移曲线

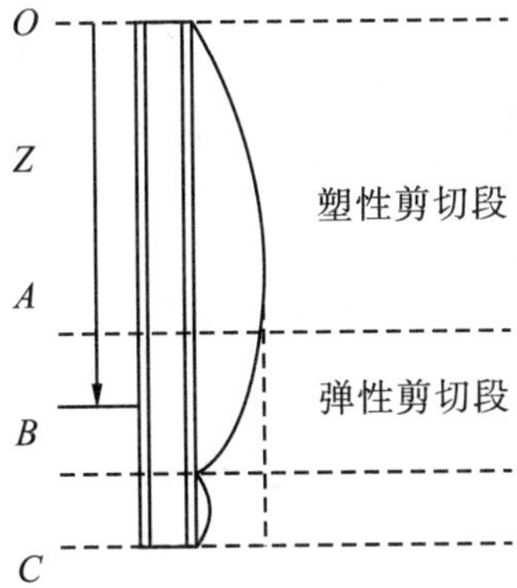

图3.17　井筒竖向附加力分布概况

2. 上弹性段(AB 段)竖向地压分布规律分析

AB 段竖向地压的分析与 OA 段竖向地压分析的原理完全一样,不同之处仅在于土体发生弯曲时内边缘处所承受的向上竖向附加力不同,在塑性段竖向附加力为 $Q_z = (\sigma_v)_z \lambda k_0 \cdot dz$,在 AB 段竖向附加力应为式(3-24)所表示的 τ_z。因此,此处仅需将式(3-9)和式(3-10)中的 Q_z 替换为 $\tau_z \cdot \mathrm{d}z$，即可得到 AB 段圆形薄板弯曲变形的挠曲线基本方程：

$$w = \frac{\tau_z}{11k}\frac{R^{\frac{12}{11}}}{r^{\frac{23}{11}}}\mathrm{d}z \tag{3-27}$$

将上式代入边界条件式(3-3)，并将式(3-24)代入其中，即可得到上弹性段竖向地压应力分布规律的微分方程如下：

$$\frac{\mathrm{d}(\sigma_v)_z}{\mathrm{d}z} = \gamma_e' g - \frac{1}{11R}\cdot\frac{\tau_A(Z_B - Z)}{Z_B - Z_A} \tag{3-28}$$

求解上述微分方程可得：

$$(\sigma_v)_z = \frac{1}{22R}\times\frac{\tau_A}{Z_B - Z_A}Z^2 - \frac{1}{11R}\times\frac{Z_B\tau_A}{Z_B - Z_A}Z + \gamma_e' g\cdot Z + C_1$$

$$(Z_A \leqslant Z \leqslant Z_B) \tag{3-29}$$

将式(3-29)代入边界条件：$(\sigma_v)_z\big|_{Z=Z_A} = (\sigma_v)_A$（见图3.18），可求得积分常数 C_1 的数值如下：

$$C_1 = (\sigma_v)_A - \frac{1}{22R}\times\frac{\tau_A}{Z_B - Z_A}Z_A^2 + \frac{1}{11R}\times\frac{Z_B\tau_A}{Z_B - Z_A}Z_A - \gamma_e' g\cdot Z_A$$

$$(Z_A \leqslant Z \leqslant Z_B) \tag{3-30}$$

将上式代入式(3-29)并经整理可得：

$$\begin{aligned}(\sigma_v)_z = &\frac{1}{22R}\times\frac{\tau_A}{Z_B - Z_A}Z^2 - \frac{1}{11R}\times\frac{Z_B\tau_A}{Z_B - Z_A}Z + \gamma_e' g\cdot Z \\ &+ \left[(\sigma_v)_A - \frac{1}{22R}\times\frac{\tau_A}{Z_B - Z_A}Z_A^2 + \frac{1}{11R}\times\frac{Z_B\tau_A}{Z_B - Z_A}Z_A - \gamma_e' g\cdot Z_A\right]\end{aligned}$$

$$(Z_A \leqslant Z \leqslant Z_B) \tag{3-31}$$

请注意，上式中的 $(\sigma_v)_A$ 为式(3-22)在 A 位置处的竖向应力值，已经考虑了地下水位下降导致的土体中有效应力的增量这一因素，故式(3-31)已包含了地下水位下降带来的土体有效应力的增量。

3.3.5 下弹性段井筒次生地压及相应部位竖向附加力分布规律

1. 下弹性段(BC 段)井筒地压分析

从图3.18中可看出：随着下含水水位不断的下移，竖向应力分布曲线上会出现一特殊点 E，该点为曲线 $OMDEKI$ 上与 MN 相平行的切线的切点。当塑性段未发展至该点时，下部土体中的有效应力随下含水水位的下移处于一个增大的趋势，但一旦过了该点，则下部土体中的有效应力的变化趋势则转向减小，故可推知 B 截面之下井筒周侧土体的竖向变形存在一个变形加速增大→变形趋缓→变形停止的过程。而在这个过程之中，由于承受的竖向附加力不断增大，下部井筒横截面上的竖向力就会越来越大，当井筒的竖向抗压刚度较小时，就必然地会出现上述的 B

截面，该截面之下井筒与其周围土体的竖向变形总量相等。

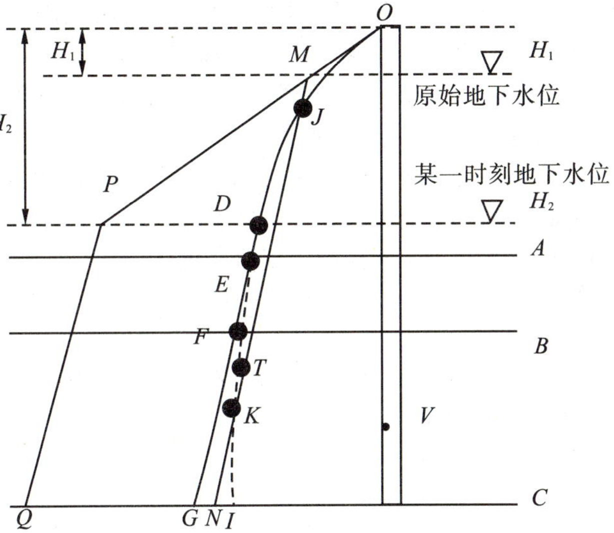

图 3.18　立井井筒次生地压分布规律

在假定土体为均质的情况下，表土的压缩模量可认为不变，具体可表示为：

$$E_S(z) = E_S \tag{3-32}$$

对于均质土体，BC 段土体竖向位移的变化规律 $w(z)_t$ 可计算如下：

$$w(z)_t = \frac{1}{E_S}\int_z^L \{(\sigma_v)_z - [\gamma_e \cdot H_1 + \gamma'_e(z - H_1)]\}\mathrm{d}z \quad (Z_B \leqslant Z \leqslant L) \tag{3-33}$$

对分层土的情况，上式可改写成如下的形式：

$$w(z)_t = \frac{1}{E_{S_1}}\int_Z^{Z_1} \Delta(\sigma_v)_z \mathrm{d}x + \frac{1}{E_{S_2}}\int_{Z_1}^{Z_2} \Delta(\sigma_v)_z \mathrm{d}x + \cdots + \frac{1}{E_{S_n}}\int_{Z_{n-1}}^{L} \Delta(\sigma_v)_z \mathrm{d}x \quad (Z_B \leqslant Z \leqslant L) \tag{3-33(a)}$$

式中，$(\sigma_v)_z$ 见式(3－45)；H_1、H_2 分别为地下水原水位和某一时刻的水位，单位 m。

2．下弹性段（*BC* 段）井筒附加力分析

在不考虑竖向附加力影响的情况下，BC 段井筒的竖向位移应呈线性规律变化。若令该段井筒横截面上的轴力为 $N = N_B$，则该段井筒竖向位移的变化规律为：

$$w(z)_j = \int_z^L \varepsilon_z \mathrm{d}z = \int_z^L \frac{N_B}{EA}\mathrm{d}z = \frac{N_B}{EA}\cdot(L - z) \quad (Z_B \leqslant Z \leqslant L) \tag{3-34}$$

在不考虑土与外井壁之间竖向附加力的情况下，在 $N = N_B$ 处，土的向下位移量必小于井筒向下的位移量，若令该差值为 Δ，则：

$$w(z_B)_j - w(z_B)_t = \Delta \tag{3-35}$$

因 $Z = Z_B$ 时，井筒的位移量 w_j 等于井筒周侧土体的相应位移量 w_t，故 BC 段井筒与周围的土体必发生剪切位移，井筒因此而会受到方向向上的竖向附加力的作用。由于 $\Delta = w(z_B)_j - w(z_B)_t$ 呈线性变化，故该范围内竖向附加力沿轴向应呈曲线变化规律。此处因竖向附加力所引起的该段土体的向下压缩量和井筒的向上伸长量之和为 Δ，故无论该段竖向附加力呈何种曲线规律变化，这种变化对该段井壁竖向应力的影响都是很小的，所以，这里可以近似地假设该段土与外井壁之间的竖向附加力按下式所表示的抛物线规律变化：

$$\begin{aligned}\tau_z &= C_0\left\{\frac{(L - Z_B)^2}{4} - \left[\frac{L - Z_B}{2} - (Z - Z_B)\right]^2\right\} \\ &= C_0(L - Z)(Z - Z_B) \quad (Z_B \leqslant Z \leqslant L)\end{aligned} \tag{3-36}$$

当 $Z = Z_B$ 和 $Z = L$ 时，$\tau_z = 0$；

当 $Z = (L + Z_B)/2$ 时，

$$\tau_z = \tau_{\max} = C_0(L - Z_B)^2/4 \tag{3-37}$$

其中，C_0 为待定常量，单位为 N。

BC 段竖向地压的分析与 OD 段竖向地压分析的原理完全一样，不同之处仅在于土体发生弯曲时内边缘处所承受的竖向附加力的方向和大小不同，在 OD 段竖向附加力为：$Q_z = (\sigma_v)_z\lambda k_0 \cdot \mathrm{d}z$，在 BC 段竖向附加力应为式(3-36)所表示的 τ_z。因此，此处仅需将式(3-10)中的 Q_z 替换为 $\tau_z \cdot \mathrm{d}z$，即可得到圆形薄板弯曲变形的挠曲线基本方程：

$$w(r) = -B_1\frac{R^{\frac{23}{11}}}{r^{\frac{23}{11}}} = -\frac{R^{\frac{12}{11}}}{11kr^{\frac{23}{11}}}(\tau_z\mathrm{d}z) \tag{3-38}$$

将式(3-36)代入上式，得：

$$w(r) = -B_1\frac{R^{\frac{23}{11}}}{r^{\frac{23}{11}}} = -\frac{C_0R^{\frac{12}{11}}(L - Z)(Z - Z_B)}{11kr^{\frac{23}{11}}}\mathrm{d}z \tag{3-39}$$

由于 BC 段和 AB 段竖向附加力的方向相反，因此圆形薄板内边界处的位移边界条件有所不同，结合图 3.14 进行分析，不难推出 BC 段圆形薄板内边界处的位移边界条件应为：

$$w(r)\big|_{r=R} = -\frac{\mathrm{d}(\sigma_v)_z}{k} + \frac{\gamma'_e g\mathrm{d}z}{k} \tag{3-40}$$

将式(3-39)代入上式即可得出下弹性段竖向地压应力分布规律的微分方程如下：

$$\frac{\mathrm{d}(\sigma_v)_z}{\mathrm{d}z} - \frac{C_0(L - Z)(Z - Z_B)}{11R} = \gamma'_e g \tag{3-41}$$

求解上述微分方程，得

$$(\sigma_v)_z = \frac{C_0}{11R}\left[-\frac{1}{3}Z^3 + \frac{1}{2}(L + Z_B)Z^2 - L \cdot Z_B \cdot Z\right] + \gamma'_e gz + C_1 \tag{3-42}$$

将上式代入下列边界条件：

$$\sigma_v\big|_{Z=Z_B} = (\sigma_v)_B \tag{3-43}$$

求得积分常数为：

$$C_1 = (\sigma_v)_B - \frac{C_0}{11R}\left[-\frac{1}{3}Z_B^3 + \frac{1}{2}(L+Z_B)Z_B^2 - L\cdot Z_B^2\right] - \gamma_e' g z_B \tag{3-44}$$

将求得的 C_1 代入式(3-42)，即可得到 BC 段竖向有效地应力的分布规律：

$$(\sigma_v)_z = \frac{C_0}{11R}\left[-\frac{1}{3}(Z^3 - Z_B^3) + \frac{1}{2}(L+Z_B)(Z^2 - Z_B^2) - L\cdot Z_B\cdot(Z - Z_B)\right] + (\sigma_v)_B + \gamma_e' g(z - z_B) \quad (Z_B \leqslant Z \leqslant L) \tag{3-45}$$

请注意，上式表示的有效应力已包含了地下水位下降导致的土体中有效应力的增加部分。

3. 讨论：C_0 的确定

式(3-36)中，我们已经假设 BC 段向上竖向附加力按抛物线规律分布，对于此种分布，最大竖向附加力应发生在 BC 段的中部，因此，求出 BC 段中部处土与井壁之间的相对位移后再代入式(3-54)，并结合式(3-37)求出的 BC 段最大竖向附加力即可确定待定常量 C_0。

首先，求解 BC 段中部处土与井筒之间的相对位移。

BC 段中部土的竖向位移 $w(V)_t$ 可由式(3-33)进行求解，具体运算时仅需将积分下限改为 $(z_B+L)/2$ 即可。

$$\begin{aligned}
w(V)_t &= \frac{1}{E_S}\int_{(Z_B+L)/2}^{L}\{(\sigma_v)_z - [\gamma_e g\cdot H_1 + \gamma_e' g(z - H_1)]\}\mathrm{d}z \\
&= \frac{C_0}{11E_S R}\left\{-\frac{1}{12}\left[L^4 - \frac{1}{16}(L+Z_B)^4\right] + \frac{1}{3}Z_B^3\left[L - \frac{1}{2}(L+Z_B)\right]\right. \\
&\quad + \frac{1}{2}(L+Z_B)\left[\frac{1}{3}L^3 - \frac{1}{3}\left(\frac{L+Z_B}{2}\right)^3 - Z_B^2\left(L - \frac{L+Z_B}{2}\right)\right] \\
&\quad \left. - LZ_B\left[\frac{1}{2}L^2 - \frac{1}{2}\left(\frac{L+Z_B}{2}\right)^2 - Z_B\left(L - \frac{L+Z_B}{2}\right)\right]\right\} \\
&\quad + \frac{1}{E_S}(\sigma_v)_B\left(L - \frac{L+Z_B}{2}\right) - \frac{1}{E_S}\left[\gamma_e g H_1\left(L - \frac{z_B+L}{2}\right)\right. \\
&\quad \left. + \gamma_e' g Z_B\left(L - \frac{z_B+L}{2}\right) - \gamma_e' g H_1\left(L - \frac{z_B+L}{2}\right)\right]
\end{aligned} \tag{3-46}$$

对于 BC 段中部井筒的竖向位移，由于 C 端可视为固定端，因此 BC 段中部井筒的竖向位移实际上就是 BC 段中部 V 至 C 端之间井筒的缩短量。此处 VC 段井筒的缩短量由两部分构成：

① B 截面以上部分井筒承受的方向向下的竖向附加力所导致的 VC 段井筒的缩短量 $w(V)_{j下}$；

② BC 段所承受的向上竖向附加力所导致的 VC 段井筒的伸长量 $w(V)_{j上}$。

若令 VC 段井筒因竖向附加力作用所产生的总缩短量为 $w(V)_j$，则有：

$$w(V)_j = w(V)_{j下} - w(V)_{j上} \tag{3-47}$$

其中，

$$w(V)_{j下} = \int_{(L+Z_B)/2}^{L} \frac{N_B}{EA}\mathrm{d}z = \frac{N_B}{EA}\left(\frac{L-Z_B}{2}\right) \tag{3-48}$$

而 $w(V)_{j上}$ 的求解则需结合图 3.19 来进行。

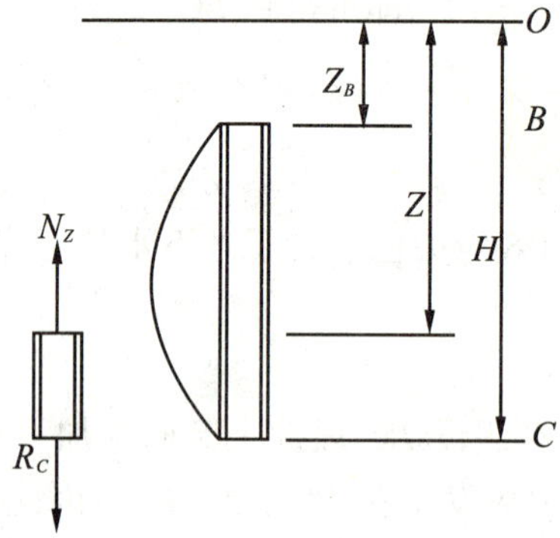

图 3.19 向上竖向附加力作用下 *BC* 段井筒的受力分析

图 3.19 中，Z 截面上的轴力(不含 B 截面以上部位传递下来的轴力)可依据微元法求解如下：

$$\begin{aligned} N_Z &= 2\pi R\int_{Z_B}^{Z} \tau_Z \mathrm{d}z \\ &= 2\pi RC_0\left[-\frac{1}{3}Z^3 + \frac{1}{2}(L+Z_B)Z^2 - LZ_BZ + \frac{1}{2}LZ_B^2 - \frac{1}{6}Z_B^3\right] \end{aligned} \tag{3-49}$$

于是根据材料力学中的拉压胡克定律可求得 VC 段井筒的伸长量 ΔL_{VC} 如下：

$$\begin{aligned} \Delta L_{VC} &= \int_{(Z_B+L)/2}^{L} \frac{N_Z}{EA}\mathrm{d}z \\ &= \frac{2\pi RC_0}{EA}\left\{-\frac{1}{12}\left[L^4 - \frac{1}{16}(Z_B+L)^4\right]\right. \\ &\quad + \frac{1}{6}(L+Z_B)\left[L^3 - \frac{1}{8}(Z_B+L)^3\right] - \frac{LZ_B}{2}\times\left[L^2 - \frac{1}{4}(Z_B+L)^2\right] \\ &\quad \left. + \left(\frac{1}{2}LZ_B^2 - \frac{1}{6}Z_B^3\right)\left[L - \frac{1}{2}(Z_B+L)\right]\right\} \end{aligned} \tag{3-50}$$

因 C 截面为固定端，故 V 截面处的向上位移量与 VC 段井筒的竖向伸长量相等，即：

$$w(V)_{j上} = \Delta L_{VC} \tag{3-51}$$

将式(3-48)和式(3-50)代入式(3-47)即可求得 $w(V)_j$ 如下：

$$w(V)_j = \frac{N_B}{EA} \cdot \frac{L - Z_B}{2} - \frac{2\pi RC_0}{EA}\left\{ -\frac{1}{12}\left[L^4 - \frac{1}{16}(Z_B + L)^4\right]\right.$$
$$+ \frac{1}{6}(L + Z_B)\left[L^3 - \frac{1}{8}(Z_B + L)^3\right] - \frac{LZ_B}{2} \times \left[L^2 - \frac{1}{4}(Z_B + L)^2\right]$$
$$\left. + \left(\frac{1}{2}LZ_B^2 - \frac{1}{6}Z_B^3\right)\left[L - \frac{1}{2}(Z_B + L)\right]\right\} \tag{3-52}$$

将式(3-52)减去式(3-46)即可求得 V 截面处土与井筒之间的相对位移 $u(V)$ 如下：

$$u(V) = w(V)_j - w(V)_t$$
$$= \frac{N_B}{EA} \cdot \frac{L - Z_B}{2} - \frac{2\pi RC_0}{EA}\left\{ -\frac{1}{12}\left[L^4 - \frac{1}{16}(Z_B + L)^4\right]\right.$$
$$+ \frac{1}{6}(L + Z_B)\left[L^3 - \frac{1}{8}(Z_B + L)^3\right] - \frac{LZ_B}{2} \times \left[L^2 - \frac{1}{4}(Z_B + L)^2\right]$$
$$\left. + \left(\frac{1}{2}LZ_B^2 - \frac{1}{6}Z_B^3\right)\left[L - \frac{1}{2}(Z_B + L)\right]\right\} - \frac{C_0}{11E_S R}\left\{ -\frac{1}{12}\left[L^4 - \frac{1}{16}(L + Z_B)^4\right]\right.$$
$$+ \frac{1}{3}Z_B^3\left[L - \frac{1}{2}(L + Z_B)\right] + \frac{1}{2}(L + Z_B)\left[\frac{1}{3}L^3 - \frac{1}{3}\left(\frac{L + Z_B}{2}\right)^3\right.$$
$$\left. - Z_B^2\left(L - \frac{L + Z_B}{2}\right)\right] - LZ_B\left[\frac{1}{2}L^2 - \frac{1}{2}\left(\frac{L + Z_B}{2}\right)^2\right.$$
$$\left.\left. - Z_B\left(L - \frac{L + Z_B}{2}\right)\right]\right\} - \frac{1}{E_S}(\sigma_v)_B\left(L - \frac{L + Z_B}{2}\right)$$
$$+ \frac{1}{E_S}\left[\gamma_e gH_1\left(L - \frac{z_B + L}{2}\right) + \gamma_e' gZ_B\left(L - \frac{z_B + L}{2}\right) - \gamma_e' gH_1\left(L - \frac{z_B + L}{2}\right)\right] \tag{3-53}$$

土与构筑物发生相互剪切作用时，其剪切位移与剪切力之间的关系可用下式表示：

$$\tau_z = \frac{u}{au + b} \tag{3-54}$$

式中，$1/a$ 为 $u \to \infty$ 时的平均剪切强度（即残余强度），$1/b$ 为初始剪切刚度，u 为土与构筑物之间的相对剪切位移。

将式(3-53)代入式(3-54)，得出 V 截面处的竖向附加力后，令其等于式(3-37)所表示的 BC 段最大竖向附加力，即可确定 C_0 值如下：

$$C_0 = \frac{[aD_6(D_1 - D_4 + D_5) + (D_2 + D_3) + bD_6]}{2a(D_2 + D_3)D_6}$$
$$\pm \frac{\sqrt{[aD_6(D_1 - D_4 + D_5) + (D_2 + D_3) + bD_6]^2 - 4aD_6(D_2 + D_3)(D_1 - D_4 + D_5)}}{2a(D_2 + D_3)D_6} \tag{3-55}$$

式中，

$$D_1 = \frac{N_B}{EA} \cdot \frac{L - Z_B}{2}$$

$$D_2 = \frac{2\pi R}{EA}\left\{-\frac{1}{12}\left[L^4 - \frac{1}{16}(Z_B + L)^4\right] + \frac{1}{6}(L + Z_B)\left[L^3 - \frac{1}{8}(Z_B + L)^3\right]\right.$$
$$\left. - \frac{LZ_B}{2} \times \left[L^2 - \frac{1}{4}(Z_B + L)^2\right] + \left(\frac{1}{2}LZ_B^2 - \frac{1}{6}Z_B^3\right)\left[L - \frac{1}{2}(Z_B + L)\right]\right\}$$

$$D_3 = \frac{1}{11E_S R}\left\{-\frac{1}{12}\left[L^4 - \frac{1}{16}(L + Z_B)^4\right] + \frac{1}{3}Z_B^3\left[L - \frac{1}{2}(L + Z_B)\right]\right.$$
$$+ \frac{1}{2}(L + Z_B)\left[\frac{1}{3}L^3 - \frac{1}{3}\left(\frac{L + Z_B}{2}\right)^3 - Z_B^2\left(L - \frac{L + Z_B}{2}\right)\right]$$
$$\left. - LZ_B\left[\frac{1}{2}L^2 - \frac{1}{2}\left(\frac{L + Z_B}{2}\right)^2 - Z_B\left(L - \frac{L + Z_B}{2}\right)\right]\right\}$$

$$D_4 = \frac{(\sigma_v)_B}{E_S} \cdot \left(L - \frac{L + Z_B}{2}\right)$$

$$D_5 = \frac{1}{E_S}\left[\gamma_e g H_1\left(L - \frac{z_B + L}{2}\right) + \gamma_e' g Z_B\left(L - \frac{z_B + L}{2}\right) - \gamma_e' g H_1\left(L - \frac{z_B + L}{2}\right)\right]$$

$$D_6 = (L - Z_B)^2/4 \tag{3-56}$$

从而 BC 段竖向附加力和立井地压的分布规律可依据式(3-36)和式(3-45)得到确定。

上述各式中，E_{S_1}，E_{S_2}，E_{S_3}，…，E_{S_n} 分别为自下而上 $Z_B \leqslant Z \leqslant L$ 范围内各土层的弹性模量，单位 MPa；$\Delta\sigma_z$ 为地层中距地面 Z 处点的有效应力增量，单位 N/m^2；ε_z 为 Z 点处土的竖向应变；E 为立井井筒竖向弹性模量，单位 N/m^2；A 为立井井筒横截面面积，单位 m^2；L 为表土段立井井筒的长度，单位 m；γ_e' 为水位以下饱和土的浮容重，单位 kg/m^3。

此外，当塑性段发展至图 3.18 中的 T 点后，由于下部土体停止变形，因此井筒周侧竖向力的数值及分布也就会趋于一个相对稳定的状态，如若井壁此时不破，则不会再有破裂的可能。我国徐、淮、大屯、兖州等矿区很多立井在下含水水位发生了大幅降落之后，井筒并未发生破裂的原因即在于此，同时也验证了近 30 年来一直流传在各矿区的一句经验之谈——煤矿投产至一定时期，该破的井筒已经破裂，没有发生破裂的将永远不破。

由于立井井筒周侧的土体并非均质，为了获得较高的精确度，在具体分析某一立井井筒周侧土体的竖向变形时，可分层计算。计算时，各层土体应取各自的土体容重和弹性模量。

3.3.6 弹塑性段交界面、上下弹性段交界面位置的确定

根据上述分析，在表土段范围之内，表土与立井井筒之间的相互作用可分为塑性段、上弹性段和下弹性段三个部分。其中，上弹性段范围内，作用于井筒外壁上

的竖向附加力方向向下；下弹性段范围内，作用于井筒外壁上的竖向附加力方向向上。这三段的具体位置和位置变动与地下水水位变化之间的关系可通过图3.18进行分析。

1. 地下水流失对井筒竖向附加力分布规律的影响

图3.18中，曲线 *OJEFG* 为下含水水位降至 H_2 时井筒周侧表土的竖向应力分布规律，其中 *OE* 为塑性剪切变形段的表土竖向地应力分布规律，*EF* 为上弹性剪切变形段的表土竖向地应力分布规律，*FG* 为下弹性剪切变形段的表土竖向地应力分布规律。

图中曲线 *OJDEKI* 为下含水水位降至底部时假设塑性剪切作用段可以延伸至土岩交界面时的表土(井筒周侧)竖向应力分布规律，该曲线与下含水水位下降之前的表土竖向应力分布规律曲线 *OMN* 有一交点 *K*，*KI* 在 $N = N_B$ 的内侧表明：一旦塑性段向下移过了 *K* 点，*K* 点之下的表土厚度较下含水水位降低之前该点之下的表土厚度相对增大，当然这是不可能的，因为在表土中有一特殊位置 *T*，当弹性段下端的 *F* 点没有达到这一特殊位置时，随着下含水水位的降低，*F* 点向下移动，下部土体中的有效应力是逐渐增大的，随着下部土体的压缩，上部塑性段和弹性段的位置会继续地下移。但是，一旦当 *F* 点到达了该特殊位置，该点下部土体中的有效应力将达到最大值，该点以下的土体(井筒周侧)将不再压缩，此时上部土体的沉降也将随之停止，此时井筒如果不破，以后将不会再破。

2. 各段界面位置的确定

各段界面的位置需以各段表土和井筒的压缩变形特征为条件建立联合方程来确定。从图3.18中不难看出 *AB* 和 *BC* 两段的表土与井筒的竖向变形之间存在着如下的关系：

BC 段：

$$(w_j)_{Z=Z_B} = (w_t)_{Z=Z_B} \tag{3-57}$$

AB 段：

$$(w_t)_{Z=Z_A} - (w_j)_{Z=Z_A} = u \tag{3-58}$$

下面就 *AB* 段和 *BC* 段井筒及其相应段土体的竖向位移进行分析。

(1) 上弹性段(*AB* 段)井筒及其周侧土体竖向变形分析

① 上弹性段井筒周侧土体竖向变形分析

由于 *B* 截面以下井筒及其周侧土体的竖向总变形相等，因此，此处仅需算出 *AB* 段范围内井筒及其周侧土体的竖向总变形量即可。为了计算土体的竖向变形，必须首先算出渗水通道内水位变化前后 *AB* 段井筒周侧土体中有效应力的改变量。由于水位改变后的竖向地应力的分布规律已经确定，因此，此处仅需求出水位变化前该段井筒周侧土体中竖向地应力的分布规律即可。*AB* 段竖向附加力分布及相关轴向力示意图如图3.20所示。

首先，*AB* 段土体中有效地应力的增量为：

$$\Delta(\sigma_v)_z = (\sigma_v)_z - [\gamma_e g H_1 + \gamma_e' g(z - H_1)] \tag{3-59}$$

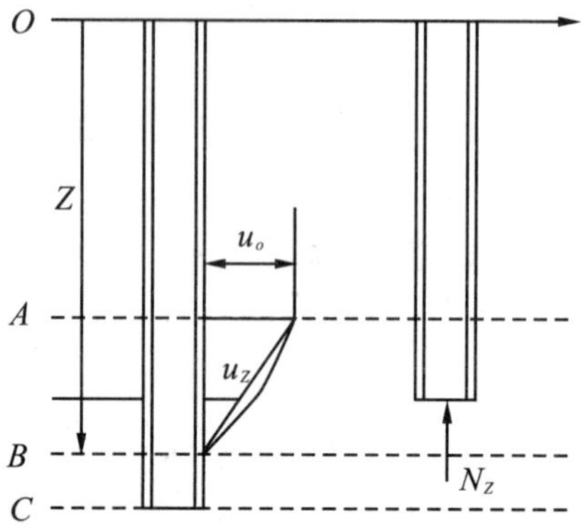

图 3.20　*AB* 段竖向附加力分布及相关轴向力示意图

将式(3-31)代入上式,即可得到引起土体压缩变形的有效应力增量为:

$$\begin{aligned}\Delta(\sigma_v)_A &= (\sigma_v)_A - [\gamma_e g H_1 + \gamma_e' g(Z - H_1)] \\ &= \frac{1}{22R} \times \frac{\tau_A}{Z_B - Z_A} Z^2 - \frac{1}{11R} \times \frac{Z_B \tau_A}{Z_B - Z_A} Z + \gamma_e' g \cdot Z \\ &\quad + \left[(\sigma_v)_A - \frac{1}{22R} \times \frac{\tau_A}{Z_B - Z_A} Z_A^2 + \frac{1}{11R} \times \frac{Z_B \tau_A}{Z_B - Z_A} Z_A - \gamma_e' g \cdot Z_A\right] \\ &\quad - [\gamma_e g H_1 + \gamma_e' g(Z - H_1)] \quad (Z_D \leqslant Z \leqslant Z_B)\end{aligned} \tag{3-60}$$

再依据土体变形的弹性理论,即可求得 *AB* 段表土沿竖向的压缩变形为:

$$\begin{aligned}\Delta(L_t)_{AB} &= \int_{Z_A}^{Z_B} \frac{\Delta(\sigma_v)_Z}{E_S(Z)} \mathrm{d}z \\ &= \frac{1}{E_S}\left\{\left[(\sigma_v)_A - \frac{1}{22R} \times \frac{\tau_A}{Z_B - Z_A} Z_A^2 + \frac{1}{11R} \times \frac{Z_B \tau_A}{Z_B - Z_A} Z_A - \gamma_e' g \cdot Z_A\right]\right. \\ &\quad \left. - (\gamma_e g H_1 - \gamma_e' g H_1)\right\}(Z_B - Z_A) \\ &\quad + \frac{1}{11RE_S} \times \frac{\tau_A}{Z_B - Z_A}\left\{\frac{Z_B^3 - Z_A^3}{6} - Z_B \frac{Z_B^2 - Z_A^2}{2}\right\}\end{aligned} \tag{3-61}$$

上面是关于 *AB* 段井筒周侧表土的竖向变形分析,下面来讨论该段井筒的变形情况。

② 上弹性段井筒竖向变形分析

引起 *AB* 段井筒竖向变形的因素有两个:① 上部井筒传递过来的竖向载荷;② 作用在该段井筒上的竖向附加力。

首先分析上部载荷的影响。传递至 *AB* 段上的轴向载荷主要来自于作用在 *OA* 段井筒上的竖向附加力,而 *OA* 段井筒上竖向附加力的计算又应以地下水位为分界面分别计算。

水位上:由式(3-17)可知,水位之上表土作用于井筒外井壁上的竖向附加力为:

$$\tau_z = k_0\lambda(\sigma_v)_z = 11\gamma_e gR(1-e^{-\frac{\lambda k_0 z}{11R}}) \quad (0 \leqslant Z \leqslant H_2) \tag{3-62}$$

根据微元法，水位之上作用于井筒外井壁之上的竖向附加力之和为：

$$F_{OD} = \int_0^{Z_D} \pi D\tau_z \mathrm{d}z = 11\pi D\gamma_e gR\left[Z_D + \frac{11R}{\lambda k_0}(e^{-\frac{\lambda k_0 Z_D}{11R}} - 1)\right] \tag{3-63}$$

水位下：由式(3-23)及图3.18可知，水位之下表土作用于井筒外井壁上的竖向附加力为：

$$(\tau)_z = k_0' \cdot \lambda' \cdot \left[(\sigma)_D - \frac{11\gamma_e' gR}{k_0'\lambda'}\right]e^{-\frac{\lambda' k_0'(Z-Z_D)}{11R}} + 11\gamma_e' gR \quad (H_2 \leqslant Z \leqslant Z_A) \tag{3-64}$$

同样根据微元法可知，水位至 A 截面之间作用于井筒外井壁之上的竖向附加力之和为：

$$F_{DA} = \int_{Z_D}^{Z_A} \pi D\tau_z \mathrm{d}z \tag{3-65}$$

因有

$$k_0'\lambda'\sigma_D = \frac{11k_0'\lambda'\gamma_e gR}{k_0\lambda}(1 - e^{-\frac{\lambda k_0 Z_D}{11R}}) \tag{3-66}$$

将上式代入式(3-65)，得：

$$\begin{aligned}
F_{DA} &= \int_{Z_D}^{Z_A} \pi D\tau_z \mathrm{d}z \\
&= \pi D\int_{Z_D}^{Z_A}\left\{\left[\frac{11k_0'\lambda'\gamma_e gR}{k_0\lambda}(1 - e^{-\frac{\lambda k_0 Z_D}{11R}}) - 11\gamma_e' gR\right]e^{-\frac{\lambda' k_0'(Z-Z_D)}{11R}} + 11\gamma_e' gR\right\}\mathrm{d}z \\
&= 11\pi D\left[\frac{\gamma_e gR}{k_0\lambda} - \frac{\gamma_e' gR}{k_0'\lambda'} - \frac{\gamma_e gR}{k_0\lambda}\cdot e^{-\frac{\lambda k_0 Z_D}{11R}}\right](-11R)\left[e^{\frac{\lambda' k_0'(Z_D-Z_A)}{11R}} - 1\right] \\
&\quad + 11\pi D\gamma_e' gR(Z_A - Z_D)
\end{aligned} \tag{3-67}$$

从而可求出源于 A 截面之上的竖向附加力所导致的 AB 段井筒各横截面上的竖向附加应力为：

$$\begin{aligned}
\sigma_{AB}' &= \frac{F_{OD} + F_{DA}}{A} \\
&= \frac{11\pi D\gamma_e gR}{A}\left[Z_D + \frac{11R}{\lambda k_0}(e^{-\frac{\lambda k_0 Z_D}{11R}} - 1)\right] \\
&\quad + \frac{11\pi D}{A}\left[\frac{\gamma_e gR}{k_0\lambda} - \frac{\gamma_e' gR}{k_0'\lambda'} - \frac{\gamma_e gR}{k_0\lambda}\cdot e^{-\frac{\lambda k_0 Z_D}{11R}}\right](-11R)\cdot\left[e^{\frac{\lambda' k_0'(Z_D-Z_A)}{11R}} - 1\right] \\
&\quad + \frac{11\pi D}{A}\gamma_e' gR(Z_A - Z_D)
\end{aligned} \tag{3-68}$$

对于 AB 段上的竖向附加力所引起的横截面上的应力，仍可由微元法求得，具体求解过程如下：

如图3.18所示，AB 段竖向附加力分布规律为：

$$\tau_z = \frac{\tau_A(Z_B - Z)}{Z_B - Z_A} \quad (Z_A \leqslant Z \leqslant Z_B) \tag{3-69}$$

因该竖向附加力引起的 Z 截面上的轴力为：

$$N_Z = \int_{Z_A}^{Z} \pi D\tau_Z \mathrm{d}z = \pi D\int_{Z_A}^{Z} \frac{\tau_A(Z_B - Z)}{Z_B - Z_A}\mathrm{d}z$$

$$= \frac{\pi D\tau_A}{(Z_B - Z_A)}\left[-\frac{Z^2}{2} + Z_B Z + \frac{Z_A^2}{2} - Z_A Z_B\right] \tag{3-70}$$

从而得到相应的应力为：

$$\sigma_{AB}^{\mathrm{II}} = \frac{N_Z}{A} = \frac{\pi D\tau_A}{A(Z_B - Z_A)}\left[-\frac{Z^2}{2} + Z_B Z + \frac{Z_A^2}{2} - Z_A Z_B\right] \tag{3-71}$$

进而可求得因竖向附加力的作用，AB 段范围内井筒横截面上产生的竖向附加应力为：

$$\begin{aligned}(\sigma_z)_{AB} &= \sigma_{AB}^{\mathrm{I}} + \sigma_{AB}^{\mathrm{II}} \\ &= \frac{11\pi D\gamma_e gR}{A}\left[Z_D + \frac{11R}{\lambda k_0}(\mathrm{e}^{-\frac{\lambda k_0 Z_D}{11R}} - 1)\right] \\ &\quad + \frac{11\pi D}{A}\left[\frac{\gamma_e gR}{k_0\lambda} - \frac{\gamma_e' gR}{k_0'\lambda'} - \frac{\gamma_e gR}{k_0\lambda}\cdot \mathrm{e}^{-\frac{\lambda k_0 Z_D}{11R}}\right](-11R)\cdot\left[\mathrm{e}^{\frac{\lambda' k_0'(Z_D - Z_A)}{11R}} - 1\right] \\ &\quad + \frac{11\pi D}{A}\gamma_e' gR(Z_A - Z_D) + \frac{\pi D\tau_A}{A(Z_B - Z_A)}\left[-\frac{Z^2}{2} + Z_B Z + \frac{Z_A^2}{2} - Z_A Z_B\right]\end{aligned} \tag{3-72}$$

再根据材料力学中的拉压胡克定律[124,125]，即可求得 AB 段井筒因竖向附加力所导致的竖向压缩变形 $\Delta(L_j)_{AB}$ 为：

$$\begin{aligned}\Delta(L_j)_{AB} &= \int_{Z_A}^{Z_B} \frac{(N_Z)_{AB}}{EA}\mathrm{d}z \\ &= \int_{Z_A}^{Z_B} \frac{(\sigma_Z)_{AB}}{E}\mathrm{d}z \\ &= \left\{\frac{11\pi D\gamma_e gR}{EA}\left[Z_D + \frac{11R}{\lambda k_0}(\mathrm{e}^{-\frac{\lambda k_0 Z_D}{11R}} - 1)\right]\right. \\ &\quad + \frac{11\pi D}{EA}\left[\frac{\gamma_e gR}{k_0\lambda} - \frac{\gamma_e' gR}{k_0'\lambda'} - \frac{\gamma_e gR}{k_0\lambda}\cdot \mathrm{e}^{-\frac{\lambda k_0 Z_D}{11R}}\right](-11R)\cdot\left[\mathrm{e}^{\frac{\lambda' k_0'(Z_D - Z_A)}{11R}} - 1\right] \\ &\quad \left. + \frac{11\pi D}{A}\gamma_e' gR(Z_A - Z_D)\right\}(Z_B - Z_A) + \frac{\pi D\tau_A}{EA(Z_B - Z_A)}\left\{-\frac{Z_B^3 - Z_A^3}{6}\right. \\ &\quad \left. + Z_B\frac{Z_B^2 - Z_A^2}{2} + \left[\frac{Z_A^2}{2} - Z_A Z_B\right](Z_B - Z_A)\right\}\end{aligned} \tag{3-73}$$

将式(3－61)和式(3－73)代入式(3－58)，即可得到如下的方程式：

$$\begin{aligned}&\frac{1}{E_S}\left\{\left[(\sigma_v)_A - \frac{1}{22R}\times\frac{\tau_A}{Z_B - Z_A}Z_A^2 + \frac{1}{11R}\times\frac{Z_B\tau_A}{Z_B - Z_A}Z_A - \gamma_e' g\cdot Z_A\right]\right. \\ &\left. - \left[\gamma_e gH_1 - \gamma_e' gH_1\right]\right\}(Z_B - Z_A) + \frac{1}{11RE_S}\times\frac{\tau_A}{Z_B - Z_A}\left\{\frac{Z_B^3 - Z_A^3}{6} - Z_B\frac{Z_B^2 - Z_A^2}{2}\right\} \\ &= \left\{\frac{11\pi D\gamma_e gR}{EA}\left[Z_D + \frac{11R}{\lambda k_0}(\mathrm{e}^{-\frac{\lambda k_0 Z_D}{11R}} - 1)\right]\right.\end{aligned}$$

$$
+\frac{11\pi D}{EA}\left[\frac{\gamma_e gR}{k_0\lambda}-\frac{\gamma_e' gR}{k_0'\lambda'}-\frac{\gamma_e gR}{k_0\lambda}\cdot e^{-\frac{\lambda k_0 Z_D}{11R}}\right](-11R)\cdot\left[e^{\frac{\lambda' k_0'(Z_D-Z_A)}{11R}}-1\right]
$$

$$
\left.+\frac{11\pi D}{A}\gamma_e' gR(Z_A-Z_D)\right\}(Z_B-Z_A)
$$

$$
+\frac{\pi D\tau_A}{EA(Z_B-Z_A)}\left\{-\frac{Z_B^3-Z_A^3}{6}+Z_B\frac{Z_B^2-Z_A^2}{2}+\left[\frac{Z_A^2}{2}-Z_AZ_B\right](Z_B-Z_A)\right\}+u_0 \tag{3-74}
$$

(2) 下弹性段(*BC* 段)井筒及其周侧土体竖向变形分析

沿表土深度需确定的未知数有两个:塑性段与弹性段的分界面 Z_A 和上弹性段与下弹性段的分界面 Z_B。对于这样两个未知数,仅依靠一个方程(3-74)式是解不出来的,因此还必须寻找另外一个方程。因 *B* 界面处,土与井筒具有同样的竖向位移,所以又可以再建立一个关于 Z_A 和 Z_B 的方程式。为此,需首先求解 *B* 界面处井筒和土的竖向位移。

① 下弹性段井筒周侧表土竖向变形分析

对于 *BC* 段表土的竖向位移,其计算方法与 *AB* 段表土的竖向位移相同,应首先计算出水位变化前后有效应力的增量,然后利用胡克定律推导出该段土体的竖向压缩量。

令水位变化前后有效应力的增量为 $\Delta(\sigma_v)_z$,则结合式(3-45)、式(3-59)可获得该有效应力的增量如下:

$$
\begin{aligned}
\Delta(\sigma_v)_z &= (\sigma_v)_z-[\gamma_e gH_1+\gamma_e' g\cdot(Z-H_1)]\\
&=\left\{\frac{C_0}{11R}\left[-\frac{1}{3}(Z^3-Z_B^3)+\frac{1}{2}(L+Z_B)(Z^2-Z_B^2)-L\cdot Z_B\cdot\right.\right.\\
&\quad\left.\left.(Z-Z_B)\right]+(\sigma_v)_B+\gamma_e' g(Z-Z_B)\right\}-[\gamma_e gH_1+\gamma_e' g\cdot(Z-H_1)]
\end{aligned} \tag{3-75}
$$

进而可求解出 *BC* 段表土的竖向位移如下:

$$
\begin{aligned}
w(BC)_t &= \int_{Z_B}^{L}\frac{\Delta(\sigma_v)_z}{E_S}dz\\
&=\frac{1}{E_S}\left\{\frac{C_0}{11R}\left[-\frac{1}{12}(L^4-Z_B^4)+\frac{1}{3}Z_B^3(L-Z_B)+\frac{1}{2}(L+Z_B)\cdot\right.\right.\\
&\quad\left.\left(\frac{1}{3}L^3-\frac{1}{3}Z_B^3-Z_B^2L+Z_B^3\right)-L\cdot Z_B\cdot\left(\frac{1}{2}L^2-\frac{1}{2}Z_B^2-Z_BL+Z_B^2\right)\right]\\
&\quad\left.+[-\gamma_e' gZ_B+(\sigma_v)_B]-(\gamma_e gH_1-\gamma_e' gH_1)(L-Z_B)\right\}
\end{aligned} \tag{3-76}
$$

② 下弹性段井筒竖向变形分析

该段井筒的竖向变形由两部分组成:① *B* 截面以上向下竖向附加力导致的 *BC* 段井筒的压缩变形;② *BC* 段井筒承受的向上竖向附加力导致的 *BC* 段井筒的拉伸变形。

首先来计算第一种因素导致的压缩变形。为此需先计算出 *BC* 段井筒中因 *B*

截面以上部位井筒外壁所承受的竖向附加力的作用而产生的轴力 N_B 的大小。

由式(3-63)、式(3-67)、式(3-68)和式(3-70)可得 N_B 的数值如下：

$$N_B = 11\pi D\gamma_e gR\left[Z_D + \frac{11R}{\lambda k_0}(e^{-\frac{\lambda k_0 Z_D}{11R}} - 1)\right] + 11\pi D\left[\frac{\gamma_e gR}{k_0\lambda} - \frac{\gamma'_e gR}{k'_0\lambda'} - \frac{\gamma_e gR}{k_0\lambda}\cdot e^{-\frac{\lambda k_0 Z_D}{11R}}\cdot\right](-11R)\cdot\left[e^{\frac{\lambda' k'_0(Z_D - Z_A)}{11R}} - 1\right] + 11\pi D\gamma'_e gR(Z_A - Z_D) + \frac{\pi D\tau_A}{(Z_B - Z_A)}\left[\frac{Z_B^2}{2} + \frac{Z_A^2}{2} - Z_A Z_B\right] \tag{3-77}$$

将上式代入式(3-48)并将积分上限改为 L，即可求得 BC 段井筒因轴力 N_B 的作用而发生的压缩量 $\Delta L_{BC下}$ 如下：

$$\Delta L_{BC下} = \int_{Z_B}^{L}\frac{N_B}{EA}dz = \frac{N_B}{EA}\cdot(L - Z_B) \tag{3-78}$$

对于第二部分因井筒承受的向上竖向附加力导致的 BC 段井筒的拉伸变形 $\Delta L_{BC上}$，可同理于公式(3-50)来进行计算，不同之处仅在于积分下限，此处的积分下限应为 Z_B。

$$\Delta L_{BC上} = \int_{Z_B}^{L}\frac{N_Z}{EA}dz = \frac{2\pi RC_0}{EA}\left[-\frac{1}{12}(L^4 - Z_B^4) + \frac{1}{6}(L + Z_B)(L^3 - Z_B^3) - \frac{LZ_B}{2}(L^2 - Z_B^2) + \left(\frac{1}{2}LZ_B^2 - \frac{1}{6}Z_B^3\right)(L - Z_B)\right] \tag{3-79}$$

从而可得到 BC 段井筒总的竖向变形为：

$$\Delta L_{BC} = \Delta L_{BC下} - \Delta L_{BC上} = \frac{N_B}{EA}(L - Z_B) - \frac{2\pi RC_0}{EA}\left[-\frac{1}{12}(L^4 - Z_B^4) + \frac{1}{6}(L + Z_B)(L^3 - Z_B^3) - \frac{LZ_B}{2}(L^2 - Z_B^2) + \left(\frac{1}{2}LZ_B^2 - \frac{1}{6}Z_B^3\right)(L - Z_B)\right] = (\omega_j)_{Z=Z_B} \tag{3-80}$$

③ 下弹性段井筒周侧土体的竖向变形与相应段井筒竖向变形之间的关系

将式(3-76)和式(3-80)代入式(3-57)，即可获得确定 A、B 截面位置的第二个方程如下：

$$\frac{N_B}{EA}\cdot(L - Z_B) - \frac{2\pi RC_0}{EA}\left[-\frac{1}{12}(L^4 - Z_B^4) + \frac{1}{6}(L + Z_B)(L^3 - Z_B^3) - \frac{LZ_B}{2}\times(L^2 - Z_B^2) + \left(\frac{1}{2}LZ_B^2 - \frac{1}{6}Z_B^3\right)(L - Z_B)\right]$$

$$= \frac{1}{E_S}\left\{\frac{C_0}{11R}\left[-\frac{1}{12}(L^4 - Z_B^4) + \frac{1}{3}z_B^3(L - Z_B) + \frac{1}{2}(L + Z_B)\left(\frac{1}{3}L^3 - \frac{1}{3}Z_B^3 - Z_B^2 L + Z_B^3\right)\right.\right.$$

$$- L \cdot Z_B \cdot \left(\frac{1}{2} L^2 - \frac{1}{2} Z_B^2 - Z_B L + Z_B^2 \right) \Big]$$

$$+ \left[- \gamma'_e g Z_B + (\sigma_v)_B - \left(\gamma_e g H_1 - \gamma'_e g H_1 \right) \right] (L - Z_B) \Big\} \tag{3-81}$$

至此，为了确定 A、B 两截面的位置，我们已经推导出了(3－74)式和(3－81)式两个方程。在这两个方程中仅有 Z_A 和 Z_B 两个未知数，因此，必存在一组满足该两方程的解析解。但仔细分析这两个方程，我们不难发现：直接求得 Z_A 和 Z_B 的解析表达式不仅十分困难，甚至不可能。但对于具体的实例，利用计算机的计算功能得到 Z_A 和 Z_B 的具体数值则是完全可能的，届时可通过反复调整 Z_A 和 Z_B 的数值使得(3－74)式和(3－81)式两个方程同时得以满足的方法来获得 Z_A 和 Z_B 的具体解答。调整 Z_A 和 Z_B 的数值时需注意 Z_A 和 Z_B 之间的关系，即 $Z_A<Z_B$，且 $Z_B<L$。

3.3.7　本节小结

本节通过表土沉降过程中井筒与周侧表土之间的相互作用分析，首先揭示了表土沉降过程中立井次生地压的存在，从而客观地论证了长期以来应用于井壁结构设计中的挡土墙静土压力公式和重液理论公式的不完善性。依据弹性薄板理论和静不定问题的求解理论得出了井筒各部位次生地压的分布规律和相应部位竖向附加力的分布规律，为深厚表土层中井壁结构的优化设计奠定了理论基础。并揭示出了竖向附加力中性层位置的存在及求解的解析公式。

上述的理论成果不仅为立井井壁破裂机理的正确分析提供了理论依据，而且也为井壁破裂预测理论的建立奠定了理论基础。

3.4　立井井筒破裂应力分析及其与地下水位之间对应关系研究

表土沉降过程中，立井井筒受力与变形的影响因素主要有4个：(1) 表土沉降；(2) 温度变化；(3) 地压；(4) 重力。4因素有机叠加就构成了立井井筒的整体受力与变形。

3.4.1　表土沉降对井筒受力的影响

关于表土沉降对井筒受力的影响在3.3节部分已做了详细的分析，此处不再重复，下面着重分析其余三因素的影响作用。

3.4.2 温度变化对井筒受力的影响

由于井筒外壁所接触表土的温度基本恒定，而流经井筒空气的温度却随着季节交替不断地发生变化，因此，井筒内外壁之间的温差始终都存在着（$T_a = T_0 = T_b$ 时除外），这种温差既会导致竖向温度应力，同时还会导致环向和径向温度应力。3.1 节中的立井井壁破裂特征告诉我们：立井井壁的破裂主要发生在每年的 6～8 月份，井壁破裂的这一时间性足以证明井壁破裂中温度的影响。下面就这方面的一些实测资料做一简单的介绍。

1. 井筒内气温变化对井壁受力的影响

在我国的很多矿区，进风井内空气年温差一般可达 30 ℃[126]之多，某些地方最高温差可达 44 ℃（淮南矿区冬季最低气温可达 -6 ℃，而夏季最高气温可达 38 ℃），如此大的温差，加上表土段壁座（或基岩段）及表土摩擦力的约束，每年夏季井壁内产生较大的温度应力是不可避免的。我国绝大多数的井壁破裂时间主要集中在每年的 4～10 月份，其中多数又发生在 6～8 月份（见表 3.1），也充分表明温度变化对井壁破裂的影响是不容忽视的。

温度变化对井壁破裂的影响除了从井壁破裂的时间特性方面可得以说明之外，还可从许多现场的实测资料中加以证实。迄今为止已有许多专家、教授和煤矿企业从事过此方面的研究，如淮南矿业学院汪仁和教授对临涣矿主井的井壁应力监测（见图 3.21、图 3.22）[36]，中国矿业大学的吕恒林、崔广心等人对鲍店南风井所做的井壁温度、变形监测（见图 3.23）[37]，张双楼矿对风井井壁的变形监测[33,34]。

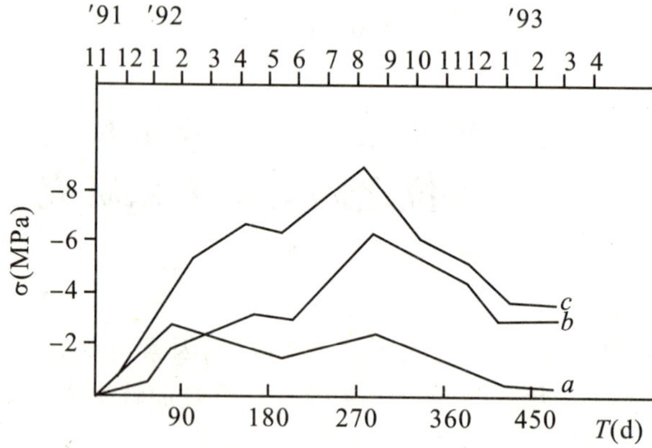

图 3.21 井壁竖向应力增量随时间变化曲线

a、b、c 分别代表 -100 m、-200 m、-240 m 水平的曲线

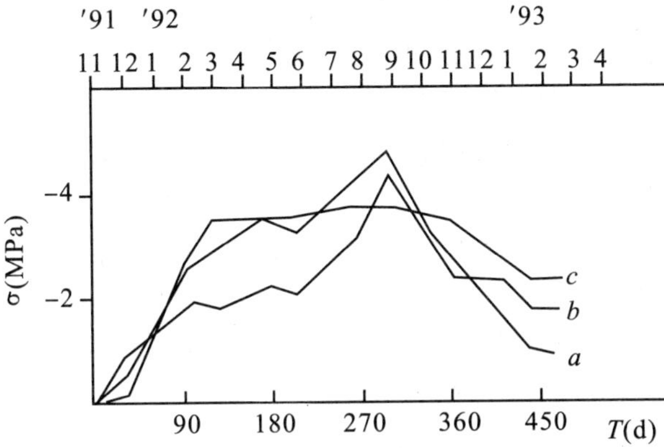

图 3.22　井壁环向应力增量随时间变化曲线

a、*b*、*c* 分别代表 **−100 m**、**−200 m**、**−240 m** 水平的曲线

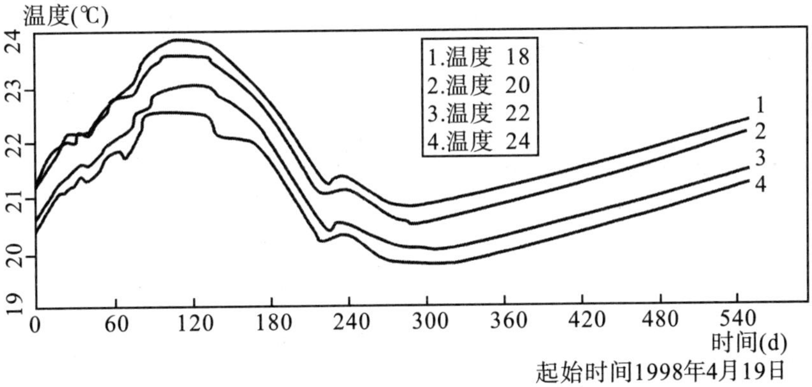

图 3.23　鲍店南风井第三测试水平(垂深 139.5 m)温度—时间曲线

从汪仁和教授的监测结果可知,临涣主井−240 m 水平处的冬夏竖向温度应力的差值为 4.22 MPa(8.63 MPa − 4.41 MPa),环向应力的差值为 2.41 MPa(4.65 MPa − 2.24 MPa)。

从鲍店南风井垂深 139.5 m 处 1 年半时间内的温度变化规律可知井壁内温度变化幅度约为 3 ℃(图 3.23),最高温度区在 7～9 月，约为 23 ℃，最低温度区在 1 月底，约为 20 ℃，同时根据资料[37]所记载的该水平处的应变—时间变化规律可求得 1 年内温度应力差值最大为 0.9 MPa，即表土与基岩交界面附近的井壁在最高温度时间段内附加温度压应力为 0.9 MPa。

从张双楼风井的变形检测可发现,夏季井壁的变形会因温度的升高而发生明显的变化。

此处值得一提的是,上述两井筒的应力计算所依赖的应变测试均存在着特殊情况,即:临涣主井的应变测试(−240 m 水平)是在主井套壁加固后进行的,而鲍店南风井的应变测试则发生在卸压槽施工完毕之后，因此，未经处理过的井壁所产生的温度应力应较上述相应的应力值大得多。一般情况下，由温度变化所产生的井壁竖向温度应力的范围在 2～8 MPa[71]，其中回风井因其井筒内的空气受过巷道围岩温度的调节，年温差幅度较小，相应的井壁温度应力的数值也相对较小。

2. 井壁内温度应力分析

立井井筒因温度升高通常会发生纵向和横向两方向的尺寸膨胀。纵向膨胀会引发表土对井筒产生向下的竖向附加力作用，导致井筒横截面上产生竖向温度应力。而横向膨胀除了引起环向温度应力之外，根据复杂应力状态下的胡克定律可知：此时还会产生竖向应力。下面就两种情况分别进行讨论。

(1) 竖向膨胀引起的温度应力

众所周知，气温升高会导致井筒沿轴向伸长，由于表土段下部壁座或基岩的约束，这一伸长行为只能沿轴向向上发生，如此一来势必会造成井筒与表土之间的相互剪切，使得井筒遭受竖向温度附加力的作用。根据前面对塑性剪切力和弹性剪切力的分析，此处不难推断：井筒向上膨胀的过程中，在井筒所穿越的整个表土层深度内，井筒与表土之间的剪切变形也可划分为两个明确的范围——塑性剪切带和弹性剪切带，具体见图 3.24。

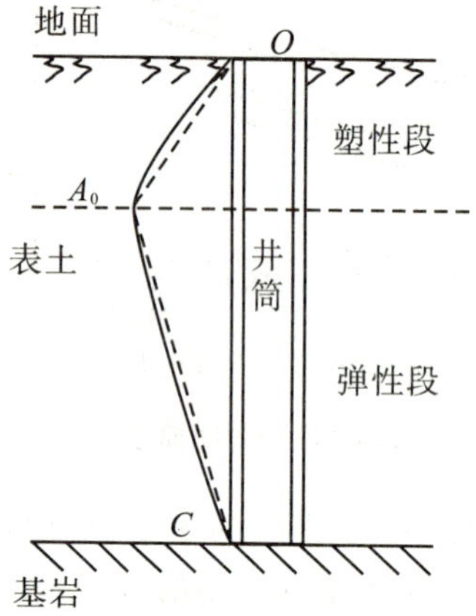

图 3.24　竖向附加力的弹性段与塑性段

根据前面关于竖向附加力分布规律的研究可知，此处无论是塑性段范围内土与井筒之间的塑性剪切力，还是弹性段范围内土与井筒之间的弹性剪切力，它们沿井筒轴向均应呈曲线分布，但从后面的计算实例中我们不难发现，因温度升高所引起的塑性剪切段的范围 OA_0 的长度较表土段的深度 OC 的长度要小得多，即 A_0 截面所处的深度很小，因此，此时 OA_0 段塑性剪切力的分布应接近于线性分布，计算时可按线性处理。对于 A_0C 弹性剪切段，为计算方便起见，此处也可近似地按线性处理，这样近似处理的结果必然会造成一定的误差，但由于温度应力在整个井壁应力中所占比例有限，因此线性处理后所引起的总的误差是很小的，可忽略不计。

为了计算竖向膨胀引发的温度应力，此处需首先确定 A_0 截面的位置。

① 弹塑性段交界面位置的确定

弹塑性段交界面位置的确定属固体力学中的静不定问题，此处可利用 A_0C 段井筒受热自由伸长量 ΔL_t 和在竖向温度附加力作用下的缩短量 ΔL_{tf} 之差等于 u_0 来确定。

如图 3.25 所示，为了求得 ΔL_{tf}，必须先确定 N_Z；而求解 N_Z，又必须先确定 f_{A_0}、f_Z。由于 A_0 截面为弹性段与塑性段的交界面，故其值应为：

$$f_{A_0} = \gamma_e \cdot g \cdot Z_{A_0} \cdot \lambda \cdot k_0 \tag{3-82}$$

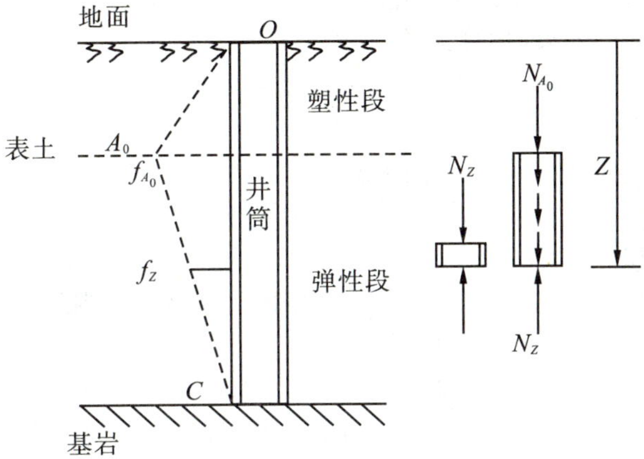

图 3.25　立井井壁受力分析

依据相似三角形的比例关系：

$$\frac{f_Z}{f_{A_0}} = \frac{L - Z}{L - Z_{A_0}} \quad (Z_{A_0} \leqslant Z \leqslant L)$$

即可求得 f_Z 如下：

$$f_Z = \frac{L - Z}{L - Z_{A_0}} \cdot f_{A_0} = \frac{L - Z}{L - Z_{A_0}} \cdot \gamma_e \cdot g \cdot z_{A_0} \cdot \lambda \cdot k_0 \quad (Z_{A_0} \leqslant Z \leqslant L) \tag{3-83}$$

于是可求得 N_Z 如下：

$$\begin{aligned} N_Z &= \frac{1}{2}(f_{A_0} \cdot 2\pi R) \cdot L - \frac{1}{2}(f_Z \cdot 2\pi R) \cdot (L - Z) \\ &= \gamma_e g Z_{A_0} \lambda k_0 \pi R \left(\frac{-LZ_{A_0} + 2LZ - Z^2}{L - Z_{A_0}}\right) \quad (Z_{A_0} \leqslant Z \leqslant L) \end{aligned} \tag{3-84}$$

再将上式代入拉压胡克定律，即可求得 ΔL_{tf} 如下：

$$\begin{aligned} \Delta L_{tf} &= \int_{Z_A}^{L} \frac{N_Z}{EA} \mathrm{d}z = \frac{\pi R \gamma_e g Z_{A_0} \lambda k_0}{EA(L - Z_{A_0})} \int_{Z_A}^{L} (-LZ_{A_0} + 2LZ - Z^2) \mathrm{d}z \\ &= \frac{\pi R \gamma_e g Z_{A_0} \lambda k_0}{EA(L - Z_{A_0})} \left[-LZ_{A_0}(L - Z_{A_0}) + L(L^2 - Z_{A_0}^2) - \frac{L^3 - Z_{A_0}^3}{3})\right] \\ &= \frac{\pi R \gamma_e g Z_{A_0} \lambda k_0 (L - Z_{A_0})(2L + Z_{A_0})}{3EA} \end{aligned} \tag{3-85}$$

对于 A_0C 段井筒的热胀伸长量，则需根据物理学中的热胀冷缩理论[127]求得：

$$\Delta L_t = \alpha \cdot \Delta T \cdot l_{A_0C} \tag{3-86}$$

上列诸式中，L 为表土段的井筒长度，单位 m；Z_{A_0} 为 A_0 截面距井口的距离，单位 m；A 为井筒的横截面面积，单位 m^2；R 为井筒外半径，单位 m；γ_e 为表土的平均容重，单位 kg/m^3；E 为井壁的弹性模量，单位 Pa；α_f 为立井井壁的材料膨胀系数，$\alpha_f = 10\times10^{-6}$；$\lambda$ 为表土的侧压系数，$\lambda = \mathrm{tg}^2(45^\circ - \varphi/2)$，$\varphi$ 为表土的内摩擦角；k_0 为表土与井壁间的摩擦因素，$k_0 = \mathrm{tg}\varphi_0$，$\varphi_0$ 为表土与井壁之间的内摩擦角，不同表土的一般 k_0 值详见资料[97]。

在上述各参数中，除 ΔT 之外，其余参数均可从有关资料中客观地直接引用。下面着重研究 ΔT 的确定。

由于内外壁温差的存在，此处的 ΔT 并非是我们计算应力时的外井壁温度同外井壁基准温度 T_0 的直接差值，而是一个相当数值，由这一相当数值计算得来的外井壁纵向方向的伸长量 $\Delta L = \alpha_f\cdot\Delta T\cdot l_{A_0C}$ 同外井壁因温度变化及内外壁温差作用下所发生的伸长量应相等。关于外井壁因温度变化及内外壁温差作用下所发生的伸长量可根据温度应力场理论计算得来。

由于流经井筒的空气温度梯度仅为 0.8～1.0 ℃/100 m[128]，而表土自恒温带以下的温度梯度也约为 1.0 ℃/100 m，因此内壁温度沿轴向变化梯度很小，故此处内井壁温度可近似视为常数，以平均值 T_a 代入计算（因此而导致的最终误差小于 0.15%）。根据资料[129]，对于两端自由的空心圆柱体，其温度应力应为：

$$\begin{cases}(\sigma_r)_{\mathrm{td}} = \dfrac{\alpha_f\cdot E}{1-u}\cdot\dfrac{T_a - T_b}{2\ln\dfrac{b}{a}}\left[-\ln\dfrac{b}{r} + \dfrac{a^2}{b^2-a^2}\left(\dfrac{b^2}{r^2}-1\right)\ln\dfrac{b}{a}\right]\\ (\sigma_\theta)_{\mathrm{td}} = \dfrac{\alpha_f\cdot E}{1-u}\cdot\dfrac{T_a - T_b}{2\ln\dfrac{b}{a}}\left[1-\ln\dfrac{b}{r} - \dfrac{a^2}{b^2-a^2}\left(\dfrac{b^2}{r^2}+1\right)\ln\dfrac{b}{a}\right]\\ (\sigma_z)_{\mathrm{td}} = \dfrac{\alpha_f\cdot E}{1-u}\cdot\dfrac{T_a - T_b}{2\ln\dfrac{b}{a}}\left[1-2\ln\dfrac{b}{r} - \dfrac{2a^2}{b^2-a^2}\ln\dfrac{b}{a}\right]\end{cases} \tag{3-87}$$

将式(3-87)代入下式[129]：

$$\begin{cases}\varepsilon_z = \dfrac{1}{E}\{(\sigma_z)_{td} - u[(\sigma_r)_{td} + (\sigma_\theta)_{td}]\} + \alpha_f\cdot T\\ \varepsilon_\theta = \dfrac{1}{E}\{(\sigma_\theta)_{td} - u[(\sigma_z)_{td} + (\sigma_r)_{td}]\} + \alpha_f\cdot T\end{cases} \tag{3-88}$$

经整理可得：

$$\varepsilon_z = \frac{\alpha_f\cdot(T_a - T_b)}{2\ln\dfrac{b}{a}}\left[1-2\ln\frac{b}{r} - \frac{2a^2}{b^2-a^2}\ln\frac{b}{a}\right] + \alpha_f\cdot T \tag{3-89}$$

式中，

$$T = T_a\cdot\left[\ln\left(\frac{b}{r}\right)/\ln\left(\frac{b}{a}\right)\right] + T_b\left[\ln\left(\frac{a}{r}\right)/\ln\left(\frac{a}{b}\right)\right] \tag{3-90}$$

将 $\varepsilon_z|_{r=b}$ 同 A_0C 段井壁长度相乘，即可得 A_0C 段井壁因温度变化及内外壁温差作用下所发生的伸长量为：

$$\Delta L_t = l_{A_0C}\cdot\varepsilon_z = \frac{\alpha_f\cdot l_{A_0C}(T_a - T_b)}{2\ln\dfrac{b}{a}}\left(1 - \frac{2a^2}{b^2-a^2}\ln\frac{b}{a}\right) + \alpha_f\cdot T_b\cdot l_{A_0C} \tag{3-91}$$

将上式代入式(3-86)并经整理可得：

$$\Delta T = \frac{(T_a - T_b)}{2\ln\frac{b}{a}}\left(1 - \frac{2a^2}{b^2 - a^2}\ln\frac{b}{a}\right) + T_b \tag{3-92}$$

将上式代入式(3-86)，可得 ΔL_t 的另一表达式如下：

$$\Delta L_t = \alpha \cdot l_{A_0C} \cdot \left[\frac{(T_a - T_b)}{2\ln\frac{b}{a}}\left(1 - \frac{2a^2}{b^2 - a^2}\ln\frac{b}{a}\right) + T_b\right] \tag{3-93}$$

A_0 截面为塑性段与弹性段的交界面，故 ΔL_t 与 ΔL_{tf} 之间应存在如下的关系：

$$\Delta L_t - \Delta L_{tf} = u_0 \tag{3-94}$$

将式(3-85)和式(3-93)代入上式并进行整理，即可获得 Z_{A_0} 的方程式如下：

$$\alpha \cdot (L - Z_{A_0}) \cdot \left\{\frac{(T_a - T_b)}{2\ln\frac{b}{a}}\left(1 - \frac{2a^2}{b^2 - a^2}\ln\frac{b}{a}\right) + T_b\right\} - \frac{\pi \cdot R \cdot \gamma_e \cdot g \cdot Z_{A_0} \cdot \lambda \cdot k_0(L - Z_{A_0})(2L + Z_{A_0})}{3EA} = u_0 \tag{3-95}$$

对上式进行整理和常量代换，可得：

$$3D_1(L - Z_{A_0}) - D_2 \cdot Z_{A_0}(L - Z_{A_0})(2L + Z_{A_0}) = 3u_0 \tag{3-96}$$

即：

$$D_2 \cdot Z_{A_0}^3 + D_2 L Z_{A_0}^2 - (2D_2 \cdot L^2 + 3D_1)Z_{A_0} + 3D_1 - 3u_0 = 0$$

再次进行常量代换可得：

$$d_1 \cdot Z_{A_0}^3 + d_2 Z_{A_0}^2 + d_3 Z_{A_0} + d_4 = 0$$

上面为一关于 Z_{A_0} 的一元三次方程，利用其求根公式即可获得 Z_{A_0} 的解析公式如下：

$$Z_{A_0} = \sqrt[3]{-\frac{q}{2} + \sqrt{\left(\frac{q}{2}\right)^2 + \left(\frac{p}{3}\right)^3}} + \sqrt[3]{-\frac{q}{2} - \sqrt{\left(\frac{q}{2}\right)^2 + \left(\frac{p}{3}\right)^3}} \tag{3-97}$$

式中，

$$\begin{cases} p = \dfrac{3d_1 d_3 - d_2^2}{3d_1^2}, \quad q = \dfrac{2d_2^3 - 9d_1 d_2 d_3 + 27d_1^2 d_4}{27d_1^3} \\ d_1 = D_2, \quad d_2 = D_2 L, \quad d_3 = -(2D_2 L^2 + 3D_1), \quad d_4 = 3D_1 - 3u_0 \\ D_1 = \alpha \cdot \left\{\dfrac{(T_a - T_b)}{2\ln\frac{b}{a}}\left(1 - \dfrac{2a^2}{b^2 - a^2}\ln\dfrac{b}{a}\right) + T_b\right\}, \quad D_2 = \dfrac{\pi \cdot R \cdot \gamma_e \cdot g \cdot \lambda \cdot k_0}{EA} \end{cases} \tag{3-98}$$

上列诸式中，$(\sigma_r)_{\mathrm{td}}$、$(\sigma_\theta)_{\mathrm{td}}$、$(\sigma_z)_{\mathrm{td}}$ 分别表示因内外壁温差所引起的井壁径向、环向和竖向应力，单位 MN/m²；T_a 为以 T_0 为计算基准所得到的井筒内壁温度，单位℃；T_b 为以 T_0 为计算基准所得到的井筒外壁的温度(整个表土段外井壁的温度值可认为近似相等)，单位℃；a、b 为内、外壁半径，单位 m；r 为井筒内任一点距井筒轴线的距离,单位 m;σ_r、σ_θ、σ_z分别表示距井筒中心 r 处点的径向、环向和竖向应力,单位 MPa;u 为混凝土井壁的泊松比;ε_z、ε_H 分别为距井筒中心 r 处的竖向和环向应变值;l_{A_0C}为 A_0C 段井筒的长度,单位 m。

讨论:T_a、T_b和 T_0的确定

因井筒外壁始终同表土相接,而绝大部分表土的温度一年四季变化极小(除地表附近的浅表土层之外),加上井筒破裂均发生在矿井投产之后的若干年之后,故井筒施工时井帮温度对破裂时井壁应力的影响可忽略不记,根据我国地表温度的分布情况,此处的 T_0温度值可近似等于 18 ℃,则 $T_b = 0$ ℃;至于 T_a,可根据当地夏季最高气温同 T_0的差值确定。

② 竖向膨胀引起的温度应力

由于 OA_0 和 A_0C 段竖向温度附加力的分布规律不同,因此相应的温度应力应分别考虑。

对于 OA_0段,依据图 3.25,OA_0段中任一截面(Z 截面)处的竖向附加力应为:

$$f_Z = \frac{Z}{Z_A} f_{A_0} = \left(\frac{Z}{Z_{A_0}}\right)\gamma_e \cdot g \cdot Z_{A_0} \cdot \lambda \cdot k_0 \quad (0 \leqslant Z \leqslant Z_A) \tag{3-99}$$

于是得:

$$N_Z = \left(\frac{1}{2} f_Z Z\right) \cdot 2\pi R = \left(\frac{Z^2}{Z_{A_0}}\right)\pi R \cdot \gamma_e \cdot g \cdot Z_{A_0} \cdot \lambda \cdot k_0 \quad (0 \leqslant Z \leqslant Z_{A_0}) \tag{3-100}$$

进而可求得该段井筒横截面上因轴向膨胀引起的竖向温度应力的分布规律为:

$$\begin{aligned}(\sigma_Z)_{\text{tae}} &= \frac{N_Z}{A} = \frac{\left(\frac{Z^2}{Z_{A_0}}\right)\pi R \cdot \gamma_e \cdot g \cdot Z_{A_0} \cdot \lambda \cdot k_0}{\pi R^2} \\ &= \left(\frac{Z^2}{Z_{A_0} R}\right)\gamma_e \cdot g \cdot Z_{A_0} \cdot \lambda \cdot k_0 \quad (0 \leqslant Z \leqslant Z_{A_0})\end{aligned} \tag{3-101}$$

对于 A_0C 段,该段任一横截面(Z 截面)上的轴力已由式(3-84)求得,将其除以横截面面积 A_0,即可得到该段井筒横截面上因轴向膨胀引起的竖向温度应力的分布规律为:

$$(\sigma_Z)_{\text{tae}} = \frac{N_Z}{A} = \frac{\gamma_e \cdot g \cdot Z_{A_0} \cdot \lambda \cdot k_0 \cdot \left[L - \frac{(L-Z)^2}{L - Z_{A_0}}\right]}{R} \quad (Z_{A_0} \leqslant Z \leqslant L) \tag{3-102}$$

(2) 径向膨胀引起的温度应力

立井井筒受热发生的膨胀共包括两种情况:① 纵向膨胀;② 径向膨胀。关于纵向膨胀的情况上面已做了较为详细的介绍,下面就径向膨胀来进行研究。

随着温度的升高,立井井壁除了会发生纵向伸长外,同时还会发生径向位移。由于壁外表土的存在,在径向位移的过程中,不可避免地会受到轴对称径向外压的作用。由于此处仅考虑温度影响,不考虑地压作用,且近似认为表土沿轴向均匀分布,故井筒在径向膨胀过程中所遭受的径向外压沿轴向是近似均匀分布的。此种情况下,井壁中径向及环向产生的应力均可由弹性理论[129~130]中的拉梅解答求出,即有:

$$\begin{cases}(\sigma_r)_{\text{tre}} = -\dfrac{b^2r^2 - a^2b^2}{b^2r^2 - a^2r^2}q_b \\ (\sigma_\theta)_{\text{tre}} = -\dfrac{b^2r^2 + a^2b^2}{b^2r^2 - a^2r^2}q_b\end{cases} \tag{3-103}$$

因此种问题属平面应变问题,故再由广义胡克定律[121~125]即可求出相应的竖向应力为:

$$(\sigma_Z)_{\text{tre}} = \mu[(\sigma_r)_{\text{tre}} + (\sigma_Z)_{\text{tre}}] = -\frac{2\mu b^2}{b^2 - a^2}q_b \tag{3-104}$$

式中,$(\sigma_r)_{\text{tre}}$、$(\sigma_\theta)_{\text{tre}}$、$(\sigma_Z)_{\text{tre}}$分别表示径向热膨胀引起的径向、环向和竖向应力,单位 MN/m^2;q_b为井筒受热膨胀过程中承受的来自于表土的压力,它的求解需考虑静不定理论[125,131]、Winkller 地基模型[132~134]及轴对称厚壁圆筒的弹性理论[129,135~136]。如图 3.26 所示,1 为井壁变形前的位置,2 代表不考虑表土阻碍情况下外井壁受热变形后的位置,3 表示在温度及表土共同作用下外井壁的最终平衡位置。根据材料学中的静不定理论[125,131],三者之间应存在如下关系:

$$b \cdot \varepsilon_\theta = S + u_b \tag{3-105}$$

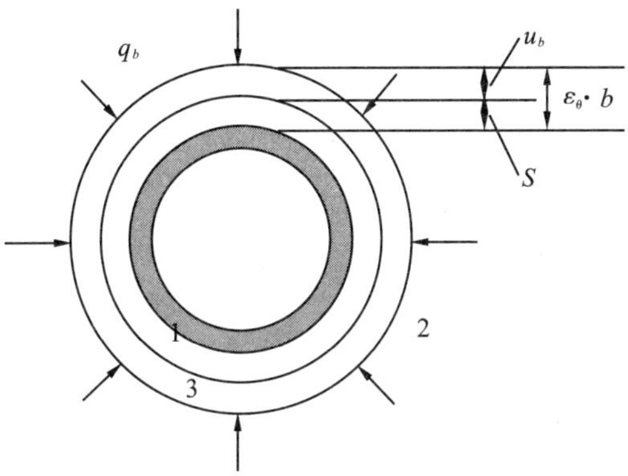

图 3.26　井壁径向变形示意图

上式中的 ε_θ 可由式(3-87)及式(3-88)求得,而 S 及 u_b 可由 Winkller 地基模型和轴对称厚壁圆筒的弹性理论分别求出如下:

$$\begin{cases}S = \dfrac{q_b}{k} \\ u_b = \dfrac{b^2q_b}{E(b^2 - a^2)}\left[\dfrac{(1+\mu)a^2}{b} + (1-\mu)b\right]\end{cases} \tag{3-106}$$

将式(3-106)代入式(3-105),即可求得 q_b 如下:

$$q_b = \frac{b\varepsilon_\theta}{\dfrac{1}{k} + \dfrac{b^2}{E(b^2 - a^2)}\left[\dfrac{(1+u)a^2}{b} + (1-u)b\right]} \qquad (3-107)$$

式中，k 为基床系数，表示发生单位位移所产生的反力，由于此处不考虑地压的影响，因此，k 仅与表土的性质有关，各种性质土的 k 值请见文献[132]，单位 MN/m；S 为外井壁在温度及表土共同作用下产生的位移，单位 m；u_b 为外井壁在压力 q_b 作用下产生的径向位移，单位 m。

(3) 温度变化引起的温度应力

温度变化引起的温度应力应为“竖向膨胀引起的温度应力”与“环向膨胀引起的温度应力”之和，现令该温度应力在竖向、环向和径向的分量分别为 $(\sigma_r)_t$、$(\sigma_\theta)_t$、$(\sigma_Z)_t$，则有：

$$\begin{cases}
(\sigma_r)_t = \dfrac{\alpha_f \cdot E}{1-u} \cdot \dfrac{T_a - T_b}{2\ln\dfrac{b}{a}}\left[-\ln\dfrac{b}{r} + \dfrac{a^2}{b^2-a^2}\left(\dfrac{b^2}{r^2}-1\right)\ln\dfrac{b}{a}\right] - \dfrac{b^2r^2 - a^2b^2}{b^2r^2 - a^2r^2}q_b \\[2ex]
(\sigma_\theta)_t = \dfrac{\alpha_f \cdot E}{1-u} \cdot \dfrac{T_a - T_b}{2\ln\dfrac{b}{a}}\left[1-\ln\dfrac{b}{r} - \dfrac{a^2}{b^2-a^2}\left(\dfrac{b^2}{r^2}+1\right)\ln\dfrac{b}{a}\right] - \dfrac{b^2r^2 + a^2b^2}{b^2r^2 - a^2r^2}q_b \\[2ex]
(\sigma_Z)_t = \dfrac{\alpha_f \cdot E}{1-u} \cdot \dfrac{T_a - T_b}{2\ln\dfrac{b}{a}}\left(1 - 2\ln\dfrac{b}{r} - \dfrac{2a^2}{b^2-a^2}\ln\dfrac{b}{a}\right) - \dfrac{2\mu b^2}{b^2-a^2}q_b \\[2ex]
\qquad - \dfrac{\gamma_e \cdot g \cdot Z_{A_0} \cdot \lambda \cdot k_0 \cdot \left[L - \dfrac{(L-Z)^2}{L - Z_{A_0}}\right]}{R} \quad (Z_{A_0} \leqslant Z \leqslant L) \\[2ex]
(\sigma_Z)_t = \dfrac{\alpha_f \cdot E}{1-u} \cdot \dfrac{T_a - T_b}{2\ln\dfrac{b}{a}}\left(1 - 2\ln\dfrac{b}{r} - \dfrac{2a^2}{b^2-a^2}\ln\dfrac{b}{a}\right) - \dfrac{2\mu b^2}{b^2-a^2}q_b \\[2ex]
\qquad - \left(\dfrac{Z^2}{Z_{A_0}R}\right)\gamma_e \cdot g \cdot Z_{A_0} \cdot \lambda \cdot k_0 \quad (0 \leqslant Z \leqslant Z_{A_0})
\end{cases}$$

(3-108)

3.4.3 地压应力

作为我国 20 世纪 80 年代以前立井井壁结构设计中的两大主要依据，地压因素、井壁及其上井塔的重力因素对立井井壁受力的影响是绝对不容忽视的。由于立井井壁可视为弹性体，其变形可认为是小变形，故该两因素同井壁受力的其他因素对井壁的作用效果可视为是相互独立的、互不影响的，该两因素所引起的井壁应力同其他因素引起的井壁应力在井壁的总应力中可视为相互叠加的关系。故而，对该两因素引起的应力可单独计算，分别研究。

长期以来，立井井筒地压大多采用平面挡土墙地压公式进行计算，即采用下式[137～140]进行计算：

$$p_Z = \gamma_e \cdot Z \cdot \lambda \tag{3-109}$$

虽然崔托维奇曾提出过“太沙基—崔托维奇”立井井筒地压计算公式(3-110)[100]，马英明教授在《立井厚表土层地压的研究和计算》[98]一书中所列的实测资料里明确指出立井表土地压随深度的变化并不显著，甚至接近常数，但由于深厚表土层地压计算的理论问题并没有能够得到很好解决，因此，上述的研究成果没能得到很好的重视，致使长期以来很多井壁结构的设计中仍采用平面挡土墙地压公式计算立井地压。

$$p = \frac{\gamma(R_P - R)}{2\mathrm{tg}\varphi_0} \quad (Z > 2.5(R_P - R)) \tag{3-110}$$

实际上，表土沉降过程中，作用于立井井筒上的地压应力正如中国矿业大学李世平教授在其编著的教材《岩石力学简明教程》[97]一书中所列出的“太沙基—崔托维奇立井地压”计算图所描述的情况相近，与马英明教授所描述的也基本一致，其沿竖向的分布规律在3.3节已经依据里兹法和静力学平衡原理推论出来，具体表达解析式如下，具体的分布规律请见图3.17。

$$\sigma_v = \begin{cases} \dfrac{11\gamma_e gR}{\lambda k_0}\left(1 - \mathrm{e}^{-\frac{\lambda k_0 z}{11R}}\right) \quad (0 \leqslant Z \leqslant Z_D) \\ \left[(\sigma_v)_D - \dfrac{11\gamma_e' gR}{\lambda' k_0'}\right]\mathrm{e}^{-\frac{\lambda' k_0'(Z-Z_D)}{11R}} + \dfrac{11\gamma_e' gR}{\lambda' k_0'} \quad (Z_D \leqslant Z \leqslant Z_A) \\ \dfrac{1}{22R} \times \dfrac{\tau_A}{Z_B - Z_A}Z^2 - \dfrac{1}{11R} \times \dfrac{Z_B\tau_A}{Z_B - Z_A}Z + \gamma_e' g \cdot Z + \left[(\sigma_v)_A - \dfrac{1}{22R} \times \dfrac{\tau_A}{Z_B - Z_A}Z_A^2\right. \\ \quad \left. + \dfrac{1}{11R} \times \dfrac{Z_B\tau_A}{Z_B - Z_A}Z_A - \gamma_e' g \cdot Z_A\right] \quad (Z_A \leqslant Z \leqslant Z_B) \\ \dfrac{C_0}{11R}\left[-\dfrac{1}{3}(Z^3 - Z_B^3) + \dfrac{1}{2}(L + Z_B)(Z^2 - Z_B^2)\right. \\ \quad \left. - L \cdot Z_B \cdot (Z - Z_B)\right] + (\sigma_v)_B + \gamma_e' g(Z - Z_B) \quad (Z_B \leqslant Z \leqslant Z_H) \end{cases} \tag{3-111}$$

水平地压则可按下式进行计算：

$$p_Z = \lambda \cdot \sigma_v \quad (\text{水位上}) \tag{3-112}$$

或

$$p_Z = \lambda' \cdot \sigma_v \quad (\text{水位下}) \tag{3-113}$$

此处各段井壁中地压应力可依据上述各段地应力公式进行计算。具体计算仍应按照弹性力学中的拉梅公式[131,141,142]，即：

$$(\sigma_r)_g = -\frac{b^2r^2 - a^2b^2}{b^2r^2 - a^2r^2}P_Z, \quad (\sigma_\theta)_g = -\frac{b^2r^2 + a^2b^2}{b^2r^2 - a^2r^2}P_Z \tag{3-114}$$

至于因地压作用而引起的竖向应力，仍可由复杂应力状态下的胡克定律求得：

$$(\sigma_Z)_g = \mu[(\sigma_r)_g + (\sigma_\theta)_g] = -\frac{2\mu b^2}{b^2 - a^2}p_z \tag{3-115}$$

上列诸式中，$(\sigma_r)_g$、$(\sigma_\theta)_g$、$(\sigma_z)_g$分别表示地压引起的径向、环向和竖向应力，单位 MN/m^2；L 为表土段的井筒长度，单位 m；Z_A为 A 截面距井口的距离，单位 m；a 为井筒的内壁半径，单位 m；b 为井筒的外壁半径，单位 m；γ_e为疏水后土的平均容重，单位 kg/m^3；γ'_e为饱和土的平均浮容重，单位 kg/m^3；λ'为疏水后土的侧压系数，由资料[99]可知，$\lambda = tg^2(45° - \varphi/2)$，其中 φ 为表土的内摩擦角；λ'为饱和土的侧压系数；k_0为疏水后土与井壁间的摩擦因素，$k_0 = tg\varphi_0$，其中 φ_0为表土与井壁之间的内摩擦角，不同表土的一般 k_0值详见资料[97]；k'_0为饱和土与井壁间的摩擦因素；u 为钢筋混凝土井壁的泊松比；p_Z为 Z 截面处水平侧向压力，单位 N/m^2；R_P为全地层最下面的破裂带半径，单位 m；$R = b$，为立井井筒的外半径，单位 m。

立井地压的分布是一个较为复杂的问题，它随着地下水水位的变化而变化，应以一个动态的观点来对待它，只有这样才能得出立井井壁地压应力的正确解答，具体分析这一问题时，应仔细理解图 3.17 所示的立井井筒次生地压分布规律示意图。

3.4.4　重力应力

重力应力是由立井井壁及其上井塔的重量所引起的井壁中的应力。由于表土段立井井筒和井塔的重量会在冻结壁解冻之时因作用于立井井筒外壁上的向上摩擦力消失而直接转作用于表土段壁座之上，或表土之下的基岩段岩石上，故重力应力与其他应力之间可视为一种叠加关系。

此处的重力应力由两部分构成：井塔引起的重力应力和井壁自身重量引起的重力应力，其值可计算如下：

$$(\sigma_z)_w = \frac{G_{井塔} + \rho_c \cdot g \cdot z \cdot A}{A} = \frac{G_{井塔}}{A} + \rho_c \cdot g \cdot z \tag{3-116}$$

式中，$(\sigma_z)_w$ 为井壁自重应力，单位 MN/m^2；$G_{井塔}$为作用在立井井筒上的井塔重量，单位 kN；γ 为钢筋混凝土井壁的容重，单位 kg/m^3。

3.4.5　立井井壁应力分布规律

1. 立井井壁应力构成

立井井壁的构成取决于立井井壁的受力因素。对于表土沉降阶段的立井井壁，其受力因素主要有 4 个[143]：① 井塔和表土段立井井壁的自重；② 作用于立井井筒的水平地压；③ 温度变化引起的温度应力；④ 表土沉降引发的作用于立井井筒外壁上的竖向附加力。对于上述 4 个不同的因素，在井壁中产生的相应应力分别称为“自重应力”、“地压应力”、“温度应力”和“附加应力”。

此处需注意的是：在计算井壁总应力时，地压应力与其他应力之间可以直接地进行叠加，但纵向膨胀引起的温度应力和表土段沉降引起的附加应力之间却不可以直接叠加。具体原因分析如下。

2．竖向附加力的合成

如图3.27所示，(a)图为表土沉降引起的竖向附加力分布规律图，(b)图为纵向膨胀引起的温度竖向附加力的简化分布图，(c)图为竖向温度附加力和竖向沉降附加力的合成图。

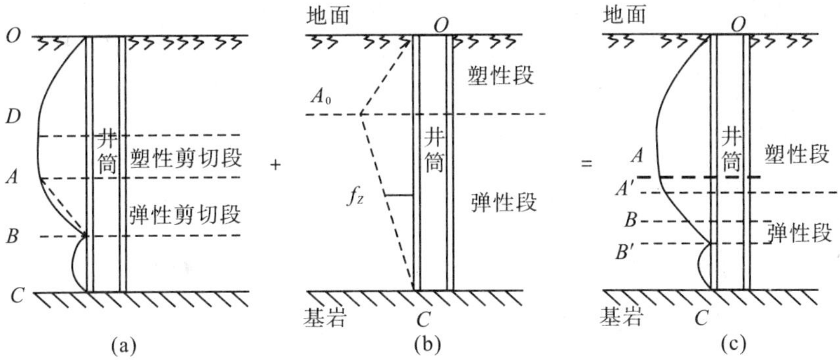

图3.27　竖向温度附加力与竖向沉降附加力合成图

图3.27中，A'截面处，(a)、(b)两图中竖向附加力叠加之后的数值正好达到该位置处滑动摩擦力的数值(塑性剪切力数值)；B'截面处，(a)、(b)两图中竖向附加力叠加之后的数值正好为零。由于竖向塑性剪切力具有确定的上限值，即井壁同表土之间的摩擦力最大也只能达到滑动摩擦力或最大静摩擦力，因此A'截面之上，竖向附加力的分布规律仍应同公式(3-17)和(3-23)所描述的规律，即：

$$\begin{cases}\tau_z = k_0\lambda(\sigma_v)_z = 11\gamma_e gR\left(1 - e^{-\frac{\lambda k_0 Z}{11R}}\right) & (\text{水位上}) \\ \tau_z = k_0'\cdot\lambda'\left\{\left[(\sigma_v)_D - \dfrac{11\gamma_e' gR}{\lambda' k_0'}\right]e^{-\frac{\lambda' k_0'(Z-Z_D)}{11R}} + \dfrac{11\gamma_e' gR}{\lambda' k_0'}\right\} & (\text{水位下})\end{cases} \tag{3-117}$$

对于$A'B$段，其竖向附加力为弹性竖向附加力，方向向下，其数值应等于图3.27(a)中对应于$A'B$范围的竖向附加力与图3.27(b)中相应范围的竖向附加力之和；对于BB'段，竖向附加力方向向下，其值应为图3.27(a)中对应于BB'范围的竖向附加力与图3.27(b)中相应范围的竖向附加力之差，即：

$$\begin{cases}\tau_z = \dfrac{\tau_A(Z_B - Z)}{Z_B - Z_A} + \dfrac{L - Z}{L - Z_{A_0}}\cdot\gamma_e\cdot g\cdot Z_{A_0}\cdot\lambda\cdot k_0 & (Z_{A'}\leqslant Z\leqslant Z_B) \\ \tau_z = \dfrac{L - Z}{L - Z_{A_0}}\cdot\gamma_e\cdot g\cdot Z_{A_0}\cdot\lambda\cdot k_0 - C_0(L - Z)(Z - Z_B) & (Z_B\leqslant Z\leqslant Z_{B'})\end{cases} \tag{3-118}$$

对于$B'C$段，其竖向附加力为方向向上的弹性竖向附加力，其数值应等于图3.27(a)中对应于$B'C$范围的竖向附加力与图3.27(b)中相应范围的竖向附加力之差，即：

$$\tau_z = C_0(L-Z)(Z-Z_B) - \frac{L-Z}{L-Z_{A_0}} \cdot \gamma_e \cdot g \cdot Z_{A_0} \cdot \lambda \cdot k_0 \quad (Z_{B'} \leqslant Z \leqslant L) \tag{3-119}$$

3. 对应于竖向附加力的井壁竖向应力

根据上述的分析，立井井筒共分为5个范围，每个范围内竖向附加力的分布规律各不相同(见式(3-117)～(3-119))，因此导致了因竖向附加力而产生的井壁竖向应力也存在着5个不同的分布规律。对应于表土段立井井壁5个不同的部分，每个部分的井壁竖向应力均可依据高等数学中的微元法求得，具体求解如下：

(1) 对应于竖向附加力的井壁竖向轴力

OD 段(水位上)($0 \leqslant Z \leqslant H_2$)：

$$N_Z = 2\pi R\int_0^Z \tau_Z \mathrm{d}z = 2\pi R\int_0^Z 11\gamma_e gR(1-\mathrm{e}^{-\frac{\lambda k_0 Z}{11R}})\mathrm{d}z$$

$$= 22\pi\gamma_e gR^2\left(Z + \frac{11R}{\lambda k_0}\mathrm{e}^{-\frac{\lambda k_0 Z}{11R}} - \frac{11R}{\lambda k_0}\right) \quad (0 \leqslant Z \leqslant H_2) \tag{3-120}$$

DA' 段(水位下)($Z_D \leqslant Z \leqslant Z_A$)：

$$N_Z = \int_{Z_D}^Z \pi D\tau_z \mathrm{d}z + N_D$$

$$= 11\pi D\left(\frac{\gamma_e gR}{\lambda k_0} - \frac{\gamma_e' gR}{\lambda' k_0} - \frac{\gamma_e gR}{\lambda k}\cdot \mathrm{e}^{-\frac{\lambda k_0 Z_D}{11R}}\right)(-11R)\cdot\left[\mathrm{e}^{\frac{\lambda' k_0'(Z_D - Z)}{11R}} - 1\right]$$

$$+ 11\pi D\gamma_e' gR(Z-Z_D) + 22\pi\gamma_e gR^2\left(Z_D + \frac{11R}{\lambda k_0}\mathrm{e}^{-\frac{\lambda k_0 Z_D}{11R}} - \frac{11R}{\lambda k_0}\right)$$

$$(Z_D \leqslant Z \leqslant Z_A) \tag{3-121}$$

$A'B$ 段($Z_{A'} \leqslant Z \leqslant Z_B$)：

$$N_Z = 2\pi R\int_{Z_{A'}}^Z \left[\frac{\tau_A(Z_B - Z)}{Z_B - Z_A} + \frac{L-Z}{L-Z_{A_0}}\cdot\gamma_e\cdot g\cdot Z_{A_0}\cdot\lambda\cdot k_0\right]\mathrm{d}z + N_{A'}$$

$$= 2\pi R\left[\left(\frac{\tau_A Z_B}{Z_B - Z_A} + \frac{L\gamma_e g Z_{A_0}\lambda k_0}{L-Z_{A_0}}\right)(Z - Z_{A'})\right.$$

$$\left.-\left(\frac{\tau_A}{Z_B - Z_A} + \frac{\gamma_e\cdot g\cdot Z_{A_0}\cdot\lambda\cdot k_0}{L-Z_{A_0}}\right)\frac{Z^2 - Z_{A'}^2}{2}\right] + N_{A'}$$

$$(Z_{A'} \leqslant Z \leqslant Z_B) \tag{3-122}$$

BB' 段($Z_B \leqslant Z \leqslant Z_{B'}$)：

$$N_z = 2\pi R\int_{Z_B}^Z \left[\frac{L-Z}{L-Z_{A_0}}\cdot\gamma_e\cdot g\cdot Z_{A_0}\cdot\lambda\cdot k_0 - C_0(L-Z)(Z-Z_B)\right]\mathrm{d}z + N_B$$

$$= \frac{2\pi RL}{L-Z_{A_0}}\cdot\gamma_e\cdot g\cdot Z_{A_0}\cdot\lambda\cdot k_0(Z-Z_B) - \frac{\pi R\cdot\gamma_e\cdot g\cdot Z_{A_0}\cdot\lambda\cdot k_0}{L-Z_{A_0}}\cdot$$

$$(Z^2 - Z_B^2) - 2\pi RC_0\left[\frac{L}{2}(Z^2 - Z_B^2) - LZ_B(Z-Z_B) - \frac{1}{3}(Z^3 - Z_B^3)\right.$$

$$\left.+\frac{Z_B}{2}(Z^2 - Z_B^2)\right] + N_B \quad (Z_B \leqslant Z \leqslant Z_B') \tag{3-123}$$

$B'C$ 段（$Z_{B'}\leqslant Z\leqslant L$）：

$$\begin{aligned}N_Z &= -2\pi R\int_{Z_{B'}}^{Z}\left[C_0(L-Z)(Z-Z_B)-\frac{L-Z}{L-Z_{A_0}}\cdot\gamma_e\cdot g\cdot Z_{A_0}\cdot\lambda\cdot k_0\right]\mathrm{d}z+N_{B'}\\ &=\left\{-\frac{2\pi RL}{L-Z_{A_0}}\gamma_e gZ_{A_0}\lambda k_0(Z-Z_{B'})+\frac{\pi R\gamma_e gZ_{A_0}\lambda k_0}{L-Z_{A_0}}(Z^2-Z_{B'}^2)\right.\\ &\quad\left.+2\pi RC_0\left[\frac{L}{2}(Z-Z_{B'}^2)-LZ_B(Z-Z_{B'})-\frac{1}{3}(Z^3-Z_{B'}^3)+\frac{Z_B}{2}(Z^2-Z_{B'}^2)\right]\right\}\\ &\quad+N_{B'}\quad(Z_B{}'\leqslant Z\leqslant L)\end{aligned}\tag{3-124}$$

（2）对应于竖向附加力的井壁竖向应力

将式(3－120)至式(3－124)所表示的各段井筒横截面上的轴力除以井筒的横截面面积，即可得到表土段立井井筒横截面上因竖向附加力的作用而产生的竖向应力分布规律，即：

$$(\sigma_z)_{\mathrm{a}}=\frac{N_Z}{A}$$

$$=\begin{cases}\dfrac{22\pi\gamma_e gR^2}{A}\left(Z+\dfrac{11R}{\lambda k_0}\mathrm{e}^{-\frac{\lambda k_0 Z}{11R}}-\dfrac{11R}{\lambda k_0}\right)\quad(0\leqslant Z\leqslant Z_D)\\[2ex] \dfrac{11\pi D}{A}\left(\dfrac{\gamma_e gR}{\lambda k_0}-\dfrac{\gamma_e' gR}{\lambda' k_0'}-\dfrac{\gamma_e gR}{\lambda k_0}\cdot\mathrm{e}^{-\frac{\lambda k_0 Z_D}{11R}}\right)(-11R)\left(\mathrm{e}^{\frac{\lambda' k_0'(Z_D-Z)}{11R}}-1\right)\\ \qquad+\dfrac{\pi D}{A}(11\gamma_e' gR)(Z-Z_D)+22\pi\gamma_e gR^2\left(Z_D+\dfrac{11R}{\lambda k_0}\mathrm{e}^{-\frac{\lambda k_0 Z_D}{11R}}-\dfrac{11R}{\lambda k_0}\right)\\ \qquad\qquad(H_2\leqslant Z\leqslant Z_A)\\[2ex] \dfrac{2\pi R}{A}\left[\left(\dfrac{\tau_A Z_B}{Z_B-Z_A}+\dfrac{L\gamma_e gZ_{A_0}\lambda k_0}{L-Z_{A_0}}\right)(Z-Z_{A'})-\left(\dfrac{\tau_A}{Z_B-Z_A}\right.\right.\\ \qquad\left.\left.+\dfrac{\gamma_e\cdot g\cdot Z_{A_0}\cdot\lambda\cdot k_0}{L-Z_{A_0}}\right)\dfrac{Z^2-Z_{A'}^2}{2}\right]+\dfrac{N_{A'}}{A}\quad(Z_{A'}\leqslant Z\leqslant Z_B)\\[2ex] \dfrac{2\pi RL}{(L-Z_{A_0})A}\gamma_e gZ_{A_0}\lambda k_0(Z-Z_B)-\dfrac{\pi R\gamma_e gZ_{A_0}\lambda k_0}{(L-Z_{A_0})A}(Z^2-Z_B^2)\\ \qquad-\dfrac{2\pi RC_0}{A}\left[\dfrac{L}{2}(Z^2-Z_B^2)-LZ_B(Z-Z_B)-\dfrac{1}{3}(Z^3-Z_B^3)\right.\\ \qquad\left.+\dfrac{Z_B}{2}(Z^2-Z_B^2)\right]+\dfrac{N_B}{A}\quad(Z_B\leqslant Z\leqslant Z_{B'})\\[2ex] -\dfrac{1}{A}\left[-\dfrac{2\pi RL}{L-Z_{A_0}}\gamma_e gZ_{A_0}\lambda k_0(Z-Z_{B'})+\dfrac{\pi R\gamma_e gZ_{A_0}\lambda k_0}{L-Z_{A_0}}(Z^2-Z_{B'}^2)\right]\\ \qquad-\dfrac{2\pi RC_0}{A}\left[\dfrac{L}{2}(Z^2-Z_{B'}^2)-LZ_B(Z-Z_{B'})-\dfrac{1}{3}(Z^3-Z_{B'}^3)\right.\\ \qquad\left.+\dfrac{Z_B}{2}(Z^2-Z_{B'}^2)\right]+\dfrac{N_{B'}}{A}\quad(Z_{B'}\leqslant Z\leqslant L)\end{cases}\tag{3-125}$$

式中，$(\sigma_z)_a$ 为竖向附加力（包括表土沉降和温度升高引起的竖向附加力）引起的立井井壁横截面上的应力值，单位 MN/m^2。

(3) 讨论：A'、B' 截面位置的确定

由于竖向附加力的最大值为相应位置处的塑性剪切力，故图 3.27 中 A' 截面处两种竖向附加力（表土沉降附加力和竖向温度附加力）之和应等于相应位置处的塑性剪切力，据此即可确定 A' 截面的位置，具体可由式(3-26)和(3-83)联立求得，求解时需令两式中的 $Z = Z_{A'}$，即：

$$\begin{cases} f_Z = \dfrac{L - Z_{A'}}{L - Z_{A_0}} \cdot \gamma_e \cdot g \cdot Z_{A_0} \cdot \lambda \cdot k_0 \quad (Z_{A_0} \leqslant Z \leqslant L) \\ \tau_z = \dfrac{\tau_A (Z_B - Z_{A'})}{Z_B - Z_A} \quad (Z_A \leqslant Z \leqslant Z_B) \\ f_Z + \tau_z = f_{A'} \end{cases} \tag{3-126}$$

求解上式即可得到 $Z_{A'}$ 的数值如下：

$$Z_{A'} = \frac{C_1 L + C_2 Z_B - f_{A'}}{C_1 + C_2} \tag{3-127}$$

式中，

$$\begin{cases} C_1 = \dfrac{\gamma_e g Z_{A_0} \lambda k_0}{L - Z_{A_0}} \\ C_2 = \dfrac{\tau_A}{Z_B - Z_A} \end{cases} \tag{3-128}$$

由于 $f_{A'}$ 为 A' 截面处的塑性剪切力，其值可由式(3-23)求解，即由下式确定：

$$(\tau)_z = k_0' \cdot \lambda' \left\{ \left[(\sigma_v)_D - \frac{11\gamma_e' g R}{\lambda' k_0'} \right] e^{-\frac{\lambda' k_0' (Z - Z_D)}{11R}} + \frac{11\gamma_e' g R}{\lambda' k_0'} \right\} \tag{3-129}$$

联立求解式(3-127)和(3-129)即可获得 $Z_{A'}$ 的确切数值。

对于 B' 截面的位置，可以用上述同样的方法，此时仅需将式(3-126)中的第三式改为下式即可：

$$f_Z - \tau_z = 0 \tag{3-130}$$

将式(3-36)和(3-83)代入上式并将其中的 Z 用 $Z_{B'}$ 代替即可求出 B' 截面的位置，具体求解如下：

首先将(3-36)式和(3-83)式代入(3-130)式，得到下列方程：

$$\frac{L - Z_{B'}}{L - Z_{A_0}} \cdot \gamma_e \cdot g \cdot Z_{A_0} \cdot \lambda \cdot k_0 - C_0 (L - Z_{B'})(Z_{B'} - Z_B) = 0 \tag{3-131}$$

即：

$$Z_{B'}^2 - \left[\frac{\gamma_e \cdot g \cdot Z_{A_0} \cdot \lambda \cdot k_0}{C_0 (L - Z_{A_0})} + L + Z_B \right] Z_{B'} + \frac{L \cdot \gamma_e \cdot g \cdot Z_{A_0} \cdot \lambda \cdot k_0}{C_0 (L - Z_{A_0})} + L Z_B = 0 \tag{3-132}$$

求解上述一元二次方程即可得到 $Z_{B'}$ 的解析式如下：

$$Z_{B'} = \frac{C_3 \pm \sqrt{C_3^2 - 4C_4}}{2} \tag{3-133}$$

式中，

$$\begin{cases} C_3 = \left[\dfrac{\gamma_e \cdot g \cdot Z_{A_0} \cdot \lambda \cdot k_0}{C_0(L - Z_{A_0})} + L + Z_B\right] \\ C_4 = \dfrac{L \cdot \gamma_e \cdot g \cdot Z_{A_0} \cdot \lambda \cdot k_0}{C_0(L - Z_{A_0})} + LZ_B \end{cases} \tag{3-134}$$

4. 立井井壁应力分布规律

立井井壁应力包括竖向应力、环向应力和径向应力，它们的形成因素主要有4个：表土沉降、温度升高、地压和自重。在这4大形成因素中，除了竖向沉降附加力和竖向温度附加力所形成的竖向应力不能直接叠加外，其余因素形成的各方向的应力值均可直接叠加。下面就竖向、环向和径向三方向应力的分布规律分别讨论。

(1) 立井井壁竖向应力分布规律

该应力应该由4部分叠加组成：① 表土沉降产生的竖向附加力与井筒纵向膨胀导致的竖向附加力对应的应力值(见式(3-125))；② 地压引起的竖向应力(见式(3-115))；③ 井筒及其上井塔重量引起的竖向应力(见式(3-116))；④ 径向热膨胀和内外壁温差引起的竖向应力(见式(3-103)和式(3-87))。4部分应力相互叠加就形成了表土段立井井壁在各因素共同作用下竖向应力的分布规律，具体表示如下：

$$\sigma_z = (\sigma_z)_{\mathrm{a}} + (\sigma_z)_{\mathrm{w}} + (\sigma_z)_{\mathrm{g}} + [(\sigma_z)_{\mathrm{tre}} + (\sigma_z)_{\mathrm{td}}] \tag{3-135}$$

(2) 立井井壁环向应力分布规律

此处，立井井壁环向应力的主要影响因素有3个：① 井筒内外壁温差引起的井壁环向应力(见式(3-87))；② 井筒径向热膨胀引起的井壁环向应力(见式(3-103))；③ 地压引起的井壁环向应力(见式(3-114))。在井壁总的环向应力中，三者是相互叠加的关系，具体可表示如下：

$$\sigma_\theta = (\sigma_\theta)_{\mathrm{td}} + (\sigma_\theta)_{\mathrm{tre}} + (\sigma_\theta)_{\mathrm{g}} \tag{3-136}$$

(3) 立井井壁径向应力分布规律

与立井井壁环向应力的影响因素相同，立井井壁径向应力的主要影响因素也有3个：① 井筒内外壁温差引起的井壁径向应力(见式(3-87))；② 井筒径向热膨胀引起的井壁径向应力(见式(3-103))；③ 地压引起的井壁径向应力(见式(3-114))。在井壁总的环向应力中，三者是相互叠加的关系，具体可表示如下：

$$\sigma_r = (\sigma_r)_{\mathrm{td}} + (\sigma_r)_{\mathrm{tre}} + (\sigma_r)_{\mathrm{g}} \tag{3-137}$$

至此，表土段立井井壁应力分布规律推论完毕，依据上述三方向的应力分布规律，同时结合混凝土井壁的强度准则，即可确定出表土段立井井壁的危险位置，从而为井壁破裂预测理论的建立奠定基础。

3.4.6　运算举例

徐州张双楼副井[33,60]于 1982 年 12 月建成，1987 年 8 月发生首次破裂，随后又分别于 1989.07、1991.03、1992.04 和 1994 年发生了 4 次破裂。该井筒从建成到首次破裂，井筒附近底含水头累计下降了 48 m，首次破裂发生在井深 225～230.5 m处，破裂呈环状带形，高 5.5 m，深度 250 mm。竖向钢筋弯曲变形，破裂段最大漏水量为 60 m^3/h。底含层深度位于 233.15～243.15 m 范围。该井筒的基本情况参数如表 3.22 所示。

表 3.22　张双楼副井井筒及周侧表土基本情况参数一览表

D(m)	d(m)	A(m^2)	E_1(MPa)	E_2(MPa)	L(m)	u_0(m)
8.9	6.5	29.0135	2×10^4	2.4×10^4	243.15	0.007
λ'	λ	α_f(℃)	ρ_c(kg/m^3)	σ_c(MPa)	σ_t(MPa)	E_S(MPa)
0.4	0.333	10×10^{-6}	2500	30	3.0	50.9
k_0	k_0'	γ_e(kg/m^3)	γ_e'(kg/m^3)	ρ(kg/m^3)	φ(°)	μ
0.3	0.2	1900	900	2500	18.1	0.3

注：E_1为对应 BC 段混凝土井壁变形的割线模量；E_2为对应 AB 段混凝土井壁变形的割线模量。

利用Excel电子表格的计算功能，依据式(3-74)和(3-81)可首先确定地下水位降至 -55 m(井口标高:35 m)时 Z_A和Z_B的数值分别为：

$$Z_A = 168.584 \text{ m},\quad Z_B = 215.676 \text{ m}$$

同时还可求出 Z_A、Z_B 随地下水位下降的变动规律如表 3.23 所示。

表 3.23　Z_A、Z_B 随地下水位下降的变动规律

Z_D	82	83	84	85	86	87	88
Z_A	147.65	150.33	153.006	155.692	158.338	160.944	163.522
Z_B	208.339	209.331	210.323	211.215	212.147	213.009	213.932
Z_D	89	90	91	92	93	94	95
Z_A	166.098	168.584	171.085	173.586	176.007	178.358	180.759
Z_B	214.774	215.676	216.478	217.3	218.162	219.034	219.836

对于温度应力，由于我国大部分矿区第四纪冲积层中恒温带的温度基本上在 18 ℃附近，而当内井壁温度也为 18 ℃时不会产生温度应力，因此此处可将 18 ℃定为井壁温度变化的基准温度，当井壁中的温度高于 18 ℃时，井壁中产生温度压应力，反之，则产生温度拉应力，由此可推知 T_0 = 18 ℃ 时，T_b = 0 ℃；对于内井壁温度，则可根据当地夏季最高的气温进行确定，此处取 T_a = 35 ℃ - 18 ℃ = 17 ℃，

于是根据式(3-97)可得 A_0截面的位置如下：

$$Z_{A_0} = 3.1506 \text{ m}$$

将有关数据代入式(3-108)中，即可获得内井壁处温度应力的变化规律如下：

$$(\sigma_r)_{r=a} = 0, \quad (\sigma_\theta)_{r=a} = 1858442.7 \text{ N/m}^2$$

对于竖向温度应力，其沿竖向的变化规律如表3.24所示(A_0C段)。

表3.24 竖向温度应力变化规律

井筒深度	70	80	90	100	110	120	130	140	150
竖向应力	2.803	2.992	3.169	3.335	3.490	3.633	3.765	3.886	3.996
井筒深度	160	170	180	190	200	210	220	230	243.15
竖向应力	4.095	4.182	4.259	4.324	4.378	4.421	4.452	4.472	4.481

从表3.24可看出温度应力从上至下呈逐渐增加态势。

利用Excel电子表格的计算功能，依据式(3-127)和(3-133)即可确定 A'和 B'的位置随地下水位下降的变化规律，如表3.25所示。

表3.25 Z_A'、Z_B'随地下水位下降的变化规律

Z_D	82	83	84	85	86	87	88
Z_A'	148.0198	150.9698	153.9002	156.8243	159.6882	162.4903	165.2478
Z_A	147.65	150.33	153.006	155.692	158.338	160.944	163.522
Z_B'	208.3849	209.3738	210.3628	211.2522	212.1816	213.0413	213.962
Z_B	208.339	209.331	210.323	211.215	212.147	213.009	213.932
Z_D	89	90	91	92	93	94	95
Z_A'	167.9848	170.612	173.2364	175.8465	178.3604	180.7889	183.252
Z_A	166.098	168.584	171.085	173.586	176.007	178.358	180.759
Z_B'	214.802	215.702	216.5022	217.3225	218.1828	219.0532	219.8537
Z_B	214.774	215.676	216.478	217.3	218.162	219.034	219.836

对于地下水位降至井深90.5 m时的 A'和B'位置分别为：

$$Z_{A'} = 171.9206 \text{ m}, \quad Z_{B'} = 216.1111 \text{ m}$$

A 和B 的位置分别为：

$$Z_A = 169.829 \text{ m}, \quad Z_B = 216.086 \text{ m}$$

对于中性层随地下水位的变化规律也可用坐标图表示，如图 3.28 所示。

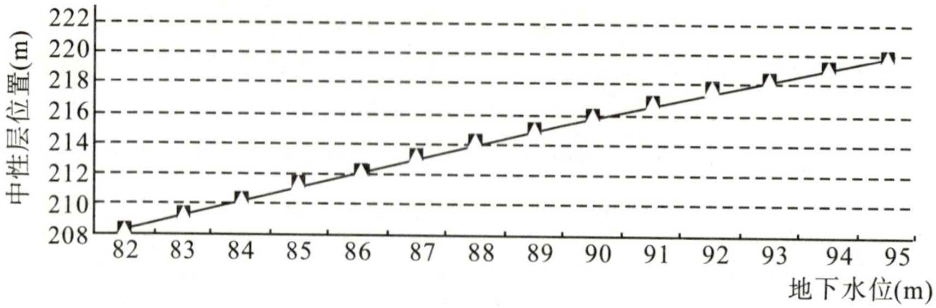

图 3.28 中性层与地下水位关系图

对比上面 A 和 A'、B 和 B' 的数值即可发现：温度变化对中性层位置的影响是很小的。通常在进行井壁破裂预测时可忽略这一差值，而仍按照 A 和 B 的位置进行计算，同时随着地下水位的不断下降，中性层的变化幅度近似呈直线规律变化。

由于立井井壁破裂的危险位置均在内井壁处，且危险点处于中性层与表土段底部之间的某一位置，故此处仅需研究张双楼副井中性层以下内井壁沿竖向的应力变化规律。

将该井筒的有关参数分别代入式(3－135)即可得到井壁沿竖向的应力变化规律如表 3.26 所示，进一步可得到井壁竖向应力极值与地下水位之间的关系如表 3.27 所示，或如图 3.29 所示。

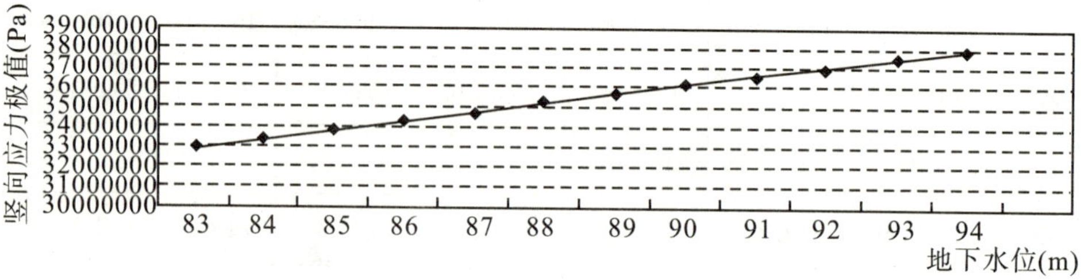

图 3.29 井筒竖向应力值与地下水位之间关系图

3.4.7 本节小结

本节通过对立井井筒受力因素的研究及弹性理论的应用，建立了立井井壁应力分布规律的解析表达式。通过典型井筒(张双楼副井)的详细分析，揭示出了中性层位置随地下水位的变动规律及井筒竖向应力极值与地下水位之间的动态关系，这一重要研究成果的获得对立井井壁破裂预测理论的研究和建立具有重要的理论意义。

本节还较为详细地分析了温度变化对井壁受力的影响，通过典型事例的分析及张双楼副井井壁温度应力的计算，揭示了温度应力在井壁破裂事故中的诱导作用。

表 3.26 立井井筒竖向应力一览表

单位：Pa

	$Z_D=83$ m			$Z_D=84$ m			$Z_D=85$ m		
截面位置	211	212	213	212	213	214	213	214	215
附加应力	20602744	20565043.29	20511341.49	21015166.09	20975712.49	20919666.92	21423428.25	21380471.52	21320476.34
重力应力	7175000	7200000	7225000	7200000	7225000	7250000	7225000	7250000	7275000
内外壁温差、径向膨胀应力	1214450.41	1214450.41	1214450.41	1214450.41	1214450.41	1214450.41	1214450.41	1214450.41	1214450.41
地压应力	3911518.2	3929572.63	3947862.38	3929805.57	3947812.28	3966032.86	3948175.55	3966162	3984342.69
合计	32903712.61	32909066.33	32898654.28	33359422.07	33362975.18	33350150.19	33811054.21	33811083.93	33794269.44
	$Z_D=86$ m			$Z_D=87$ m			$Z_D=88$ m		
截面位置	213	214	215	214	215	216	215	216	217
附加应力	21864240.69	21837200.98	21791214.73	22275407	22244449.38	22194050.46	22694437.52	22660518.54	22606530.18
重力应力	7225000	7250000	7275000	7250000	7275000	7300000	7275000	7300000	7325000
内外壁温差、径向膨胀应力	1214450.41	1214450.41	1214450.41	1214450.41	1214450.41	1214450.41	1214450.41	1214450.41	1214450.41
地压应力	3948735.35	3966501.25	3984456.69	3967151.13	3984918.86	4002858.26	3985501.48	4003256.27	4021165.73
合计	34252426.45	34268152.64	34265121.83	34707008.54	34718818.65	34711359.13	35169389.41	35178225.22	35167146.32
	$Z_D=89$ m			$Z_D=90$ m			$Z_D=91$ m		
截面位置	216	217	218	217	218	219	217	218	219
附加应力	23110355.34	23071640.72	23012396.39	23527828.61	23485268.84	23421582.86	23966022.08	23940724.21	23891971

续表 3.26

重力应力	7300000	7325000	7350000	7325000	7350000	7375000	7325000	7350000	7375000
内外壁温差、径向膨胀应力	1214450.41	1214450.41	1214450.41	1214450.41	1214450.41	1214450.41	1214450.41	1214450.41	1214450.41
地压应力	4003908.1	4021663.1	4039557.3	4022309.3	4040051.9	4057919	4023151.5	4040773.7	4058517.4
合计	35628713.85	35632754.23	35616404.1	36089588.32	36089771.15	36068952.27	36528623.99	36545948.32	36539938.81
	$Z_D=92$ m			$Z_D=93$ m			$Z_D=94$ m		
截面位置	218	219	220	219	220	221	220	221	222
附加应力	24390533.15	24359647.48	24304780.36	24814442.21	24778591.25	24718123.65	25235946.2	25195042.63	25128857.49
重力应力	7350000	7375000	7400000	7375000	7400000	7425000	7400000	7425000	7450000
内外壁温差、径向膨胀应力	1214450.41	1214450.41	1214450.41	1214450.41	1214450.41	1214450.41	1214450.41	1214450.41	1214450.41
地压应力	4041558.3	4059188.6	4076927.3	4059979	4077609.3	4095335.7	4078432.2	4096059.3	4113771.2
合计	36996541.86	37008286.49	36996158.07	37463871.62	37470650.96	37452909.76	37928828.81	37930552.34	37907079.1

表 3.27　井壁竖向应力极值与地下水位之间关系一览表

地下水位(m)	83	84	85	86	87	88
井壁竖向应力极值(Pa)	32909066.33	33362975.18	33811083.93	34268152.64	34718818.65	35178225.22
地下水位(m)	89	90	91	92	93	94
井壁竖向应力极值(Pa)	35632754.23	36089771.15	36545948.32	37008286.49	37470650.96	37930552.34

3.5　立井井壁破裂机理与预测理论

自 20 世纪 80 年代至今，涉及立井井壁破裂机理论述的文章不下数十篇[1～15,145]，对于这些文章进行仔细分析之后我们不难发现，这些文章均有一个共同的观点，即井壁破裂的原因在于表土沉降过程中作用于立井井筒上的竖向附加力，对于这样一个观点，目前学术界已经做了定论，这一定论应该说是十分客观和正确的。但此处必须指出：仅仅依据这一定论来解释矿山立井井筒破裂的机理，还是不够完善的，因为它很难解释为什么还有很多立井井筒没有发生破裂。有些文章曾努力利用下含层缺失或下含层较薄来解释某些井筒不破的原因，但确实存在一些下含层缺失的立井井筒（如兴隆东风井、童亭矿风井）和底含层很薄的井筒（如龙东主井，其底砾层厚度仅 1 m 左右，富水性也较弱，而砾石层本身又具有较低的压缩性）也发生了破裂，所以，关于这一课题至今仍然存在着继续研究的必要。

3.5.1　立井井壁破裂机理分析

立井井壁破裂机理可以从两个方面来进行分析。

1. 浮力原理

根据对很多文献的推敲和实测资料[80,98]的比较，我们发现很多文章在分析井壁破裂机理时缺乏说服力的主要原因是由于他们在研究立井地压时均忽略了钢筋混凝土井筒与表土之间的较大的刚度差，进而忽略了井筒对表土的支撑效应，忽略了这一支撑效应会导致立井地压的重新分布，即忽略了立井次生地压的存在。由于立井次生地压的存在，在表土沉降的过程中，其竖向应力的分布呈现出随深度增加而逐渐趋缓的态势。

根据 3.3 节中的分析，上述的地压分布必导致图 3.17 所示的竖向附加力分布；而从 3.3 节和 3.4 节中的分析可知：井壁是否破裂与图 3.17 中 A、B 两截面的位置密切相关，即当由该两位置确定的竖向附加力总值达到一定限值时，井壁才会发生破裂（具体请见式(3-121)、式(3-131)、式(3-132)、式(3-133)）。由于这两截面的位置又取决于地下水的水位，所以地下水位的下降是导致井壁破裂的决定性因素。

如图 3.2 和图 3.18 所示，随着下含水位的下移，渗水通道中水头相应部位的隔水层对其下土体的压力增大的范围及压力值将越来越大，这一方面使得该隔水层上下方土体向下的位移量进一步增大，造成 A、B 两截面位置的不断下移；另一方面，危险截面上的竖向应力也会较快地增加。

但不可否认，当井壁下部发生较大变形以后，*AB* 范围的发展趋势将有所减缓，一旦渗水通道内的水头位置落至下一隔水层的上界面位置，两隔水层之间含水层的水位变化就将趋于稳定，由该含水层之上隔水层的浮力减小所导致的土体的变形和下移即会结束。随着水位的进一步下移，下一隔水层所承受的浮力也将进入递减阶段(渗水通道附近区域)，新一轮的土体下移又将开始。如若该隔水层其下无含水层，则不再存在浮力减小的情况，相应地也就不再存在土体的进一步下移问题，对于该井筒，井壁破裂将不会发生。从上述的分析我们还可推断出：下含层的缺失并不能保证井壁不会发生破裂，兴隆东风井[14]、童亭矿风井[35]等下含层缺失井筒的破裂就极为有力地证明了这一点；同时，下含层厚度很薄，渗透性能不佳的矿区井筒的破裂也说明了同样的道理，如龙东主井[64]，其底砾层厚度仅 1 m 左右，富水性也较弱，而砾石层本身又具有较低的压缩性。因此，下含层缩沉是导致井壁破裂的主要因素的观点是不客观的，此外，这也为井筒周围存在“渗水通道”的理论提供了一个有力的证据。

依据上述的分析，井筒的破裂决定于图 3.17 中塑性带的范围大小，即 *OA* 段的长度，*OA* 段的长度又取决于两个主要因素：① 各含水层在水头下降的过程中因有效应力的增大而发生的压缩；② 相应隔水层在渗水通道内水位下降过程中所受浮力减小的数值。这两个因素所造成的土体有效应力增大的数值决定了井筒周侧土体压缩沉降的幅度，进而也决定了 *OA* 段的范围大小。由于上述两因素均与表土层的结构有关(饱水含水层的总厚度较大，第一因素引起的沉降量就会较大；而发生浮力变化的隔水层的厚度较大，则由第二因素引起的沉降量也会相应地较大)，各矿区井筒的破裂情况自然也就存在有较大的差异。为什么很多矿区工业广场具有相似的下含层，且发生了同样情况的疏水，但某些井筒发生破裂，而某些井筒却不发生破裂？其中原因正在于此。

2. 井壁竖向应力与地下水位之间的对应关系

另外，立井井壁破裂的原因也可从 3.4 节的分析中得到。实际上，整个 3.3 节和 3.4 节的研究均是为了从理论上研究井壁破裂机理服务的。根据 3.3 节和 3.4 节的分析，式(3-135)对应的井壁竖向应力的分布规律与地下水位具有一一对应关系，于是相应的危险层面——*B* 截面上竖向应力的数值与地下水位之间也是一一对应关系，且随着地下水位的下降呈逐渐增大态势，当该应力值达到了井壁混凝土承受的极限值时，井壁的破裂则不可避免。当然，上述的一一对应关系并不包含地下水位下降的后期，因为从图 3.18 中可明显地看到，表土沉降所导致的作用于立井井筒上的竖向附加力存在着固定的作用范围(针对具体井筒)，即某一立井井筒在表土沉降过程中所承受的竖向附加力有一数量上的限值；对于深厚表土层，这一限值与表土的厚度无关；在地下水位下降到一定界限之后，这一限值与地下水位的继续下降也不再相关。这从而论证了为什么在我国的徐、淮、大屯、兖州等矿区发生大规模井壁破裂的同时，仍有很多地质条件相近的井筒不发生破裂的原因。

3.5.2 立井井壁的重复破裂机制

1. 重复破裂井筒概况

20世纪80年代以后，在我国黄淮地区发生破裂的井筒中，有很多出现了重复破裂的情况，典型的有临涣副井[55,72~75]、海孜矿主副井和中央风井[75,78]、张双楼主副井[60,75,146]、兴隆庄西风井[69]、横河矿主副井[147]等井筒，具体见表3.28。表中所列井筒，破裂次数最少的为两次，破裂次数最多的为5次(张双楼副井)，破裂特征也基本一致，大多数重复破裂的部位为原加固部位，也有少数井筒的重复破裂发生在加固部位之上。

表3.28　我国部分重复破裂井筒概况

序号	井筒名称	破坏时间	投产日期	第四纪表土层厚度(m)	井筒破坏部位(垂深)(m)	井筒破坏情况
1	临涣副井	1987.7.12 1990.08 1997.06 2000.08	1985	239.1	239~241	高2 m的范围内混凝土环状片落，深度200~250 mm，钢筋外露反弯，破裂处涌水1 t/h，井塔错位。二次破裂，原套壁加固段混凝土大片脱落，裸露出开裂的内壁和扭曲的钢筋。三次破坏，井筒又发生变形破坏，导致井筒装备变形，提升系统受阻。四次破坏，井筒径向变形仍在发展，井筒安全间隙严重不足，井筒内罐道梁已有不同程度的弯曲变形，加固体上喷射的混凝土局部剥落，涌水量明显增加
2	海孜主井	1988.10 1990.05 1993.06	1987.10	247.2	211.7~219.7	沿内壁呈环行闭合条带状破坏，破坏深度100~200 mm，钢筋外弯，涌水量2~3 t/h。二次破坏，罐道变形严重，加固段再现裂缝。三次破坏，混凝土剥落，井壁变形加剧
3	海孜副井	1987.08 1989.08 1995.06	1987.10	247.24	232.8~237.5	井壁多处破裂，最长裂缝达7.5 m，环筋竖筋外露，向井内突曲、卡罐。二次、三次破坏情况同主井

续表 3.28

序号	井筒名称	破坏时间	投产日期	第四纪表土层厚度(m)	井筒破坏部位(垂深)(m)	井筒破坏情况
4	海孜中央风井	1988.06 1990.02	1987.10	245.0	226.8～236.5	井壁剥落厚度 150 mm，破裂处交圈，纵筋向井内弯曲，多处淋水，水量 2 m^3/h。二次破坏，罐道变形严重，混凝土掉块、剥落
5	童亭副井	1991.04 1992.05	1989.11	230.5	185.8～255.8	井壁砼均有程度不同的掉皮、破裂，其中有 7 处井壁破裂交圈，破坏最严重部位在 230.8 m 深处，井壁掉皮深度达 200 mm，部分钢筋外露。二次破裂情况基本相同
6	张双楼主井	1987.08 1990.04	1986	242.95	240～244	井壁混凝土剥落，弧长达 10 m，高 1 m，厚 250 mm，井壁漏水。二次破裂情况同张双楼副井
7	张双楼副井	1987.7.29 1989.07 1991.03 1992.04	1986	243.15	229.3～230.6	井壁于 1987 年 7～8 月间，在井深 225～230.5 m 两次发生大面积破裂。破裂呈环状带形，高 5.5 m，深度 250 mm。竖向钢筋弯曲变形。破裂段最大漏水量为 60 m^3/h。1989 年 7 月 17 日，井筒在井深 220 m 左右发生罐道扭曲变形卡罐事故，原加固段出现明显的裂缝并出水
8	横河矿主井	1993.6 1994.12 1996.6	1993.4	149.61	125.2 122.1～139.1 124.8～131.4	西北部和北部，井壁全部脱落，涌水量达 14 m^3/h，第二次破裂在原加固段下约 5 m 左右，第三次破坏在 127 m 以上，形成一个完整的环向破坏，涌水量达 10 m^3/h左右
9	横河矿副井	1995.3 1996.6	1993.4	144.13	136～138 140～141	破坏带高 1.5～2 m，混凝土剥落深度 100～200 mm，竖向钢筋弯曲变形，第二次破坏在 140～141 m处

续表 3.28

序号	井筒名称	破坏时间	投产日期	第四纪表土层厚度(m)	井筒破坏部位(垂深)(m)	井筒破坏情况
10	兴隆矿西风井	1995.10 2002.01		189.5	165.6～171.6 151.6～178	混凝土成片脱落，石料沿破裂面剪断，裂缝呈水平环状，剥裂厚度 100～200 mm，横钢筋突出，裂缝处有涌水，水量 25 m^3/h。与第一次破坏相比，二次破坏程度加剧，井壁破坏范围更大。第一次治理加固的套壁普遍出现开裂、剥落、径向离层现象，最大剥离厚度超过 100 mm。最严重的部位甚至出现套壁大面积整体剥落情况。伴随井壁的变形破坏，井筒出现大范围淋水
11	鲍店矿北风井	1995.7 ～1995.8 1997.6	1986.6.10	202.56	186 168,180,200	破坏裂缝呈水平环向分布，东南方向严重，破坏带高约 1.5 m，破坏深度 70～100 m，外露钢筋。1997 年 6 月发展到 168 m、180 m、200 m 三处井壁混凝土严重破坏

2. 立井井壁重复破裂机理

关于立井井壁的重复破裂，实际上包含有两方面的机理，即重复破裂的内在机理和外在机理。中国矿业大学的李文平教授对内在机理已进行了较为深入的研究，但外在机理的研究目前尚无人问津。

(1) 内在机理

李文平教授在文献[60]和文献[61]中曾先后两次提出“井壁累进重复破裂黏滑机制”的理论。“井壁累进重复破裂黏滑机制”理论利用实验手段对土与混凝土井壁(冻结井壁和钻井井壁)之间的相互作用剪切力在反复剪切实验中的变化情况进行了研究，研究结果请见图 3.30。从图中可看出土的剪切强度经反复剪切会逐渐提高。同时由该实验的总结可知：井壁的破裂虽会使得作用在井筒上的竖向附加力发生卸载或缓解，但随着表土的继续沉降，危险截面上的竖向应力还会不断地积累，当积累到混凝土的极限应力值时，井壁就会发生再次破裂。因此，按照该理论，只要表土的沉降在继续，井壁的破裂就会反复地发生。事实上，有许多井筒破裂一次后就没有再破裂过，发生重复破裂井筒的重复破裂时间间隔也各不相同，因此，井筒的重复破裂仅用“内在机理”尚不能完全得以解释，还需结合表土的沉降规律来加以说明，即：立井井筒的重复破裂必然具有其重复破裂的“外在机理”。

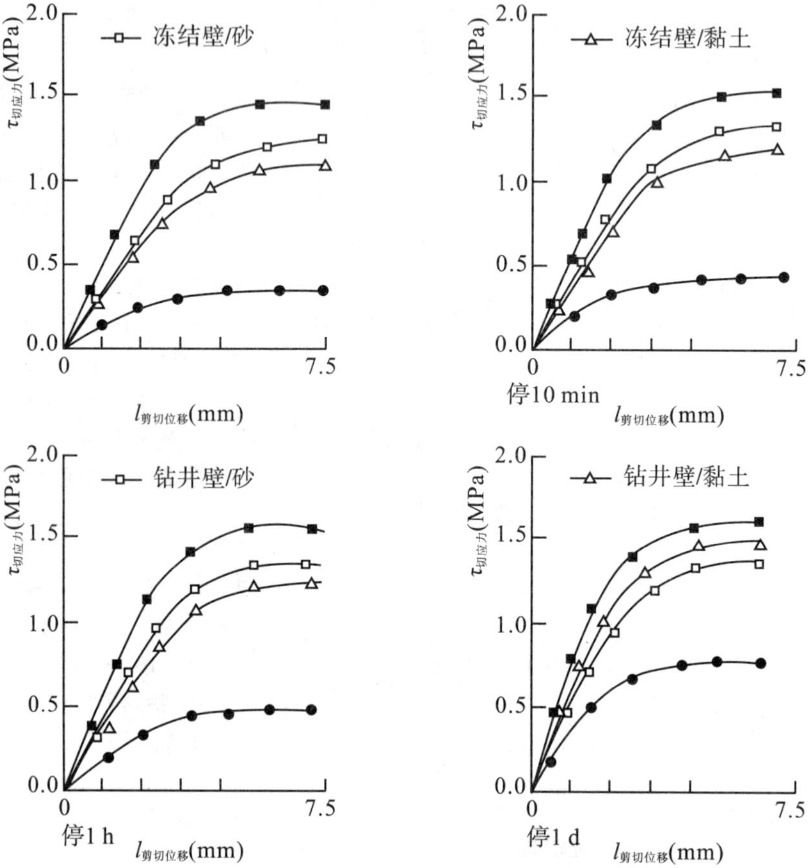

图 3.30　土与井壁相互作用累进剪切实验曲线(σ = 2.4 MPa)

(2) 外在机理

由于渗水通道内水位的下降所造成的井筒周侧土体的下沉对所有井筒而言，其作用机理具有共同性，理论上也较为成熟，在此就不再多做讨论。此处仅就隔水层浮力减小对井筒的重复破坏作用进行分析。

如图 3.31 所示，当渗水通道中的水头下降至一隔层上界面之后，二含层的水位线即会与一隔层相交出曲线 cd（见图 3.31 中的曲线 1），与此同时，以曲线段 cd 围绕井筒轴线旋转所围成的隔水层部分因失去水的浮力作用而给其下相应部位的土体以向下的压力作用，致使其下土体发生压缩变形。随着渗水通道内水头的继续降低，含水层的水位线也将发生相应的变动，如图 3.31 中的曲线 2 所示。显然，随着渗水通道内水头的不断降低，含水层的水位线与一隔层的交线也在不断地向右移动，结果失去水的浮力作用的隔水层的范围也越来越大，相应的受压土体的范围也越来越大，受压土体的竖向变形量也将越来越大（井筒周侧）。根据承压—非完整井流的规律可知，当水位线与其下隔水层上界面相交于渗水通道边缘时，水位线将趋于稳定，而不再随着渗水通道内的水位下移而改变。

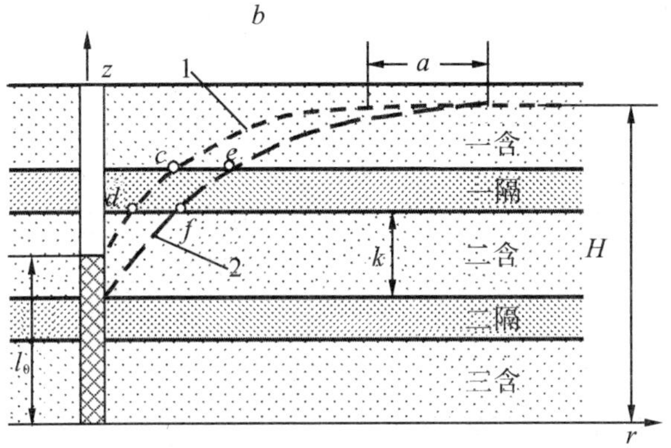

图 3.31 承压含水层水位变化示意图

1、2—二含层水位径向变化曲线；

k—二含层渗透系数；

m—二含层厚度；

l_0—渗水通道内水头距基岩的距离；

H—变化前二含层水头距基岩的距离

在上述水位线的不断变化过程中，失去浮力作用的隔水层部分的向下位移的速率并非均匀地发生(假定渗水通道内水头发生匀速下移)，最先发生向下位移的是井筒周侧的隔水层部分，随着水位线不断地沿径向向外移动，渗水通道周围的隔水层的向下位移有一个加速的过程，因此，相应的竖向附加力有一个快速增加的过程，与此同时，其下土体的密实度也在渐渐地增大。当水位线与隔水层的交线沿径向向外移动到一定位置后，随着未移动部分对渗水通道边缘部分约束作用的越来越小，渗水通道边缘部分土体的沉降将由加速转向减速，并慢慢趋于稳定。当该隔水层下面的含水层厚度较厚时，稳定的时间就会较长，直至水位线与下一隔水层相交，这种稳定才会被打破，井筒周侧土体新一轮的沉降才会重新开始。而当隔水层下面的含水层的厚度较薄时，则土体的下沉就不会再经历稳定阶段，甚至不会经历速度减小阶段，而直接进入下一轮的加速阶段，上下两层隔水层同时因浮力减小而下移，则井壁重复破裂的次数必将增加，如临涣矿副井较薄的二含层就导致了一隔、二隔同时下移，而三含的厚度也不大，从而为井壁的重复破裂创造了条件。

从上述的分析中不难理会，井筒的破坏如若发生在土体沉降(渗水通道边缘)加减速界限之前，修复后仍将有可能再次发生破裂，如若井筒的破裂发生在上述界限之后，则短期内井壁重复破裂的可能性就很小。至于以后井壁是否会再次发生破裂，则要看下一轮沉降的发展情况，而下一轮沉降的程度又与下一隔水层的厚度及其下含水层的厚度有关。此外下含层水头降的速度对竖向附加力的变化也有很大的影响，如若水头降的速度较小，则渗水通道边缘土体下降过程中稳定阶段的时间间隔就会较长，则已发生的竖向附加力受土的流变性质及井筒下端井壁塑性变形（进入塑性阶段后）或徐变特性（弹性阶段）的影响就会削弱或消失。通常情况下，含水层、隔水层的层数较多，厚度适中，渗水通道内水头（下含水水头）降速又较快的情况下，井壁重复破裂的次数就会较多，如张双楼副井、临涣副井及海孜矿主副井的破裂次数均达 3 次以上就是最为典型的事例。目前，我国发生 3 次及以上重复破坏的井筒均处于淮北及大屯矿区是与这两个矿区特殊的四含三隔的土体结构密切相关的；同样道理，只有三含两隔结构的矿井，井筒发生重复破裂的情况就很少。表 3.29 列出了我国部分发生多次重复破裂井筒的土层结构资料及只发生一次井筒破裂事故的土层结构资料，从二者的对比中即可发现发生重复破裂的矿井所穿越的较为特殊的土层结构。

表 3.29　我国部分矿井土层结构一览表[15,67]

井筒名称	覆盖层	一含	一隔	二含	二隔	三含	三隔上	三隔下	四含上	四含下
海孜主副井		28.735	56.329	11.821	16.885	16.533	53.017	25.641	29.743	2.687
临涣副井		32.66	33.59	5.11	31.82	17.71	40.8	39.82	29.2	9.74
张双楼副井		37	16	35	12	58	75		10	
兴隆主副井		39.713	15.853	14.135	98.071	22.057	/	/	/	/
兴隆东风井		40.443	48.096	40.395	49.658	缺失	/	/	/	/
兴隆西风井		41.526	15.744	80.274	18.050	29.999	/	/	/	/
任楼主井	8.4	22.75	39.65	20.96	12.45	52.80	105.60		12.40	

3.5.3　立井井壁破裂的预测理论

长期以来，关于冻结井壁破裂的研究，公开发表的论文及相关的科研成果很多[1～20]，但是关于立井井壁破裂预测方面的研究却很少。实际上，由于立井井壁所承受的井壁重力、地压应力、温度应力以及因地下水的规律性下降所引起的负向摩擦力均具有一定的规律，所以立井井壁的应力分布及应力变化理所当然地具有一定的规律性，因此井壁的破裂也必然地呈现出规律性的特征。根据资料[148,149]的研究，立井井壁的破裂共分为两个阶段：① 冻结壁融化阶段的井壁破裂；② 矿井生产经营阶段（或表土沉降阶段）的井壁破裂。关于冻结壁融化阶段的井壁破裂，资料[148]已进行了较为详尽的分析，此处不再重复，我们将着重研究矿井生产经营阶段（或表土沉降阶段）井壁破裂的预测。在前面井壁竖向应力极值与地下水位之间关系研究的基础之上，此处结合井壁混凝土强度准则的应用，找出了确定立井井壁破裂时间的方法，从而为立井井壁破裂的可预测性提供了理论依据，进而为煤矿立井井壁的破裂防治奠定了一定的基础。

1. 立井井壁破裂预测的理论基础

由于每一矿区地下水位的下移都具有一定的规律,因此井筒承受的竖向附加力必呈现出规律性的特征,同时因井筒受力的其他因素(井壁重力应力、地压应力、井壁沿径向膨胀引起的应力)又相对稳定,因此,井壁破裂的预测成为可能。

根据上述的分析,要对立井井壁破裂做出较为准确的预测,首先必须弄清以下三方面的问题:① 表土段立井井壁应力分布规律;② 混凝土井壁破裂的强度准则;③ 矿井地下水位下降规律。

(1) 表土段立井井壁应力分布规律

关于表土段立井井壁的应力分布规律,前面已进行了较为详尽的分析,具体请见式(3-135)、式(3-136)和式(3-137)。

(2) 强度准则

目前,关于混凝土破裂的强度准则较多,但由于立井井壁多呈现出剪切破坏的特征,故而此处可以使用库仑—纳维尔准则[150]来校核井壁的强度,即:

$$\sigma_1[(f^2+1)^{1/2}-f]-\sigma_3[(f^2+1)^{1/2}+f]=2C \tag{3-138}$$

式中,σ_1、σ_3分别为最大、最小主应力,单位 MPa;

f 为摩擦因素,

$$f=\mathrm{tg}\varphi=\frac{\sigma_c-\sigma_t}{2\sqrt{\sigma_c\cdot\sigma_t}} \tag{3-139}$$

φ'为混凝土的内摩擦角;

C 为黏聚强度,单位 MPa,

$$C=\frac{\sqrt{\sigma_c\cdot\sigma_t}}{2} \tag{3-140}$$

其中 σ_c 为混凝土单向抗压强度,单位 MN/m^2,σ_t 为混凝土单向抗拉强度,单位 MN/m^2。

上式中一旦左边的数值达到右边的界限,井壁即发生破裂。

(3) 地下水位的沉降规律

矿井竣工投产后,随着巷道的开挖及煤层的开采,上覆岩层的受力状况会发生很大的改变,致使岩体的裂隙进一步扩大,同时,新的裂隙也会不断地出现,这样,岩层上方第四纪冲积层中的含水就会源源不断地通过这些裂隙流入挖空区及巷道中。另外,矿区的工业及民用用水也会导致地下水位的不断下移。根据现场的调查统计,每个矿区因其地质条件各不相同,地表水对地下水的补充情况也不一样,致使地下水位的沉降各有其不同的规律性,但由于相邻矿井地质条件基本一致,地面的气候情况相差不大,又多属于同一水系,所以地下水位的下移通常表现出较为相同的规律,在进行井壁破裂预测的过程中往往可以互为借鉴。

图 3.32 中的曲线为我国张双楼副井地下水位下移过程中表现出来的规律曲

线，利用这一曲线即可推出该井筒所承受的负向摩擦力的变动规律，进而求得危险层面上的应力变化规律，若再结合强度准则，井壁破裂的具体时间即可得到较为准确的预测。

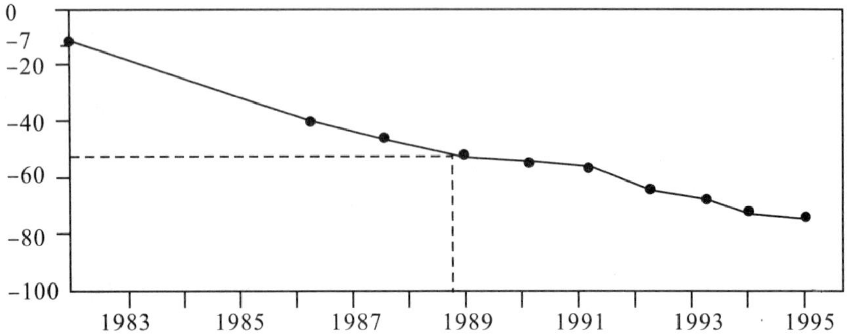

图 3.32 井壁破裂预测分析

2. 立井井壁破裂预测

(1) 预测原理

众所周知，地下水位的下降会导致水位之上的表土缩水固结沉降，同时每年夏季井筒又会因受热而沿井筒纵向发生伸长，于是，水位之上的表土与外井壁之间就会发生相对错动，致使负向摩擦力产生。年复一年，随着地下水位的不断下降，负向摩擦力的数值就会越来越大，危险点处的应力值自然也会随之增大，当危险点处的应力增至极限时，井壁的破裂自然随之发生。因此，地下水位的位置、负向摩擦力的大小、危险点处的竖向应力值，以及根据式(3-138)计算得出的相当应力 $\sigma_{xd} = \sigma_1[(f^2+1)^{1/2}-f]-\sigma_3[(f^2+1)^{1/2}+f]$ 的数值应为一一对应的关系，所以，图3.33所示的坐标平面上，σ_{xd}曲线与衡量混凝土井壁破裂的直线2的交点所对应的横坐标(该横坐标在图3.32所示的坐标平面上为纵坐标)在图3.32所示的坐标平面上所对应的横坐标即为立井井壁破裂的具体时间。

在上述的预测原理中，地下水位的下降曲线可根据矿井水文孔探测资料绘出，对于尚未发生的以后年度的未知水位，可根据相邻矿井的地下水位下降数据及地下水位下降趋势预测得出。危险点的位置已在3.4节中进行了详细的研究，因内井壁处的径向应力 $\sigma_3=0$(危险点均处于内井壁处)，故危险点处的相当应力 σ_{xd}应为 $\sigma_1[(f^2+1)^{1/2}-f]$。根据以往的研究[91,148,149]，此处的 σ_1应为竖向应力，是井壁破裂预测中最为关键的因数之一。

(2) 实例说明——张双楼副井井壁破裂预测分析

矿井概况

作为一个极为典型的立井井壁破裂事例，此处列举了我国张双楼副井井筒的破裂事故。徐州张双楼副井于1982年12月建成，1987年8月发生首次破裂，随后又分别于1989.07、1991.03、1992.04和1994年发生了4次破裂。该井筒从建成到首次破裂，井筒附近底含水头累计下降了48 m，首次破裂发生在井深225～

230.5 m处，破裂呈环状带形，高5.5 m，深度250 mm。竖向钢筋弯曲变形，破裂段最大漏水量为60 m^3/h。底含层深度位于233.15～243.15 m范围，其余参数见表3.27。

井壁破裂预测

对于某一井筒的井壁破裂预测可按如下几个步骤进行：

① 绘制地下水位下降曲线。

如图3.32所示，根据矿井水文孔资料绘出矿井地下水位下降曲线（此处的曲线来自于地下水位的实测数据）。

② 绘制相当应力 σ_{xd} 曲线。

由于井筒中危险点处的竖向应力即为式(3－138)中的 σ_1，因此根据图3.33中的曲线1结合式(3－138)即可确定 σ_{xd} 随地下水位的变化规律曲线2，因地下水位与时间为一一对应关系，故相当应力 σ_{xd} 与时间也应为一一对应关系。

对于张双楼副井，混凝土单向抗压强度 $\sigma_c = 36\ \mathrm{MN/m^2}$，混凝土单向抗拉强度 $\sigma_t = 3.6\ \mathrm{MN/m^2}$。

将上述相关参数代入式(3－139)和式(3－140)，可得 f、C 的数据如下：

$$f = \mathrm{tg}\varphi = \frac{\sigma_c - \sigma_t}{2\sqrt{\sigma_c \cdot \sigma_t}} = \frac{36 - 3.6}{2 \times \sqrt{36 \times 3.6}} = 1.423025$$

$$C = \frac{\sqrt{\sigma_c \cdot \sigma_t}}{2} = \frac{\sqrt{36 \times 3.6}}{2} = 5.6921\ \mathrm{MN/m^2}$$

由于 $\sigma_3 = \sigma_r |_{r=a} = 0$，故 σ_{xd} 应为：

$$\sigma_{xd} = \sigma_1[(f^2 + 1)^{1/2} - f] \tag{3-141}$$

上式与图3.33中的曲线1结合即可得到图3.33中曲线2所示的 σ_{xd} 随地下水位的变化规律曲线。

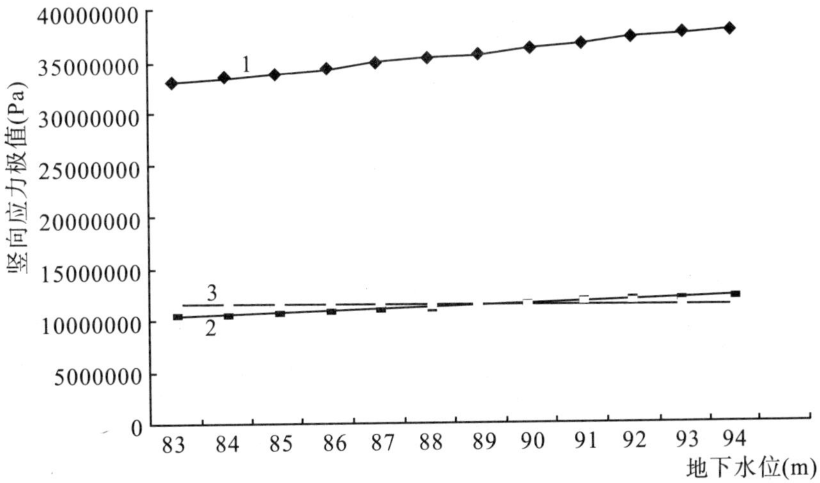

图3.33　井筒竖向应力极值与地下水位之间关系图

③ 井壁破裂衡量标准曲线的绘制。

由于井壁破裂基本上表现为剪切破裂，故通常情况下可按库仑—纳维尔准则进行强度校核。根据库仑—纳维尔准则可知，井壁破裂的标准应是 $2C$，其中 C 为混凝土的黏聚强度，与混凝土的强度等级有关（本实例中，$2C = 11.3842$ MPa）。对于特定等级的混凝土，在图 3.33 所示的坐标平面内，破裂衡量标准的曲线应为一数值为 $2C$ 的水平直线，对于本实例，该直线即为图 3.33 中的曲线 3。

④ 井壁破裂预测。

图 3.33 坐标平面中，因 σ_{xd} 值与地下水位成一一对应关系，故 σ_{xd} 曲线与直线 3 的交点所对应的横坐标值即为井壁破裂时的地下水位。对于本实例，与张双楼副井相对应的 σ_{xd} 曲线 2 与直线 3 交点的横坐标为 90 m，对照图 3.32 即可得知，井筒将在 1988～1989 年之间发生破裂。实际破裂时，地下水水位与我们的预测值仅差 0.5 m 左右，破裂时间与我们的预测值相差 1.5 年左右，实际破裂位置与理论破裂位置相差 2.91%～5%，表明预测结果具有较高的准确性。

3.5.4 本节小结

在前几节研究的基础之上，本节较为详细地论述了立井井筒承受的竖向附加力与地下水位之间的一一对应关系，讨论了井壁重复破裂的内外机理，揭示了下含水层的存在与否并不是井壁破裂的根本因素，指明了井壁破裂与重复破裂的根本因素是地下水的流失导致的竖向附加力的作用，并论述了地下水流失过程中渗水通道的作用。

在井壁竖向应力分布规律的基础之上，结合井壁破裂的强度准则及立井井壁破裂机理的分析，以张双楼副井为例分析并建立了立井井壁破裂预测的理论方法，依据这一预测方法，不仅井壁的破与不破可以预测，而且可以预测井壁破裂的具体位置和时间。

3.6 矿山立井井壁防破裂措施的研究

长期以来，关于冻结井壁防破裂措施的研究，公开发表的论文及相关的科研成果很多，但由于深厚表土层中的井筒特有的特征使得立井井壁受力因素非常复杂，因此，深立井井壁应力分布规律的研究显得极为困难，从而使得防破裂措施的研究很难建立在较为准确的井壁应力分布规律上，这就导致了许多研究干脆就把井壁的破裂归咎于特殊的地质条件，而忽略了实际存在的破裂规律。实际上，立井井壁的破裂是有规律的。资料[148,149,151]显示，冻结立井井壁的破裂共分为两个阶段：

① 冻结壁融化阶段的井壁破裂；② 矿井生产经营阶段（或表土沉降阶段）的井壁破裂。关于这两个阶段的破裂，不同类型的井壁破裂的原因虽有共同点，但也有不同之处。根据资料[91,149]的分析，井壁强度只要满足了表土沉降阶段的要求，则必然满足冻结壁融化阶段的要求，因此研究防破措施时，只需考虑第二阶段的破裂因素即可。本节将以立井井壁的应力分布规律为立足点，以降低危险点处的主应力值及改善危险点处的应力状态为目的，提出一系列的防破裂措施。立井井壁的应力分布规律及破裂因素的研究已在 3.3 节、3.4 节、3.5 节三部分中做了较为详尽的分析，本节将在这些研究的基础上做防破裂措施的介绍。

井壁应力起源于地下水的流失及井壁的热伸，因此，防破裂措施的研究就应该从消除或减小表土与井筒之间的相对位移、防止或减小井壁升温引发的温度应力、增强井筒自身的承载能力、改善井壁危险点处的应力状态四方面入手。

3.6.1　消除或减小表土与井筒之间的相对位移

根据前述的分析，地下水流失引发表土沉降，从而给井筒外壁以向下的竖向附加力作用，是导致井壁破裂的主要因素，因此消除或减小表土沉降是防止井壁破裂的最为积极而有效的措施。具体有如下几条：

(1) 表土预先沉降与含水层地面注浆综合预防措施

在立井井筒施工之前，依据冻结孔布置图，在冻结孔外侧一定距离处布置一圈抽水孔，抽水孔数量视含水层水平向渗流的速度而定。在实施冻结之前，从各含水层处向地面抽水，使得抽水孔孔圈内表土因地下水位的降低而迅速沉降，表土冻结可在沉降稳定之后进行，抽水则需在冻结壁交圈后停止。在抽水完成之后，即可将抽水管变为注浆管，向下含层注入水泥浆，将下含层的砂砾胶结成密实的整体，以防水位上升使得下含层因有效应力的降低而引起厚度的回弹，降低抽水的效果。

作为一种新的防破措施，因这一措施能将井壁破裂的可能消灭在矿井投产之前，故不失为一种值得考虑、推广的方案。

(2) 复合井壁结构

关于此措施，早在 20 世纪 80 年代就已经在我国实施，如淮南矿区潘谢井田内的几大矿井的主、副井筒采用的均是这种井壁结构，90 年代之后这种井壁结构在我国已成普及之势。这种井壁结构的优点实质上就是解决了表土沉降引发的竖向附加力问题，外层井壁因具有一层卸压槽，因此可以抵消表土沉降引发的竖向附加力；而内外壁之间的泡沫隔板或塑料隔板使得内外壁之间竖向变形的相互影响大为减小，从而保证了在外壁卸压槽以上部位下移的过程中，内壁始终处于一种良好的受力状态，即内井壁不会因外井壁的压缩变形而连带发生压缩变形，从而达到防止井壁破裂的目的。

但是要注意到，这种井壁结构中，内、外壁基本上是独立工作的，两者之间的泡沫隔板一方面隔绝了两者之间的温度传递，同时也断开了二者之间的力的传递。随着表土深度的增加，无论是在冻结壁融化阶段[148]，还是在表土沉降阶段[91]，井筒外壁危险点处所产生的应力峰值都会随着负向摩擦力的增加而增大，当表土层达到一定深度时，外层井壁的变形、破裂即不可避免，而外层井壁的变形、破裂又势必会造成对内层井壁的影响。因此，当表土层厚度较大(一般 300 m 以上)时，这种井壁结构必须进行变更，以提高井壁的强度。

从改善危险点处应力状态的角度出发，深表土层井筒复合井壁结构可做如下的变更：① 对于危险范围(C 截面上至 AC 中点处)内的内井壁内表面设增强钢板，条件允许的可设置预压应力钢板，内、外井壁之间的泡沫隔板换成两面涂有沥青层的厚钢板，从而将外层井壁内表面处的应力状态及内层井壁内、外表面处的应力状态从二向应力状态改变为三向受压应力状态，此举措通常可将井壁承载能力提高数倍。② 外层井壁在合适的隔水层处(黏土层内)设一处或两处卸压槽(通常不要超过两处)：第一处卸压槽为主卸压槽，应设在 $A-A$ 层面处；第二处卸压槽可设在下含层之上的隔水层中，若该隔水层距 $A-A$ 层面不远，则该卸压层可不设，而将第一处隔水增厚即可。卸压槽内用可压缩不透水材料充填。具体方案可参考图 3.34、图 3.35。

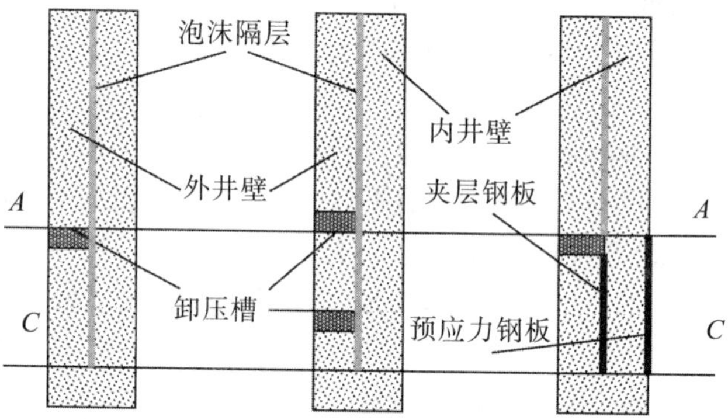

图 3.34　复合井壁结构

(3) 注浆堵水

由于井壁破裂主要是因为下含水流失过程中，上部土层的含水经井筒处的水力通道向下含水补充并随下含水一同流失，使得该部分表土缩沉并与外井壁之间产生较大的摩擦力造成，因此堵住地下水的流失是避免摩擦力产生的重要手段。通常情况下，注浆堵水在下含层中进行，使用的方法有两种：① 破壁注浆；② 地面注浆。

此处需强调的是：由于技术与设备方面的原因，目前破壁注浆的距离最远仅能达到井筒外 5 m 左右的范围[152]，堵水效果不明显，仅能起到暂时的井壁堵漏的作用，时间不常井壁还会再次破裂，所以此种方法不适宜作为井壁防破裂措施。

地面注浆作为防破裂的一种手段，在我国有成功的例子。但该措施的实施原本的目的并不是用于堵水，而是用于防止下含层的缩沉，因此必定地产生了两种结果：① 当注浆的范围较小或沿下含层厚度没能注实，从而起不到堵水作用时，井壁还会再次破裂；② 注浆范围、厚度适宜，堵水效果显著，则井壁不会再次发生破裂[153]。从堵水的角度出发，应将注浆圈的内外半径控制在 15～20 m、厚度 3～5 m。考虑到注浆圈外表土沉降及表土的侧向移动会给井筒的稳定性带来不利影响，注浆圈的圈径也可适当增加。

3.6.2 增强井筒自身的承载能力

井筒外部环境的改善对井筒的稳定性具有非常重要的作用，但是，井筒自身内在性质对井筒的稳定性也具有非常大的影响，这种影响主要表现在以下两个方面：

(1) 增大井壁截面面积

井壁破裂的主要因素是危险截面上的竖向附加应力过大，但由于该应力值与井筒的横截面面积呈反比例关系，因此，增大截面面积可使竖向附加应力大幅减小。但因为从上至下竖向附加应力并非均匀分布，故无论从井壁受力方面考虑，还是从建造成本考虑，均应采用变截面井壁。适当减小上部井壁的厚度，增加下部井壁的厚度不仅可增强强度，而且可减小井壁本身的重量。为了避免应力集中现象的出现，变截面处最好采用圆角过渡。根据静力学计算理论，对于等厚度混凝土井壁，在其他条件不变的情况下，井筒横截面面积的增大会迅速地提高混凝土井壁的承载能力，具体情况请见如下事例：

一立井井筒，其横截面面积为 25 m^2，在其他各方面条件不变的情况下，将横截面面积提高至 27.5 m^2，则其承载能力将提高 10%，若横截面面积提高至 30 m^2，则其承载能力将提高 20%。

(2) 使用高强混凝土

根据式(3-138)可知，黏聚力的增大可使混凝土的承载能力大幅提高，而高强混凝土的黏聚力比普通混凝土的黏聚力高出很多，根据库仑—纳维尔强度准则(式(3-138))，则不难推知，高强混凝土的采用对防止井壁破裂具有重要作用，在其他条件不变的情况下，混凝土每提高一个强度等级，如从 C30 提高至 C40，井壁强度将提高 33.33%。

3.6.3 防止或减小温度应力

如前所述，井壁温度升高是井壁破裂的一个引发因素，这可从绝大多数破裂井筒的破裂几乎都发生在夏季得到证实。井壁温度的升高不仅使得井筒沿轴向发生热伸，造成表土与外井壁之间的相对错动，产生负向摩擦力，而且还会使得井筒沿径向发生膨胀，产生较大的环向应力。为避免该情况的出现，可在内井壁表面涂上隔温涂料即可。由于该措施简单易行、成本低廉，应大力提倡。关于隔温材料的使用，在我国的钢铁冶炼部门已有近 20 年的历史，对于该措施的效果可以根据式(3-108)计算得到。如对于 3.4 节中的运算实例，当内井壁温度降至 25 ℃时，内井壁处的竖向应力为 3713318.436 Pa；而当内井壁温度为 35 ℃时，内井壁处的竖向应力为 4427701.028 Pa，内井壁温度降低 10 ℃，井壁竖向温度应力降低了 714382.6 Pa，降低幅度达 19.235%，效果十分可观。

3.6.4 改善井壁危险点处的应力状态

对于生产矿井，由于井壁结构及材料已无法改变，故改变井壁危险点处的应力状态不失为一较佳措施。具体措施可概括为以下三个方面：

(1) 单层井壁的卸压槽措施

单层井壁或双层非复合井壁利用卸压槽结构作为井壁的防破裂措施时，其结构设计与复合井壁的卸压槽应有所不同，主要原因有两个：① 复合井壁在外层增设卸压槽时无需考虑表土的水平移动，而单层井壁必须考虑这一因素；② 复合井壁在外层增设卸压槽时无需太多关心井壁防水，而单层井壁必须考虑防水。基于上述两方面的因素，单层或双层非复合井壁可采用如图 3.35 所示的卸压槽结构。图中，由于卸压槽部位易发生应力集中现象，故应在该部位设置内衬钢板以改变相应部位的应力状态。关于卸压槽的位置，则应放置在图 3.34 所示的 $A-A$ 层面处。如若 $A-A$ 层面正处于含水层中，则应调整至较近处的黏土层中。

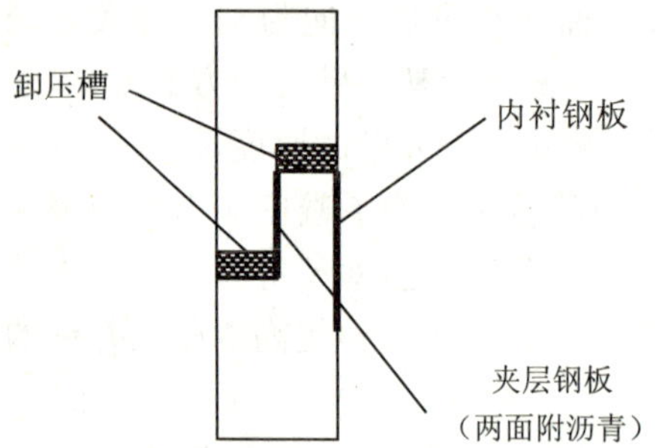

图 3.35　单层井壁的卸压槽结构

(2) 内压钢板增强措施

使用内压钢板的目的是为了改变危险点处的应力状态，增大最小主应力。在库仑—纳维尔准则中，涉及的主压应力有 3 个：σ_1、σ_2、σ_3，对于使用中的矿井而言，其中竖向应力 σ_1 最大且难以改变，径向应力 $\sigma_3=0$ 最小，环向应力 σ_2 介于 σ_1 和 σ_3 之间，且在准则中不起作用，因此能够改变的应力值仅为 σ_3。根据 $\sigma_1[(f^2+1)^{1/2}-f]-\sigma_3[(f^2+1)^{1/2}+f]=2C$ 可知：如若将 σ_3 由零增至某一压应力值，则井壁的抗破裂能力将大为增强。根据对厚壁圆筒的受力分析可知：此处理想的 σ_3 值应为 $\sigma_3=[(b^2+a^2)p-(b^2-a^2)\sigma_{\theta_t}]/(3a^2-b^2)$（$p$ 为相应位置处的地压值；σ_{θ_t} 为内外壁温差引起的外壁处的环向温度应力）。将内井壁处的二向应力状态改变成三向应力状态，可采用如下的具体方法（参见图 3.36）：

① 确定需要处理的范围，如图3.34所示，这一范围应为井筒中 $AC/2$ 截面至 C 截面之间的部位。

② 选取若干块5～10 mm厚的钢板（具体数量视上述需处理范围的大小而定），并将每块钢板处理成曲率半径等于井筒内径的弧形，在每块板的外曲面上粘贴上厚10～15 mm的橡胶垫层。

③ 利用特制千斤顶装置将图中所示的两块钢板 A 对称地挤压在内井壁上，在钢板 A 挤压到位以后，利用同样的方法将钢板 B 对称地挤压在余下的位置处。

④ A、B 钢板均挤压到位后，首先将 A、B 钢板的各边缘板进行牢固联接（铆接或焊接），然后再将各钢板上的工字钢进行焊接，从而使得钢板与井壁之间的预压应力能够得以保持。

在安装后，钢板同内井壁之间的相互作用力应尽可能达到 $[(b^2+a^2)p-(b^2-a^2)\sigma_{\theta t}]/(3a^2-b^2)$，如此一来，根据库仑—纳维尔准则，内井壁的抗破裂能力将提高 $\sigma_r[(f^2+1)^{1/2}+f]/\sigma_1[(f^2+1)^{1/2}-f]$。以红阳一矿副井为例，采用上述措施后，其中性层处的抗破裂能力最少能够提高24.89%，效果是极为明显的。

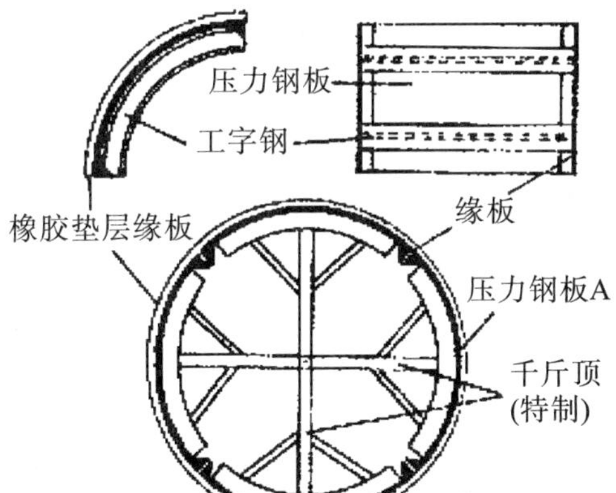

图3.36　压力钢板的结构与安装

(3) *内层套壁措施*

对一些生产矿井，由于当初设计时考虑因素不够，致使井壁的强度达不到要求。减小竖向应力的最佳方法就是增加井筒截面的面积，而增加截面面积最容易实现的手段就是套壁，目前，这一方法在我国的许多矿井已经被采用，效果较好。但该措施有一个很大的缺点，就是减小了井筒的端面，影响了矿井的提升、运输能力。

3.6.5 本节小结

上述所列的所有措施中,“采用隔温涂料防止井壁升温”、“内压钢板增强措施”、“复合井壁结构变更措施”、“注浆堵水措施”等均为本文所建议。此外,对于某些特殊的井筒,可以综合考虑两种或两种以上的措施。值得提及的是,在考虑采用某一措施来处理破裂井筒时,尚应该全面地分析该措施的负面影响,否则可能会产生更加难以处理的后果。

第 4 章　高强高性能混凝土井壁材料的实验研究与应用

依据前述研究，井壁破裂的主要原因是土岩交界面处竖向应力过大导致，根据库伦—纳维尔准则，井壁破坏强度与混凝土材料的单轴抗拉强度和单轴抗压强度的乘积有关，因此提高混凝土井壁材料的强度等级对增强井壁抗破裂的能力具有很大作用。由于井壁的浇筑和使用过程中所处的特殊环境，单纯地提高井壁材料的强度等级仍然存在着诸多问题，如耐久性、抗冻性、抗渗性、抗干缩性、抗温度应力等，为了较为彻底地解决这些问题，本章从实验室实验、现场应用、理论分析三个方面对高强高性能混凝土展开了研究。

4.1　高强高性能混凝土井壁材料的实验研究与应用概况

4.1.1　问题的提出

目前我国的混凝土用量已高达 12～13 亿 m^3，约占世界总用量的 40%，是世界上混凝土生产和使用量最多的国家。混凝土材料以其抗压强度高、耐火性好、可模性好、施工方便等优点成为当今世界上用途最广、用量最大的建筑材料之一，发挥着其他材料无法替代的作用和功能。但是，混凝土材料脆性大、易腐蚀，在其服役的过程中会受到内部因素和外部环境的作用，产生裂纹、局部损伤和腐蚀等病害，日积月累，这些病害会逐渐加重，致使混凝土材料的性能不断降低，轻者会影响结构的正常使用或缩短结构的使用寿命，重者会产生灾难性的事故，给国民经济和人民的生命安全带来巨大的损失。一般情况下，钢筋混凝土设计施工往往只对混凝土的强度特别感兴趣，但是很多混凝土强度很高的结构往往会发生过早破坏，其原因不是由于强度，而是由于混凝土耐久性和其他特性不足而造成的，从而引起了很多设计施工单位对混凝土耐久性和其他性能的认识。1980 年 3 月 27 日，北海近海钻井平台 Alexandor Kjeu 号突然破坏，导致 123 人死亡；乌克兰境内切尔诺贝利核电站，由于钢筋混凝土结构的泄漏造成大面积的放射性污染；1987 年我国某地钢筋混凝土大水塔突然毁坏，造成大量人员伤亡，这些事故的主要原因都是由于渗漏造成钢筋锈蚀，导致混凝土断裂面毁坏。

在工业发达国家，建筑工业总投资的40%以上用于现存结构的修理和维护，60%以下用于新的设施。美国1980年报道，有56万座公路桥因使用除冰盐引起混凝土剥蚀和钢筋锈蚀，其中有9万座需要大修和重建。仅1978年，经济损失已达63亿美元，在桥梁方面，目前已有253000座桥的桥面不同程度地劣化，而且每年还以35000座的速度增加，修理费用达500亿美元，维修更换劣化的混凝土结构将花费2000亿美元。根据美国土木工程师学会2001年的调查[154]，美国国家级桥梁29%以上老化，估计20年内每年要投入106亿美元进行桥梁治理，美国全国的水坝处于不良状态(D级)，2100个水坝不安全，近两年有61个水坝破坏。美国土木工程师学会估计，美国在未来5年内需投入13000亿美元进行桥梁治理，以适应21世纪的发展需要。英国英格兰岛中部环形快车道上的11座混凝土高架桥，建造费为2800万英镑，到1989年因为维修而耗资4500万英镑，是造价的1.6倍，估计以后15年内还要耗资1.2亿英镑，累计接近当初造价的5倍[155]。澳大利亚1978年房屋结构维修费用为5000万美元，1995年高达8亿美元，其中还不包括桥梁、排污管道等建筑物的维修费用[156]。而日本目前每年仅用于房屋结构维修的费用即达400亿日元以上，日本引以为豪的“新干线”使用不到10年，就出现大面积混凝土开裂、剥蚀现象[157]。国外学者曾用“五倍定律”形象地描述了混凝土结构耐久性设计的重要性，即设计阶段对钢筋防护方面节省1美元，那么意味着：发现钢筋锈蚀时采取措施将追加维修费5美元；混凝土表面顺筋开裂时采取措施将追加维修费25美元；严重破坏时采取措施将追加维修费125美元。

我国工程的耐久性问题也十分突出，一项调查表明[158~165]，南方地区使用7~25年的钢筋混凝土港工设施中，有89%发生了钢筋锈蚀破坏；1986年国家统计局和建设部对全国城乡28个省、市、自治区的323个城市及5000个镇进行普查，结果表明我国现有城镇房屋建筑面积约50亿m^2，占全部房屋建筑面积的60%，其中约23亿m^2需分期分批进行鉴定加固，近10亿m^2急需维修加固才能正常使用[159]；1989年建设部科技发展司混凝土结构耐久性综合调查组对北京、西宁、贵阳和杭州的一些建筑物进行调查，结果发现建国初期的建筑物均已达到必须大修的状态，现有大多数工业建筑不能满足安全、经济使用50年的要求，一般使用25~30年就需大修加固[160]。

综上所述，混凝土结构由于混凝土耐久性问题导致结构损伤失效所造成的损失是相当巨大的，该问题已引起了科学界和工程界的广泛关注和重视，迄今已对冻融、碳化、碱—骨料反应、腐蚀、剥落等耐久性问题进行了深入的研究。但是混凝土是一种多组分、非均质的多孔材料，其使用环境和要求也各不相同，因此，要实现混凝土的高耐久性，必须从实际需要出发，设计使用合适的原材料，提出不同强度等级、不同工程要求的高耐久混凝土的配制技术，这已成为当务之急。

随着对混凝土耐久性认识和研究的不断深入，如何提高混凝土耐久性能，已成为近年来混凝土技术发展的首要课题，其中高性能混凝土被认为是今后混凝土技术发展的方向[161]。高性能混凝土是在1990年5月美国国家标准与技术研究院(NIST)和美国混凝土协会(ACI)共同主办的一次研讨会上正式提出的[162]。高性能混凝土的含义主要是高强度、高耐久、大流动性，它不仅要强度高，而且还要具有高弹模、高密实度、低渗透性、高体积稳定性、高耐久性和大流动性，其中高耐久是高性能的核心。高性能混凝土的概念提出后，立即引起世界各国材料科学与工程界的密切关注和高度重视，并称之为跨世纪的新材料[163]。

在短短的十几年时间里，世界发达国家投入大量人力、物力和财力对高性能混凝土进行研究开发，目前已取得了相当多的研究成果。在原材料方面，除了常用的水泥以外，新出现了球状水泥、调粒水泥、活化水泥等等。利用矿渣、粉煤灰、硅粉等，可以改善与提高混凝土的性能。高效减水剂和高性能减水剂的出现，使混凝土的性能设计和控制达到了更高的水平。在日本，研制出了耐久性高达500年以上的混凝土。在水灰比0.50的普通混凝土中，掺入衍生物，混凝土可获得超高耐久性[164]。

由于高性能混凝土本身与普通混凝土及高强混凝土在组成上的差异，它们之间存在不少差距。高性能混凝土具有更高的致密度和更良好的流动性，同时具有良好的体积稳定性。法国1993年建成的样板工程——Joigny城镇的一座三跨后张预应力桥，虽然跨度不大，仅34+46+34 m，但由于采用相当于我国C70级的高性能混凝土替代原来的C40级混凝土，并采用体外预应力索的结构形式，使混凝土用量减少30%，自重降低24%，并且从建成至今，都未出现过开裂现象[165]。

我国煤炭资源相对于石油、天然气是赋存比较丰富的能源，在一次能源结构中占70%左右，预计2050年占60%，新中国成立57年以来，共生产煤炭超过380亿吨，而我国煤炭资源埋藏深度在1000～2000 m的约占总储量的53.2%(见图4.1)。深井建井平均深度不断加深，5个深井平均深度，20世纪70年代为583.6 m，80年代为615.4 m，90年代为679.9 m，最近平均井筒已超过900 m。特别是华东地区的江苏、安徽、山东以及河南等产煤大省，许多煤田上部覆盖了较厚冲积层，上覆冲积层较薄的煤田绝大多数已得到充分开采，不少煤田资源已面临枯竭。无论是从满足煤炭资源的需要还是从矿井接替的需要及煤炭企业可持续发展的角度考虑，这些地区都迫切需要开展新井建设。这些井筒绝大多数要通过500～1000 m厚的冲积层，有的冲积层厚度甚至超过1000 m。井筒大都采用冻结法施工，随着冲积层厚度的增加，深厚表土层混凝土井壁不仅要承受巨大的地压还要承受冻结法施工建井时期的冻结压力、井筒使用期间的竖向附加力。而且深厚表土层往往含水丰富，水压大，水头高，所建井筒大都存在渗水、淋水、漏水以及地下水中有害离子的腐蚀问题。若采用传统强度等级混凝土，由于其耐久性较差，抗渗性能较差，大约会有70%的井筒将不同程度地出现混凝土井壁环向裂纹、开裂、脱落、渗水、漏水。井筒出现不同程度的破坏，不仅每年需花费数亿元的资金进行修理、加固，而且影响正常的生产安全[166]。

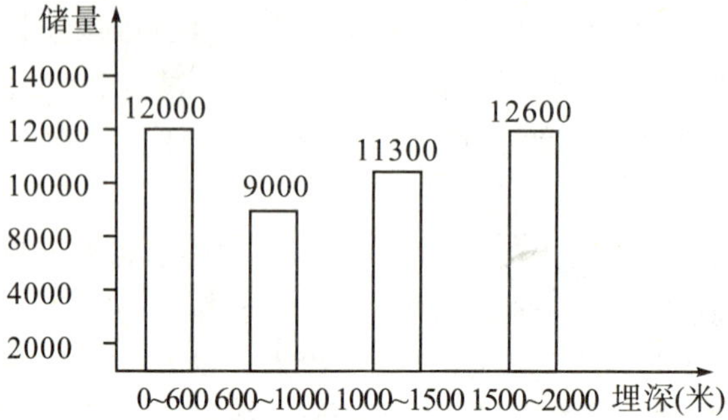

图 4.1　储量与埋深之间的关系

同时若采用普通混凝土井筒，为抵抗冻结压力和冲积层地压，混凝土井壁设计厚度应达到 2～4 m，井壁体积、厚度均较大，井筒有效利用面积很低，而且抗渗耐久性能远不如高强高性能混凝土，不仅增加了混凝土的用量，而且加大了岩土的开挖量，增加了建设投资。井筒工程是煤矿建设中最关键的工程，一旦出现问题，对生产安全影响巨大，因此，为减少井筒施工期间岩土开挖工作量，提高经济效益，确保生产安全，实验研究应用于深厚表土层冻结井壁的高强高性能混凝土具有重要的理论价值和工程实践意义。

4.1.2　国内外研究现状

高性能混凝土的研究首先于 1986 年在挪威开展，此后日本、美国、加拿大、法国、德国相继致力于研究与开发。这些国家制备的高性能混凝土主要采用硅灰＋高效减水剂，其抗压强度通常达 70～80 MPa，美国制备了 130 MPa 的高性能混凝土并已应用于高层建筑，美国的 P. Mendis 还介绍了抗压强度达 150 MPa 的高性能混凝土。但目前对于高性能混凝土的确切含义仍有不同的理解。从强度来说，大多数认为不宜低于 50～60 MPa，而日本则更加重视工作性和耐久性[167]，如新建的明石跨海悬索桥，缆索锚固混凝土需 52 万 m^3，要求高耐久性、大流动性、高体积稳定性及低水化热，而强度指标只有 42 MPa(28 d)和 50 MPa(90 d)，其桥墩混凝土约需 50 万 m^3，要求高耐久、高抗冲刷与低温升，而强度仅有 20 MPa，但在报道中也称为高性能混凝土。

近年来国内对高性能混凝土的研究也取得了一些新的进展，如在建筑、道桥、水利、国防等各个领域逐渐认识到发展高性能混凝土的意义，国内大城市如京、沪、津、沈、深圳等地对采用高性能混凝土已逐步接受并形成共识，不少大工程重视了混凝土材料的耐久性和使用寿命。如上海东方明珠电视塔下部有 180 m 的塔身采用 C60 粉煤灰混凝土，并将这种混凝土成功地泵送到 350 m 的高处；上海金茂大厦4 m厚底板一次连续浇注1.35万m^3的C50粉煤灰高性能混凝土；北京首都机场新候机楼共26万m^3的混凝土中，除基础外，所有墙、梁、板、柱均采用坍落度20～22 cm的C60高性能混凝土[168]。国内尽管做了一些工作，但从研究与应用水平来看，与国际先进水平相比，仍然存在较大差距。

近年来随着煤矿开采深度的加深，特别是华东地区，立井穿过表土层的厚度越来越深，大量的冻结立井混凝土井壁出现不同程度的破坏，不仅花费了大量的维修费用，而且严重地影响了矿井的安全生产，从而引起了国内建井界、高校、设计、施工、科研单位专家的高度重视。国内高校和研究机构做了大量的实验研究，对深厚表土层混凝土井壁破裂机理、力学特性、附加应力等进行多次模拟实验研究，取得了一定的成果，提出了新的理论和观点。同时，对华东地区已建冻结混凝土井壁破裂原因进行了大量的调研，提出并制定了防止井壁破裂的措施和方案。

但以上研究理论大多只注重混凝土井壁的破裂机理、破裂原因及预防加固措施方面，而对混凝土本身的性能方面，如提高混凝土的强度等级、采用高强度等级混凝土、提高混凝土的耐久性和其他性能方面研究得比较少。特别是对深井冻结井壁，深厚表土层C60以上高强高性能混凝土的研究更少。无论是设计方面，还是施工方面和理论研究方面，只强调了混凝土的强度指标，而忽视了混凝土的高密实度、低渗透性、高体积稳定性、高耐久性和大流动性等其他重要性能指标，其中高耐久性是高性能的核心。

国内实践方面，近几年随着冲积层厚度的不断加深，高校、科研单位与设计院以及施工单位通力合作，在济东矿区冻结井中成功浇筑了C55高强混凝土井壁。2002年在河南程村煤矿主、副井井筒(冲积层厚度约429 m)中，达到了C60。2003年由中煤71处施工竣工的山东济西煤矿主井井筒(冲积层厚度约459 m)，现浇冻结井壁的混凝土强度等级达到了C60，但只是对其设计强度有了具体的要求，对其他重要性能如抗冻性、抗渗性、干缩、温度变形、耐久性等重要指标没有具体要求。

在高性能混凝土研究方面，国外主要有日本、欧洲、美、加等一些国家和地区对高性能混凝土研究较多，但只侧重于地面工程，波兰、德国、俄罗斯等国对冻结井筒、井壁研究较多，主要侧重冻结技术、钢板井壁、地面预制混凝土井壁，对冻结井壁C60以上现浇高性能混凝土的研究尚未见到，对深厚表土层冻结立井C60以上高强高性能混凝土的应用研究尚属首次。

纵观现状，对于高性能混凝土的研究与发展方向，国内外学者均给予了高度重视，但许多重大科学技术问题仍未得到彻底解决，尤其是涉及材料制备技术，目前尚缺乏新的思路，更没有进入到材料结构形成过程中微观机理的分析及在多因素作用下材料的耐久性和损失劣化研究。某些问题因缺少理论指导而处于知其然而尚不知其所以然的状态。

① 作为高强高性能混凝土，目前国内外研究得很多，受“高强混凝土”概念的影响或对其理解上存在的差异，几乎都采用高强的技术途径，而往往忽视了量大面

广的中、低强度等级混凝土的高耐久性。

② 目前，对混凝土耐久性的研究依然是逐个因素孤立地进行，而实际工程结构是在应力或非应力与不同化学腐蚀疲劳条件共同作用下运行的，单一因素作用下的耐久性难以真实地反映客观实际。

③ 混凝土配合比设计一般是以强度为主要设计指标，再根据鲍罗米公式计算所需水灰比，然后选择相应的单位用水量及砂率，根据重量法或体积法来确定相应的配合比，对混凝土的耐久性设计的影响考虑得不够充分，传统的混凝土配合比已经不能适用于高耐久性混凝土的配制。

④ 对于矿物掺合料的应用，依然停留在利用工业废渣的认识水平上，还没有真正挖掘出矿物掺合料对混凝土耐久性的贡献。另外，有些学者夸大了掺合料的作用，没有正视矿物掺合料应用不利的一面和存在的问题。

⑤ 关于高性能混凝土的配制及其性能方面的研究，很多都只停留在实验和理论分析上，并没有与工程实际很好地结合，因而研究所得出的结果往往脱离实际。

4.1.3 主要研究内容

本次实验是根据山东巨野煤田龙固煤矿副井深厚表土层冻结井壁设计的C60～C80高强高性能混凝土施工需要而开展研究的。山东龙固煤矿设计生产能力600万吨，其中副井采用冻结法施工，表土层厚度580 m，冻结深度650 m，最大设计厚度为2.2 m，内壁1.1 m，外壁1.1 m。设计混凝土强度等级为C30～C70，为目前国内及亚洲设计最复杂、强度等级最高、冻结表土层最深、施工难度最大的矿井。不仅要求混凝土井壁具有较高的强度，而且要有良好的耐久性、体积稳定性和较好的施工性能，满足冻结井筒特殊环境条件的要求。主要研究内容如下：

1. 高强高性能混凝土配合比及施工工艺的实验研究

(1) 砂石、水泥原材料选择与研究。

(2) 各种添加剂及掺合料的研究与选择(硅粉、矿渣、高效减水剂、防冻剂，煤灰等)掺量大小对混凝土性能的影响。

(3)通过实验室试配确定合理的混凝土配合比及施工工艺参数。

2. 变温对高强高性能混凝土特性影响的实验研究

冻结井壁混凝土温度将达－10～－25 ℃，低温条件下混凝土性能养护方法的研究国内外都比较少。

(1) 工作面温度将达－10～－25 ℃，脱模后外壁混凝土温度如何变化？是否要进行保温保湿？如何进行保温保湿？

(2) 现浇内外层井壁厚度达1.1 m，已属于大体积混凝土工程，而且内外层井壁施工过程中温度变化梯度较大(冻结壁解冻前后温度变化50 ℃)，井壁混凝土是否会产生温度裂缝？

(3)负温状态混凝土各龄期强度及与28天标准养护条件下混凝土强度的关系。

(4)内外层井壁温度变化研究，模拟井下条件，实测混凝土中温度的变化规律，研究外壁温度场的变化规律。

3. 突变压力对混凝土特性影响的实验研究

现浇混凝土外层井壁受到的冻结壁变形压力可达0～8 MPa，外壁混凝土处于边受力、边养护而且压力逐渐增大的状态。这一点是地面和其他地下工程施工中不曾遇到也无需考虑的状况，这是冻结凿井施工中无法回避的问题、必须解决的问题。

(1) 外载压力几天内可达0～8 MPa，外载是否会对正在硬化的混凝土造成损伤？

(2) 不同外载应力增长速率下不同龄期混凝土的强度、耐久性、抗渗性等性能的变化规律，并与无压情况下混凝土的性能进行对比，获得压力对混凝土性能的影响规律。

(3) 不同增长速度的养护压力对混凝土最终性能的影响。

(4) 因冻结壁变形压力较大(1～3天内压力可达0～8 MPa)，要求外壁混凝土具有较高的早期强度，其1天、3天、7天强度必须分别达到35%、75%、90%。

4. 高强高性能混凝土性能实验研究

通过实验，检验混凝土配合比设计及性能是否满足工程的需要，以及下一步如何进一步优化设计，根据选择的混凝土配合比，在实验室中对其性能进行研究，主要研究抗渗性、抗氯离子渗透性(采用ASTMC1202法)、抗冻性、干缩、绝热温升等。

5. 高强高性能混凝土微观机理研究

采用SEM等手段，对高强高性能混凝土的性能改善微观机理进行研究。采用的混凝土强度等级分别为C70、C60和C40，其中普通混凝土C40用于和高性能混凝土C70、C60作对比实验。从微观结构进一步找出高强高性能混凝土改善作用的机理，为发挥材料性能的潜力提供理论依据。

6. 高强高性能混凝土外层井壁实验段现场实验研究

根据实验室试配及模拟实验和混凝土性能实验优化选择的高性能配合比设计，在施工现场工作面做实验段实验，以检验实验室及模拟实验优化选择的混凝土配合比的合理性、正确性，进一步优化选择及指导施工用的高强高性能混凝土配合比设计及施工工艺参数。

7. 高强高性能混凝土实际应用研究

在实验室试配及模拟实验(包括微观机理分析、实验段试验、实验研究)的基础上，选择合理的混凝土配合比及施工工艺参数，制定质量控制措施方案和施工工艺指导现场施工。

4.1.4 本节小结

(1) 高强高性能混凝土应用研究在欧、美、日、加等国及地区研究得比较早,取得了一定的经验和成果。国内起步较晚,最近几年引起了国内有关专家学者的高度重视,并进行了大量的科研攻关,取得了一定的科研成果,但与国外机构相比,还有一定的差距。

(2) 无论国内或者国外,大多数研究应用于地面工程,对特厚表土层冻结立井这一特殊环境条件下高强高性能混凝土的研究较少。特厚表土层冻结立井特殊的环境条件表现为:低温(井下环境温度可达 -10～-25 ℃);高地压、高冻结压力(承受冻结压力和地压最大可达 8 MPa),现浇混凝土在浇筑后及养护期立即承受较大的压力作用(初期 1～3 天内压力可达 0～8 MPa);井下空间狭小,施工养护条件与地面工程相比非常复杂。

(3) 本研究遵循理论与实践相结合的原则,首先通过理论计算设计,实验室试配,并对微观机理做进一步的分析,然后进行相似模拟实验研究,再通过现场实验段实验检验。结合工程实际,最后不断优化选择,取得合理的混凝土配合比及施工工艺参数、质量控制措施,指导现场施工。克服了纯粹的理论和实验研究与实际脱节的弊端。

4.2 高强高性能混凝土原材料选择及配合比实验研究

4.2.1 实验原材料选择原则

根据济南煤矿设计院的设计,在深度 380 m 以下,龙固煤矿副井外层井壁混凝土的强度等级达到 C60～C70,内、外层井壁厚度最大均达到 1.1 m。

为保证内、外层井壁的安全和方便施工,对混凝土的技术指标提出如下要求:

(1) 坍落度不小于 15～18 cm;经过 30 min,坍落度不低于 12～15 cm,具有很好的施工性能。

(2) 强度增长要求 1 天、3 天和 7 天的强度应分别达到设计强度的 35%、75% 和 90%。因此,对应用于工程中的 C60 混凝土井壁,在实验室进行模拟实验研究时,混凝土 1 天、3 天和 7 天的强度应分别达到 27.44 MPa、58.8 MPa、70.56 MPa;对应用于工程中的 C70 混凝土井壁,在实验室进行模拟实验研究时,混凝土 1 天、3 天和 7 天的强度应分别达到 31.36 MPa、62.7 MPa、80.64 MPa。

(3) 脱模时间为 6 h,脱模混凝土具有一定的强度,其强度不小于 1.0 MPa。

(4) 混凝土干缩和绝热温升指标符合规范、规程要求,不产生干缩、温度裂缝。

(5) 砂、石均采用检验合格的当地材料。

(6) 矿物、化学添加剂分开掺加,且方便计量,易于施工管理。

(7) 混凝土应具有较高的耐久性能,其抗渗、抗冻、抗氯离子渗透性符合规范要求。

实验原材料选择:

(1) 水泥。山东水泥集团济南总厂生产的"东岳"牌 P.O 42.5 和 P.O 52.5 水泥。

(2) 砂。中砂偏粗,细度模数在 3.0 左右,含泥量小于 1.0%,为当地施工用材料。

(3) 碎石。颗粒粒径为 5～20 mm,含泥量小于 0.5%,针片状颗粒含量小于 5%,为当地施工用材料。

(4) 矿物掺合料。山东邹县发电厂生产的Ⅰ级粉煤灰和山东建筑科学研究院生产的细磨矿粉。

(5) 高效减水剂:

① JM－PCA(Ⅰ)混凝土超塑化剂(南京道路建设材料厂生产),液体浓度为 30%。

② JC－3A 高效减水剂,粉剂(合肥锐通建材有限公司生产)。

③ N_{C-F600}高强高性能混凝土专用复合型减水剂(泵送剂)(山东省建筑科学研究院研制),液体浓度为 45%。

(6) 水。自来水。

4.2.2 高强高性能混凝土配合比设计

1. 水泥

采用山东水泥厂生产的 42.5R 级普通硅酸盐水泥,其性能指标见表 4.1。

表 4.1　水泥性能指标

水泥品种	凝结时间 (h:min)		安定性	抗折强度 (MPa)		抗压强度 (MPa)	
	初凝	终凝		3 d	28 d	3 d	28 d
P.O 42.5R	2:45	4:05	合格	4.9	8.1	26.2	48.8

2. 细骨料(砂)

细骨料为宁阳河砂,颗粒级配合格,细度模数 3.2,其相关性能指标及筛分实验情况分别见表 4.2、表 4.3。

表 4.2　细集料性能指标

表观密度 (kg/m^3)	堆积密度 (kg/m^3)	紧密密度 (kg/m^3)	含泥量 (%)	泥块含量 (%)	级配区域
2620	1490	1640	0.3	0	Ⅰ区

表 4.3　颗粒级配筛分实验结果

筛孔尺寸(mm)	9.50	4.75	2.36	1.18	0.60	0.30	0.15
实际累计筛余(%)	0	4	20	45	74	94	98

3. 粗骨料

我国高强混凝土委员会制定的《高强混凝土结构设计和施工指南》规定：C50～C60 混凝土所用石子最大粒径不大于 30 mm。中国工程建设标准化协会制定的《高强混凝土结构技术规程》规定：粗骨料的最大粒径不宜大于 25 mm。本实验所采用的粗骨料为：C70、C40 采用嘉祥 5～20 mm 碎石，相关性能指标及筛分实验情况分别见表 4.4、表 4.5；C60 采用嘉祥 5～31.5 mm 碎石，相关性能指标及筛分实验情况分别见表 4.6、表 4.7。

表 4.4　粗集料性能指标(5～20 mm)

表观密度 (kg/m^3)	堆积密度 (kg/m^3)	紧密密度 (kg/m^3)	含泥量 (%)	泥块含量 (%)	针片状颗粒含量(%)
2620	1510	1570	0.2	0	6

表 4.5　颗粒级配筛分实验结果(5～20 mm)

筛孔尺寸(mm)	31.5	26.5	19.0	16.0	9.5	4.75	2.36
实际累计筛余(%)	0		6		79	98	100

表 4.6　粗集料性能指标(5～31.5 mm)

表观密度 (kg/m^3)	堆积密度 (kg/m^3)	紧密密度 (kg/m^3)	含泥量 (%)	泥块含量 (%)	针片状颗粒含量(%)
2680	1500	1540	0.2	0	2

表 4.7　颗粒级配筛分实验结果(5～31.5 mm)

筛孔尺寸(mm)	31.5	26.5	19.0	16.0	9.5	4.75	2.36
实际累计筛余(%)	0		16		98	100	100

4. 掺合料

高性能混凝土是以综合耐久性为主要设计指标的，普通硅酸盐水泥混凝土很难满足 HPC 综合性能要求，因为硅酸盐水泥的混凝土早期水化热较大，混凝土坍落度损失大，界面区的 CH 取向及其抗侵蚀性能差等弊端是硅酸盐水泥混凝土自身难以克服的问题，而掺合料可改善混凝土工作性能、力学性能及混凝土内部组成、结构，大大提高混凝土的耐久性，克服了硅酸盐水泥混凝土存在的许多潜在的及现实的问题，因而这类能显著改善混凝土耐久性和工作性的活性矿物掺合料是配制高性能混凝土必不可少的组分。为了有效地降低高性能混凝土的单位用水量，改善和提高混凝土性能，龙固煤矿副井井壁混凝土结构中采用了硅灰及山东省建筑科学研究院配制的 $N_{C\text{-}H}$复合掺合料。

5. 外加剂

混凝土外加剂技术是半个世纪以来发展较快的一项混凝土新技术。据不完全统计，目前全世界混凝土外加剂新产品已达四五百种之多，美国、加拿大、德国、前苏联、英国等，在水泥混凝土中外加剂的使用率一般为 50%～80%，其他国家采用外加剂的比例也在与日俱增。外加剂的应用不仅节省了水泥和能源，提高了施工速度和施工质量，改善了工艺和劳动条件，更主要的是改善了混凝土性能，特别是耐久性能，因而，外加剂成为配制高性能混凝土、高耐久混凝土不可或缺的材料之一。随着人们对混凝土耐久性的广泛关注，一些适用于不同工程并能给混凝土赋予新的性能的功能型外加剂不断应运而生。

本实验研究使用的外加剂为山东省建筑科学研究院提供的 FNC 高效减水剂和 $N_{C\text{-}F600}$复合外加剂（水剂），以及另一厂家生产的 SPA 高效减水剂（粉剂）。FNC 高效减水剂物理及力学性能指标分别见表 4.8、表 4.9。

表 4.8　FNC 高效减水剂物理性能指标

外加剂品种	减水率(%)	泌水率比(%)	含气量(%)	收缩率比(%)	凝结时间差(min)	
					初凝	终凝
FNC	20	72	2.0	95	+36	+95

表 4.9　FNC 高效减水剂力学性能指标

外加剂品种	抗压强度比(%)			
	1 d	3 d	7 d	28 d
FNC	195	209	204	175

4.2.3　实验依据

井筒外层井壁混凝土的养护条件可概括为：先受热后受冷，边硬化边承载。因此现浇 C60～C70 高强混凝土井壁技术要求高，施工难度大。

实验参照以下标准进行：

《水工混凝土实验规程》，DL/T 5150—2001。

《混凝土抗氯离子渗透快速实验规程》，ASTM C1202。

在实验室模型实验中，混凝土的强度等级应达到C70～C80。根据中国土木工程学会高强与高性能混凝土委员会制定的《高强混凝土设计与施工指南》（HSCC—99）第12.2.2条，混凝土的配制强度应按下式计算：

$$f_{cu,0} \geqslant 1.12 f_{cu,k} = 78.4 \sim 89.6\ (\text{MPa})$$

式中，$f_{cu,0}$——混凝土配制强度（MPa）；

$f_{cu,k}$——混凝土立方抗压强度标准值（MPa），为70～80 MPa。

4.2.4 实验研究方案

1. 配合比

本实验研究首先通过理论计算，确定合理的混凝土配合比10种，然后在实验室中进行20次正交实验试配，选择三种可供实验用混凝土配合比，优选C40、C60、C70配合比各一种，用于混凝土特性性能实验，其中C40配合比为相同材料不同配合比设计作为对比实验用。各配比的具体情况分别见表4.10、表4.11、表4.12，其相应拌合物和硬化混凝土的部分性能见表4.13。

表4.10 混凝土配合比(C40)

混凝土配合比(kg/m³)					W/B	S_P(%)
W	CSF	S	G	SPA		
188	448	670	1093	2.69	0.42	38

注：W—水，C—水泥，S—细集料，G—粗集料，SPA—外加剂，W/B—水胶比，S_P—砂率。

表4.11 混凝土配合比(C60)

混凝土配合比(kg/m³)						W/B	S_P(%)
W	C	SF	S	G	FNC		
184	474	41	700	1051	18.5	0.36	40

注：SF—硅粉，FNC—外加剂，其余同表4.10。

表4.12 混凝土配合比(C70)

混凝土配合比(kg/m³)						W/B	S_P(%)
W	C	$N_{C\text{-}H}$	S	G	$N_{C\text{-}F600}$		
140	399	171	619	1101	34.20	0.25	36

注：$N_{C\text{-}H}$—掺合料，$N_{C\text{-}F600}$—外加剂，其余同表4.10。

表4.13　各配比相应拌合物和硬化混凝土的部分性能

强度等级	拌合物坍落度(mm)	硬化混凝土的抗压强度(MPa)	
		7 d	28 d
C40	160～200	44.5	58.5
C60	180～200	49.0	64.4
C70	160～200	71.5	80.0

注:实验所得结果与表中数据基本一致,但C60拌合物的黏聚性和保水性较差。

2. 实验方案

(1) 对上述3个强度等级的混凝土的主要长期性能和耐久性能进行对比研究,具体方案见表4.14。

表4.14　实验方案

编号	抗压	收缩	绝热温升	抗渗	抗冻	微观分析
C40	√	√	√	√	√	√
C60	√	√		√	√	√
C70	√	√	√	√	√	√

注:微观分析包括XRD、SEM、TG、DSC、MIP。

(2) 相似模拟实验研究:模拟实际施工现场的工况条件,实测混凝土内部温度变化规律以及强度变化规律,与常温条件下混凝土温度变化及强度变化规律进行对比。

(3) 现场实验段实验研究:在施工现场一定部位按试配和模拟实验确定的混凝土配合比,现浇一段混凝土井壁,测试混凝土的各种性能,与实验室和模拟实验测试得到的各种性能对比,进一步优化混凝土配合比设计方案。

(4) 施工工艺与质量控制措施的应用研究:根据优化设计的混凝土配合比选择合理的施工工艺和质量控制措施,指导现场施工。

4.2.5　本节小结

(1) 根据工程施工需要,本着就地取材,既满足高强高性能混凝土配合比要求,又满足经济、节约的原则,选择混凝土配合比所需要的各种原材料,并对其物理力学性能进行了实验。

(2) 通过理论计算选择了理论配合比,通过实验室正交试配,确定了进一步实验用混凝土配合比设计。为简化实验,选择了C40、C60、C70三种配合比作性能实验,其中C40配合比为相同材料不同配合比设计用作对比实验用,指出了下步实验研究的依据,明确了实验研究的主要内容。

4.3 混凝土干缩性能和绝热温升特性实验研究

由于混凝土结构耐久性病害导致破坏的损失是相当巨大的，然而结构物的破坏和倒塌一般都是从裂缝的扩展开始的，如强震后震区的建筑物上布满了各种各样的裂缝、荷载实验的钢筋混凝土大梁上出现大量裂缝等等[169]。从近代固体强度理论的发展可以看出，裂缝的扩展是结构物破坏的初级阶段，相对的某些裂缝部位的混凝土，其承载力受到一定削弱，同时结构物裂缝可以引起渗漏、保护层剥落、钢筋腐蚀、混凝土碳化、持久强度降低等，直接导致混凝土结构耐久性失效。由于水泥混凝土是一种脆性非匀质工程材料，其内部存在大量微细裂缝和不同大小的孔隙，抗拉强度很低，抗裂性很差，所以混凝土结构物很容易产生裂缝，可以说混凝土裂缝几乎是不可避免的。裂缝问题是高性能混凝土实际应用中一个主要的技术难题。必须加强裂缝产生原因的研究，找出各种影响因素，进一步搞清楚其发生机制和发展规律，才能选择合理的措施来避免开裂，或者根据预测值对结构进行合理设计和调整从而避免裂缝。本节将针对龙固煤矿副井井壁这种大体积混凝土结构，对引起其开裂的最重要的干燥收缩和温度收缩展开相应的研究。

4.3.1 干缩性能实验研究

1. 概述

混凝土由于水分的损失，如蒸发、干燥等过程引起的体积变形，称之为干缩。干缩是混凝土材料的一个重要特性，对混凝土结构的相关性能有着十分重要的影响。处于养护阶段的混凝土是接近水分饱和的，其相对湿度约为 100%。拆模后，混凝土中的水分会向周围较干燥的空气中扩散，混凝土结构中会产生不均匀的湿度变化从而引起干缩应力。混凝土的干燥过程是由表面逐步扩展到内部的，在混凝土内呈现含水梯度，因此，产生表面收缩大而内部收缩小的不均匀收缩，使表面混凝土承受拉力，内部混凝土承受压力。当表面混凝土所受到的拉应力超过其抗拉强度时，便产生表面干缩裂缝。这种裂缝走向纵横交错，且分布不均。混凝土的徐变与干燥收缩并存，徐变可使混凝土应力减小，进而推迟混凝土裂缝出现的时间，因此，干缩变形裂缝一般在浇注成型 1～2 个月后出现，有时甚至 1 年后才出现[170]。

研究表明，混凝土结构表面出现的各种网状裂缝，绝大多数是由于干缩引起的。由于水泥石干燥收缩变形，在骨料界面上产生拉应力和剪应力。当其值超过水泥石和骨料的黏结强度时，在骨料界面上就会产生细小的裂缝。当表面裂缝向内发展时，很容易与骨料界面裂缝连通，形成深层裂缝而使混凝土失去抗渗能力。一旦有害介质入侵，就容易造成混凝土耐久性能的大幅度降低，直至最后完全破坏。据报道：沿海地区的港工钢筋混凝土建筑物，使用10～15年就会发生混凝土开裂及顺筋裂缝、钢筋腐蚀等现象，国内80%的井筒大多数由于井壁的干缩、温度变形产生环形裂纹，造成了渗漏水，进一步引起了混凝土的开裂、钢筋锈蚀，影响井筒寿命及安全使用，大大缩短了设计使用标准期[171,172]。

在以往的研究中，往往认为干缩影响深度很小，可以不予理会。但近来的一些研究表明，这种表面干缩所产生的干缩应力是相当大的，据有关文献报道，当混凝土完全干燥时，线收缩可达10000微应变，也曾实测到4000微应变线收缩应变值[173]。同时，干缩引起的裂缝虽开始时限于表层，但在不利因素下，则很可能进一步扩展。对大体积和常与水接触的混凝土来说，混凝土的早期收缩对其开裂性能有着重要的影响。

2. 干燥收缩机理

混凝土的干燥收缩机理主要有毛细管张力学说、表面吸附学说等[174]。

毛细管张力学说认为收缩与干燥过程中毛细管水的弯液面有关。由于干燥，毛细管内部的水面下降，弯液面的曲率增大，从而导致表面张力增大，这种表面张力对毛细管管壁产生压力。因此，在毛细管水蒸发过程中，混凝土处于不断增强的压缩状态中，从而导致混凝土体积的缩小。

表面吸附学说认为吸附水一旦从水泥凝胶中脱离，表面张力就要增加，胶粒被压缩。由于这种表面张力的变化而引起固体颗粒体积的变化，当颗粒大时体积变化等于零，但对比表面积约为1000 m^2/g的极微小颗粒，其体积变化就不能忽视了[175]。

也有学者认为，相邻凝胶颗粒形成V形接触点（如图4.2所示），这个接触点有吸附水膜，该水膜由于干燥而裂开，导致*V*形结合部分闭合而产生收缩[174]。

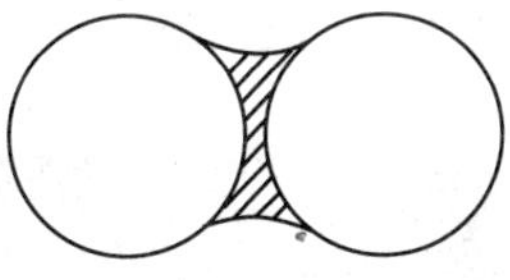

图4.2　V形接触点示意图

还有学者认为，相对湿度的降低使得C—S—H胶粒间的吸附水和层间水有一部分被蒸发，而且受C—S—H胶粒相互之间引力的影响，颗粒之间的距离逐步缩短，C—S—H凝胶结构内产生了新的化学键。因为这种键，即使C—S—H凝胶再吸水也不会破坏，所以由于这样的机理产生的收缩是不可恢复的。

现在被广泛支持的论点是，在水泥水化时所形成的C—S—H凝胶是一种不稳定的材料。不可逆收缩的产生可能是由于孔径分布的变化、C—S—H凝胶粒子间黏结的变化以及C—S—H凝胶中水分的变化，导致了密实过程中C—S—H凝胶粒子产生永久的重新排列[176]。

由以上几种理论来看，混凝土因干燥所产生的收缩不是单一的机理可以解释清楚的，而是多种因素共同作用的结果。可以这样认为，混凝土的干燥收缩，在相对湿度较大时，其收缩可用毛细管张力学说来解释，也就是说混凝土的干缩是由于毛细管水面下降，毛细管张力增大所引起的；在相对湿度较小时，混凝土的干缩是由于失去吸附水和层间水所引起的。

3. 实验过程与结果分析

根据《水工混凝土实验规程》(DL/T 5150—2001)规定，以干缩试件成型后 2 d 观测结果为基准值，在温度为 20 ℃、相对湿度为 60%条件下观测变形。因此除要保证整个实验的过程在规定的温度和湿度下进行外，还要保证混凝土不受外界约束，为此先在混凝土模具内壁充分刷一层润滑油，再将混凝土拌合物装入振动成型，以保证混凝土能自由收缩。

(1) 采用混凝土强制式搅拌机(见图 4.3)，按照《水工混凝土实验规程》(DL/T 5150—2001)“混凝土拌和物室内拌和方法”拌和并成型试件，规格为 100 mm×100 mm×515 mm 的棱柱体(见图 4.4)，3 个一组，共制作 9 个，金属测头(见图 4.5)埋设牢靠，位置准确。

图 4.3　混凝土强制式搅拌机

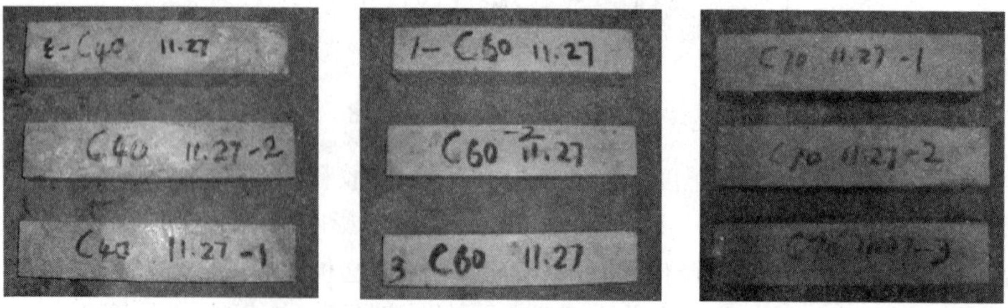

(a) C40　　(b) C60　　(c) C70

图 4.4　干缩实验试件

(a) C40

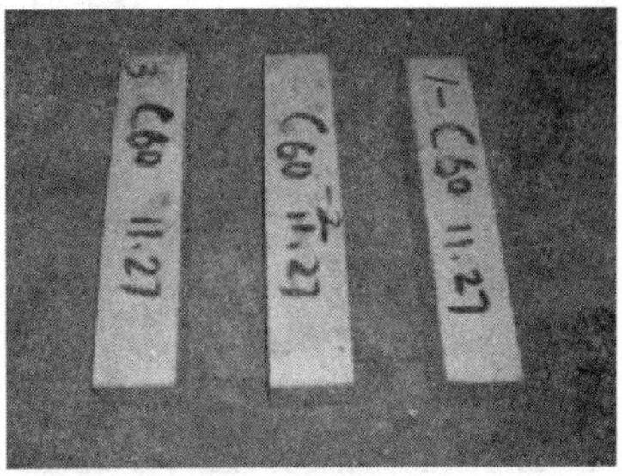

(b) C60

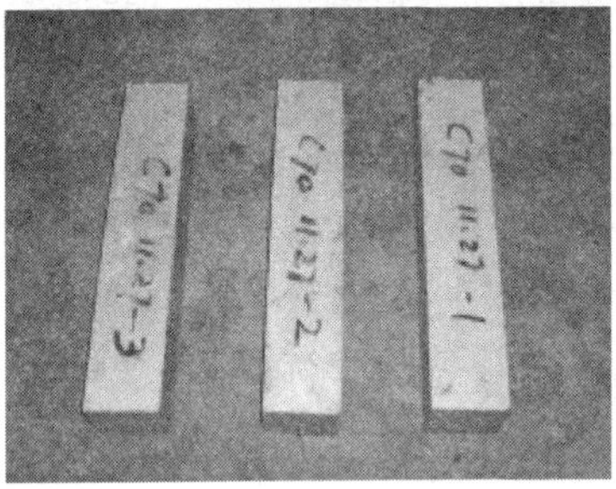

(c) C70

(d) 金属测头

图 4.5　干缩实验金属测头情况

(2) 试件成型后送入养护室养护，两昼夜后拆模编号，再立即送干缩室(温度控制在 20 ℃ ± 2 ℃，相对湿度 60% ± 5%)进行测长，此长度即为试件的基准长度。

(3) 试件的干缩龄期从测定基准长度后算起，干缩龄期为 1 d、3 d、7 d、14 d、21 d、21 d、28 d，测长的方法和测长的方向与测定基准长度时相同。

(4) 对实验结果进行处理，某一龄期的干缩率按式(4 - 1)计算(精确至 10^{-6})：

$$\varepsilon_t = \frac{L_t - L_0}{L_0 - 2\Delta} \tag{4-1}$$

式中，ε_t——t 龄期时的干缩率；

L_0——试件的基准长度，单位 mm；

L_t——t 龄期时试件的长度，单位 mm；

Δ——金属测头的长度，单位 mm。

(5) 取一组 3 个试件测值的平均值作为某一龄期试件干缩率的实验结果。28 d 龄期后不同强度等级的试件表面均出现了网状裂纹(见图 4.6)，各龄期混凝土试件的干缩率见表 4.15。

图 4.6　试件表面的网状裂纹

表 4.15 各龄期混凝土试件的干缩率($\times 10^{-6}$)

强度等级	龄期				
	1 d	3 d	7 d	14 d	28 d
C40	21.05	73.04	141.72	196.99	278.02
C60	47.08	174.51	287.56	339.02	404.18
C70	68.21	228.61	377.02	419.97	484.42

将表 4.15 中混凝土试件干缩率与龄期的关系绘制成比较直观的曲线，如图 4.7所示。

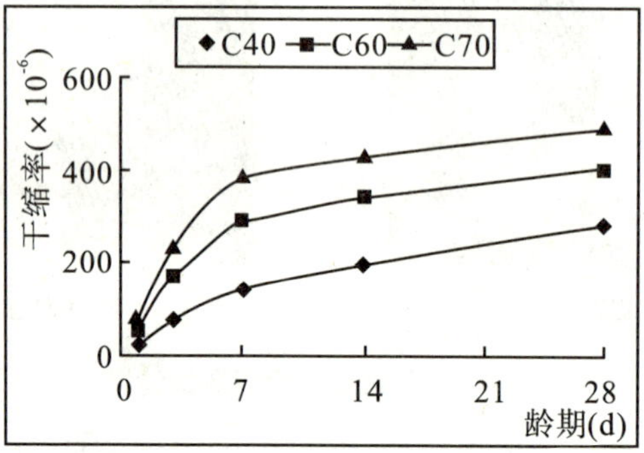

图 4.7 混凝土试件干缩率与龄期的关系曲线

由表 4.15 和图 4.7 可知，28 d 内 C70 试件的干缩率明显高于 C40，原因可能是混凝土的早期收缩主要由混凝土的干缩和水泥水化产生的自身体积变形造成，其内部影响因素主要为混凝土中总胶凝材料浆体体积的多少(包括总胶凝材料用量和用水量)，外部影响因素则为养护条件，而 C70 试件水胶比(0.25)和单位用水量(140 kg/m^3)均小于 C40 试件的水胶比(0.42)和单位用水量(188 kg/m^3)，特别是水胶比相差 68%。在单位用水量不变的情况下，水胶比增大，混凝土中胶凝材料(水泥)用量就减少，当胶凝材料(水泥)用量减少时，胶凝材料(水泥)浆体减少，减少了水化反应，水泥石产生的收缩绝对体积小，而且相应的骨料增多，对水泥石限制变形的作用变大，综合起来，混凝土的干缩就随着水胶比的增大而减小。另外，胶凝材料用量不变，水泥用量不变的情况下，用水量减小后，水泥与掺合料都得不到充分水化，收缩增加。所以 28 d 内 C70 试件的干缩率远高于 C40。

28 d 内 C60 试件的干缩率高于 C40，原因可能是 C60 试件水胶比(0.36)小于 C40 试件的水胶比(0.42)，而且 C60 试件中掺入了硅灰，由于掺硅灰混凝土水胶比小，自由水分少，且硅灰自身吸水率大，早期水化速度也快，自由水分消耗也就快。此外，硅灰使混凝土孔隙细化，大孔减少，而在早期，大孔水分蒸发并不引起明显体积变化，而毛细孔失水则因其表面张力作用而产生较大收缩。另一方面，也正因为硅灰混凝土的水胶比小(单位用水量小),结构致密,不论是内部还是外部的水分迁移都较困难,故后期体积变化趋势相对平稳。研究表明,较普通混凝土而言,掺硅灰的混凝土早期收缩较大,且随硅灰掺量增大而增大,后期(60 d以后)收缩相近甚至更小,这已被很多学者的实验所证实[179,180]。

高强混凝土(C60、C70)试件的干缩相对C40来说较大,但是其值在通常范围内,可以满足冻结井下高强高性能混凝土施工的需要。

4.3.2 绝热温升特性实验研究

1. 概述

这里研究的高性能混凝土与普通混凝土相比,强度高,水胶比小,胶凝材料用量大,因此胶凝材料水化而产生的水化热较多。水泥在水化过程中释放大量的热量,由于混凝土浇筑量大,结构内部聚集的热量由于混凝土传热性差而不易散发,则形成较高的内外温差,导致混凝土发生应变,这种应变受到约束时,将会产生温度应力,一旦温度应力超过混凝土所能承受的极限抗拉强度时,结构物就会产生温度裂缝。

另一方面,温度对高性能混凝土强度发展有较大影响,水化热引起的高温会促进混凝土早期强度的发展,但又会导致后期强度的损失。由于水化热引起的高温效应,实际构件中的混凝土强度与留取的小试件的强度存在着差异,有资料报道[181],1 d的小试件强度比实际大尺寸构件中的强度低50%,而28 d的小试件强度则可比实际构件强度高30%。因此,由于水化热高温的影响,高性能混凝土的强度是无法用浇注混凝土时留取的标准小试件来准确验证的,这给冻结深井高性能混凝土构件的安全、经济的设计带来了困难。

因此,在高性能混凝土的施工中,控制水泥的水化热及结构物的内外温差是非常重要的。为了减少水化热引起的强度损失,多伦多专家Gordon E. Brown建议高强混凝土的最高温度不应超过60 ℃,最大的温度梯度不应超过25 ℃/m。

为了计算混凝土结构可能产生的温度应力并预测其开裂,首先需要知道混凝土拌和后在凝结硬化过程中的温升情况。目前测定混凝土温升的实验方法主要有两种,即水泥水化热测定法和混凝土绝热温升法。前者是目前常用的方法,但它不能直接反映混凝土拌和后的温度变化;后者是通过保持环境温度和混凝土温度一致,在绝热条件下测定其温度升高,该方法对研究混凝土结构的温度应力更直接一些。

我们的实验就是采用绝热温升法,即在绝热条件下,测定混凝土胶凝材料水化过程中的温度变化,实验龄期为28 d。

2. 仪器设备及工作原理

本实验采用长江科学研究院研制生产的混凝土绝热温升仪(如图4.8所示),

该仪器由绝热养护箱和控制器两大部分组成。

图 4.8　混凝土绝热温升仪

绝热养护箱由钢模、钢模桶控温层、内外隔热层及箱壳组成。钢模上口直径 42 cm，下底直径 38 cm，高 40 cm，可盛装混凝土 50 L。该钢模尺寸满足《水工混凝土实验规程》(DL/T 5150—2001)对容器尺寸的要求，即容器尺寸应大于最大骨料粒径 3 倍。钢模置于钢模桶内，桶外壁裹有一层 2 cm 厚的聚苯乙烯泡沫板作为内隔热层，其上均匀密绕着测温控温丝和电热丝而构成控温层，外面裹以 8～10 cm厚的外隔热层，密实封装在箱壳内。

当混凝土试件放进绝热养护箱后，控制器就通过控温桥对试件中心温度和外围控温层的温度不断进行自动比测，以控制电热丝的加热，使控温层的温度精确跟踪试件的中心温度，从而保证了混凝土试件在绝热条件下完成其水化温升过程，借助数字测温系统，即可读取温度，记录相应的绝热温升过程曲线。

该仪器温度显示分辨率为 0.05 ℃，温度跟踪精度≤0.1 ℃，满足《水工混凝土实验规程》(DL/T 5150—2001)对仪器精度的要求。

3. 实验过程与结果讨论

实验根据《水工混凝土实验规程》(DL/T 5150—2001)中“混凝土绝热温升实验”的规定进行：

(1) 实验前检验仪器的工作情况是否正常，检定其跟踪精度是否满足≤0.1 ℃的要求。

(2) 按照混凝土起始温度的要求，在成型 24 h 之前对原材料及室温进行控制。

(3) 混凝土拌和：采用混凝土强制式搅拌机，按照《水工混凝土实验规程》(DL/T 5150—2001)“混凝土拌和物室内拌和方法”拌制混凝土，拌好之后立即测量拌和物的温度，作为混凝土的起始温度，然后将拌和物分两层装入钢模内，每一层均进行人工捣实。

(4) 试样备好后立即将其放入恒温室内，在混凝土的中心部位置入一根盛有变压器油的玻璃管(即测温管)，盖上钢模桶盖，通过钢模桶盖中央的小孔将温度传感器装入测温管中，并将仪器密封。

(5) 开始测温，第 1 天每隔 0.5 ℃记录 1 次，第 2～7 天每隔 1 h 记录 1 次，之后每隔 3～6 h 记录 1 次，实验历时共为 28 d。

28 d 龄期后从绝热温升仪内取出混凝土试件(见图 4.9)，混凝土的绝热温升值和温升率见表 4.16，28 d 和 7 d 内混凝土绝热温升曲线分别见图 4.10、图 4.11。

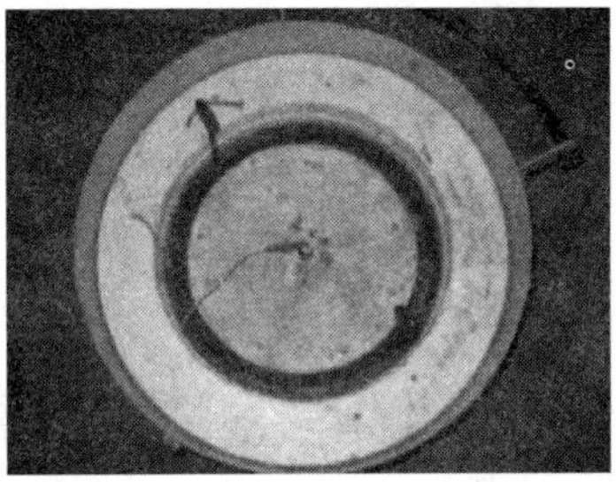

图 4.9　绝热温升实验试件

表 4.16　混凝土的绝热温升值和温升率

时间(d)	温度值(℃)		温升值(℃)		温升率(%)	
	C40	C70	C40	C70	C40	C70
0	14.69	11.31	0	0	0	0
1	44.38	20.35	29.69	9.04	66.01	17.77
2	53.73	48.55	39.04	37.24	86.79	73.22
3	55.84	55.78	41.15	44.47	91.49	87.44
4	57.03	58.47	42.34	47.16	94.13	92.73
5	58.20	60.15	43.51	48.84	96.73	96.03
6	58.69	61.48	44	50.17	97.82	98.64
7	58.84	61.64	44.15	50.33	98.15	98.96
28	59.67	62.17	44.98	50.86	100	100

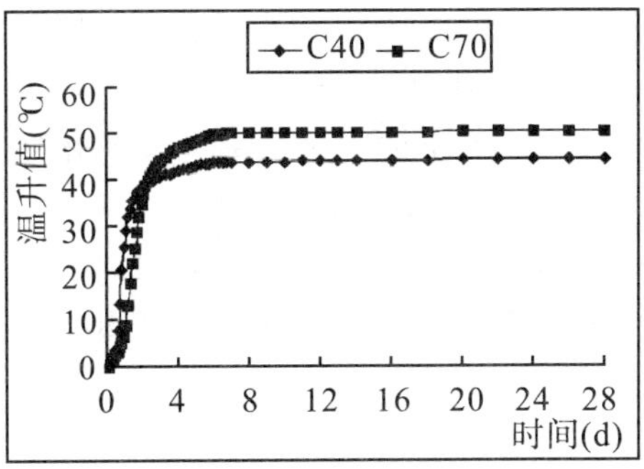

图 4.10　28 d 内混凝土绝热温升曲线

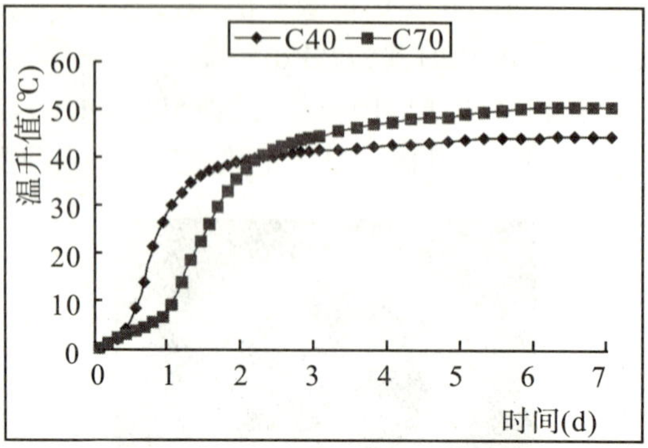

图 4.11　7 d 内混凝土绝热温升曲线

已有的研究表明，混凝土绝热温升值主要是由硅酸盐水泥的水化热、混凝土中的水泥用量、混凝土比热及水泥的水化程度等因素决定的。对于特定的混凝土来说，所用胶凝材料的组成和性质已经确定，其绝热温升值主要由硅酸盐水泥的水化程度决定。水化初期水泥的水化速率快，混凝土快速升温，当达到由界面扩散反应控制的阶段时，水泥的水化反应速率大幅降低，混凝土的绝热温升值基本不再增加。此时水泥并未完全水化，但受动力学因素影响，不再有明显的水化反应进行。对于不能完全进行的硅酸盐水泥的水化反应，动力学因素是影响反应速率和程度的重要因素，从而也影响到混凝土的绝热温升特性。

从表 4.16 和图 4.10、图 4.11 可以看出：无论是 C40 还是 C70 混凝土，大部分的水化热都是集中在前 3～4 d 内释放，温升率分别达 91.49%、87.44%。C70 混凝土的放热速度与 C40 相比，开始慢，然后变快，C70 最终的放热量要高于 C40（温度上升值分别为 50.86 ℃、44.98 ℃），原因可能是一方面 C40 混凝土拌合物的温度（14.69 ℃）高于 C70（11.31 ℃），即 C40 混凝土的初始温度高，初始温度的提高使得胶凝材料（主要是硅酸盐水泥）的水化速率提高，反应速率峰值出现的时间提前，但反应持续时间缩短；另一方面 C70 的胶凝材料用量（570 kg/m^3）高于 C40（448 kg/m^3），而水泥用量 C70（399 kg/m^3）低于 C40（448 kg/m^3），水胶比和水灰比 C70（0.25、0.35）均低于 C40（0.42、0.42），所有这一切使得在水化初期（即放热初期）C70 混凝土胶凝材料的水化环境变差，增强了胶凝材料水化时的势垒，降低了其水化反应的程度，而且掺合料的掺入也使得水泥水化的放热速率减慢，延迟了放热峰值的出现[177]；再者，高性能混凝土的初始温度对于高性能混凝土最终的绝热温升影响很小，即混凝土的初始温度对胶凝材料最终的水化程度影响很小，所以使得 C70 的放热速度先慢后快，最终的放热量高于 C40。

4.3.3　本节小结

(1) 28 d 内 C60、C70 混凝土试件的干缩率远高于 C40，但其值均在通常范围内，浇筑C60、C70混凝土时需注意早期养护。

(2) 无论是C40还是C70混凝土，大部分的水化热都是集中在前3～4 d内释放，C70的放热速度先慢后快，最终的放热量高于C40。高强混凝土的早期温升速率随着拌和物的起始温度的增加而增大，因此，工程施工时必须结合气候条件制定温控措施。高强混凝土C70的绝热温升值高达50 ℃，而且温升基本在前3～4 d内完成，如果排热不畅，在短期内可因蓄热而导致较大的内外温差，由于此时混凝土的龄期短，强度发展还不充分，若环境温度发生突变，极易产生温度裂缝。因此在施工过程中必须采取一定的措施降低温升，控制温差，尤其早龄期应当加强对温升值的监控，如做好表面隔热养护、加强施工管理等措施。

4.4　高强高性能混凝土耐久性能实验研究

如前所述，混凝土耐久性不足的问题已给世界各国带来了惊人的损失，且这种损失仍呈日益上升之势，混凝土的耐久性已成为目前科学界和工程界最为关注的问题之一，世界各国都对混凝土的耐久性给予了足够的重视，投入大量人力、物力和财力进行研究，以期不断提高混凝土结构的耐久性，延长混凝土工程的使用寿命，确保混凝土结构在设计使用年限内的良好服务性和安全性。混凝土结构设计的基本原则已从安全性、经济性发展为安全性、经济性和耐久性并重，按耐久性使用年限设计混凝土结构也已引起人们的广泛重视[182,183]，一般混凝土建筑物的使用寿命都要求大于50年，而且越来越多的重点工程设计使用寿命达到100年以上，三峡大坝更是要求按照500～1000年服役期设计施工。本节我们将从工程实际出发，对混凝土的抗渗、抗氯离子渗透和抗冻性能进行实验研究。

4.4.1　抗渗性能实验研究

1. 概述

混凝土的抗渗性是指液体、气体或离子受压力、化学势或电场作用在混凝土中的渗透、扩散或迁徙的难易程度[184]。混凝土作为一种多孔结构材料，一方面水很容易通过混凝土的孔隙进入到混凝土内部，降低混凝土孔隙水溶液的pH；另一方面水可以充当载体携带其他有害的离子(Cl^-、Na^+等)进入混凝土内部，导致混凝土内部钢筋锈蚀，最终引起混凝土胀裂直至破坏。故混凝土的抗渗性对混凝土的耐久性有着极为重要的意义。混凝土的抗渗性与其耐久性的关系，一般情况下，混凝土的抗渗性越好，其密实度越高，耐久性也就越好。混凝土的抗渗性直接关系到它的抗碳化能力、抗冻性和抵抗各种侵蚀性介质侵蚀的能力，而且对混凝土的收缩也有很大影响[185]。可以说，抗渗性是保证许多重要工程安全、耐久的必要条件，如地下结构、大坝、隧道、污水处理设施、核电站等都对混凝土的抗渗性能提出了很高的要求。

2. 渗透理论

混凝土本身所特有的多孔结构导致了其抗渗性较差。虽然水泥石和骨料都含有各种大小的孔隙和裂缝，但并不是所有的这些孔隙都是渗透的通道，孔隙率并不是影响渗透性的主要因素，混凝土的渗透性主要取决于水泥石的孔结构和骨料的性能。

水泥的水化总是从水泥颗粒表面熟料矿物的溶解开始，到凝聚结构和结晶结构逐步形成这样一个由表及里的过程，水泥的水化产物以凝胶体、亚微观晶体、大晶体的形式存在，它们与未水化的水泥颗粒、水、粗细骨料和成型时带入的大量气泡，形成了固相、液相、气相等多项多孔体，即水泥石。其孔隙主要由凝胶孔、毛细孔和非毛细孔三部分组成。凝胶孔孔径一般都在 20～40 Å，多为封闭型，虽然随着水泥水化的发展以及水分的蒸发，混凝土的凝胶孔隙率会逐步增加，但是由于水泥凝胶的渗透系数很小，所以凝胶孔属于无害孔。毛细孔是水泥硬化到一定阶段后出现的对水泥石渗透性能影响最大的一种孔，孔径一般在 0.1～10 μm，体积约占水泥石总体积的 40%[186]。其形成与混凝土拌合时的水灰比有很大的关系，混凝土的拌合水供给水泥水化，但水泥完全水化所需的水不超过水泥质量的 25%，其余的水在硬化混凝土中形成孔隙，包括毛细孔和胶孔，其中毛细孔是水迁徙的通道，这些迁徙的水是混凝土诸多破坏因素的载体。由此也可见混凝土的渗透性能对其耐久性的重要性。非毛细孔主要是指由于混凝土中掺入了引气剂、水泥石的收缩、温湿变化、成型条件等原因而引起的气泡或水泥石的内部缺陷和微裂缝。

3. 实验过程与结果讨论

测定混凝土的抗渗性，可用相对渗透系数评定，也可用抗渗等级评定，但相对渗透系数的测定需要复杂的设备和很长的实验时间[187]，所以本实验依然参照《水工混凝土实验规程》(DL/T 5150—2001)中“混凝土抗渗性实验”的规定进行：

(1) 采用混凝土强制式搅拌机，按照《水工混凝土实验规程》“混凝土拌和物室内拌和方法”拌和并成型试件，规格为上口直径 175 mm、下口直径 185 mm、高 150 mm 的截头圆锥体试件(见图 4.12)，6 个一组，用于本次实验的试件共 18 个。

(2) 试件成型 24 h 后拆模编号，用钢丝刷刷去两端面水泥浆膜，然后送入标准养护室养护。

(3) 到达实验龄期(28 d)时，取出试件，擦拭干净，待表面晾干后，在试件侧面滚涂一层熔化的石蜡(内加入少量松香)，然后用螺旋加压器将试件压入经过烘箱预热过的试模中，使试件与试模底平齐，试模变冷后方可解除压力。

(4) 一般来说，对于密实度较好的混凝土，其抗渗性用渗透压力来表示，表明混凝土在某一压力作用下是不渗透的。本实验采用 HS－40X 型混凝土渗透仪(见

图 4.13)进行实验。水压从 0.1 MPa 开始,以后每隔 8 h 增加水压 0.1 MPa,并随时观察试件断面渗水情况。如有 3 个试件端面呈现渗水情况时,停止实验,记下当时水压。抗渗等级按式(4－2)计算:

$$W = 10H - 1 \tag{4-2}$$

式中,W——混凝土抗渗等级;

H——6 个试件中有 3 个渗水时的水压力,单位 MPa。

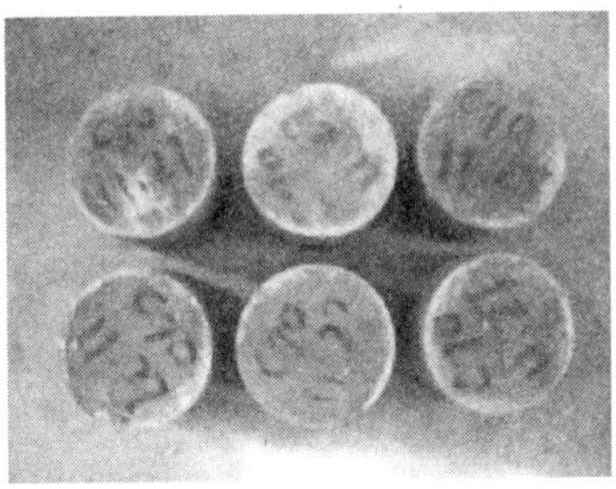

图 4.12　抗渗实验部分试件

图 4.13　抗渗仪外观图

当分别加压到 1.6 MPa(C40)和 3.9 MPa(C60、C70)时,如所有试件表面均未出现透水的现象,则停止实验,破型后观察其渗水高度(见图 4.14),其抗渗性以抗渗等级和渗水高度来综合评价,具体结果见表 4.17,其中渗水高度为每组 6 个试件的平均值。

(a) C40　(b) C60　(c) C70

图 4.14　破坏后的抗渗试件

表 4.17　抗渗实验结果

混凝土强度等级	抗渗等级	渗水高度(mm)
C40	＞W15	52.51
C60	＞W38	14.17
C70	＞W38	16.18

从表 4.17 可以看出:C60 与 C70 的抗渗性要远高于 C40,其渗水高度明显减低,原因有两个方面:① C60 与 C70 混凝土的水灰比较低,混凝土拌合所用的水中用于水泥水化所需水量相对增多,这样多余的水分在混凝土硬化过程中所产生的孔隙相对减小,混凝土则相对较密实;② 硅灰等掺合料的掺入配以减水剂[188],可以在满足工作性的前提下,减少用水量,提高硬化混凝土的密实性。另外,复合外加剂的加入所形成的微小气泡切断了毛细孔的连续性,隔断了水泥石中水的毛细渗透通道,从而降低了 C60 和 C70 高强混凝土的渗透性。所有这些均使得 C60 和 C70 高强混凝土的抗渗性要远高于 C40。

4.4.2　抗氯离子渗透性能实验研究

1. 概述

氯盐是一种最有害的侵蚀性化合物,能导致混凝土迅速被侵蚀损坏。混凝土中钢筋或其他金属的锈蚀是导致混凝土损坏的一种主要形式,且发生较普遍,修补成本也很高。桥面板、停车场建筑及其他暴露于氯盐环境中的混凝土结构,产生钢筋锈蚀的可能性则较高。氯离子被认为是产生钢筋锈蚀的主要因素。但在不含有氯离子的条件下也可能产生钢筋锈蚀。如混凝土的碳化可导致其碱度降低,使得锈蚀易于发生。碳化是一个缓慢的过程,尤其是在低水灰比条件下,碳化导致的锈蚀也不及氯离子引起的锈蚀普遍。应注意的是氯离子广泛存在于自然环境中,有时还被无意地混入到混凝土组分中。比较直观的现象包括:氯盐离子被用作为促凝剂而加入到混凝土组分中;暴露于海洋环境中或是采用除冰剂时,溶解的氯离子可以侵入到未受保护的硬化混凝土基体中。

混凝土中钢筋锈蚀的预防有下列几种方法:通过精心的设计和高质量的施工以便最大限度地利用混凝土自身提供的保护作用;通过表面的浸渍处理以减小氯离子的侵入;其他直接保护钢筋免除锈蚀的措施,如国际上最近出现的电沉积修复技术[190~194]等。后面所列的方法有的成本较高,有的技术还不成熟,所以最佳方法还是通过适宜的设计和良好的施工使混凝土提供的防锈保护达到最佳的效果[189]。

不致引起钢筋钝化的钢筋周围混凝土空隙液中的游离 Cl^- 的最高浓度,被称为混凝土氯化物的临界浓度。该指标的影响因素很多,既受到混凝土成分、组织与环境条件的影响,而且氯化物浓度也还没有一个严格统一的标准方法,所以目前尚无统一的定论。但是可以肯定的是钢筋腐蚀危险随混凝土氯化物含量增大而增加，当氯化物含量超过氯化物临界浓度时，只要其他必要条件已经具备，钢筋就会发生很严重的腐蚀。我们委托山东省菏泽市产品质量监督检验所对井壁结构旁边的水质进行了检测，具体结果见表 4.18。

表 4.18　水质检测结果

检测项目	技术要求	检验结果	单项判定
pH	>4	8	合格
不溶物(mg/L)	<2000	77	合格
可溶物(mg/L)	<5000	1929	合格
氯化物(以 Cl^- 计)(mg/L)	<1200	548	合格
硫酸盐(以 SO_4^{2-} 计)(mg/L)	<2700	1413	合格
检测结论	该样品按 JGJ 63—1989 标准检验合格		

从表 4.18 可以看出，井壁结构周边水的检测结果为合格，即对混凝土结构不会造成较大的侵蚀，但由于检测结果并不能反映井壁结构周边水的全部情况，而且水质也会随着时间的推移、井筒的加深、环境的改变而变化，所以从安全角度考虑，我们对高性能混凝土的抗氯离子渗透性能进行了实验研究。

2. 氯离子对钢筋的锈蚀机理

目前已有三种理论用于解释氯离子对钢筋锈蚀的影响作用，包括氧化膜理论、吸附理论和过渡络合理论。氧化膜理论认为金属表面的氧化膜起着钝化的作用，进而提供防锈蚀保护，氯离子比其他离子(如 SO_4^{2-})更容易通过膜上的孔或缺陷穿过氧化膜，或者是氯离子使氧化膜破碎，因而更容易产生侵蚀；吸附理论认为氯离子与溶解的氧气或氢氧根离子竞争，并被吸附到金属的表面，氯离子的吸附有助于金属离子的水化，因而加速了金属离子的溶解；过渡络合理论则认为氯离子与氢氧根离子相互争夺由锈蚀产生的二价铁离子，并形成一可溶的铁氯盐络合物，这一络合物可以由阳极扩散开，使得 $Fe(OH)_2$ 保护层被破坏，并使锈蚀持续进行，在离开电极一段距离后，络合物会分解，产生氢氧化铁沉淀，氯离子又可以自由地从阳极处输送更多的二价铁离子，由于锈蚀作用得不到抑制，更多的铁离子会从锈蚀区域向混凝土内迁移，并与氧气反应形成高氧化物，进而产生四倍于原体积的增长，这一体积变化伴随有内部应力的产生，并且最终导致混凝土开裂。氯离子对钢筋的锈蚀作用具体可概括为以下 4 个方面：

(1) 破坏钝化膜

水泥水化的高碱性使混凝土内钢筋表面产生一层致密的钝化膜。以往的研究认为，该钝化膜是由铁的氧化物构成，但最近研究表明，该钝化膜中含有 Si—O 键，它对钢筋有很强的保护能力。然而，该钝化膜只有在高碱性环境中才是稳定的，当 pH<11.5 时，就开始不稳定，当 pH<9.88 时该钝化膜生成困难或已经生存的钝化膜逐渐破坏。Cl^- 是极强的去钝化剂，Cl^- 进入混凝土到达钢筋表面吸附于局部钝化膜处时，可使该处的 pH 迅速降低，可使钢筋表面 pH 降低到 4 以下，从而破坏

钢筋表面的钝化膜。

(2) 形成腐蚀电池

如果在大面积的钢筋表面上具有高浓度氯化物，则氯化物所引起的腐蚀可能是均匀腐蚀，但是在不均质的混凝土中，常见的是局部腐蚀。Cl^- 对钢筋表面钝化膜的破坏发生在局部，使这些部位露出了铁基体，与尚完好的钝化膜区域形成单位差。铁基体作为阳极而受腐蚀，大面积钝化膜区域作为阴极。腐蚀电池作用的结果是，在钢筋表面产生蚀坑，由于大阴极对应于小阳极，故蚀坑发展十分迅速。

(3) 去极化作用

Cl^- 不仅促成了钢筋表面的腐蚀电池，而且加速了电池的作用。Cl^- 与阳极反应产物 Fe^{2+} 结合生成 $FeCl_2$，将阳极产物及时地搬运走，使阳极过程顺利进行甚至加速进行。通常把使阳极过程受阻称作阳极极化作用，而把加速阳极极化作用称作去极化作用，Cl^- 正是发挥了阳极去极化作用。

在氯离子存在的混凝土中，在钢筋的锈蚀产物中是很难找到 $FeCl_2$ 的，这是由于 $FeCl_2$ 是可溶的，在向混凝土内扩散时遇到 OH^- 就能生成 $Fe(OH)_2$ 沉淀，再进一步氧化成铁的氧化物，就是通常说的铁锈。由此可见，Cl^- 起到了搬运的作用，却并不能被消耗，也就是说，凡是进入混凝土中的 Cl^- 会周而复始地起到破坏作用，这就是氯离子危害的特点之一。

(4) 导电作用

腐蚀电池的要素之一是要有离子通路。混凝土中 Cl^- 的存在强化了离子通路，降低了阴阳极之间的欧姆电阻，提高了腐蚀电池的效率，从而加速了电化学腐蚀过程。氯化物还提高了混凝土的吸湿性，这也能减小阴阳极之间的欧姆电阻。

3. 氯离子侵入混凝土的机理

暴露于海水环境中的海工结构，由于暴露条件不同，氯化物侵入机理也不同。水下部分或潮差区的饱水部分一直接触海水，氯化物侵入主要是饱水混凝土内外氯离子浓差引起的离子扩散，扩散取决于混凝土孔隙水的含量及其含盐量，在某种程度上也取决于有水头压力作用下氯化物溶液的渗透，这种渗透只有在相当大的水头压力下才显著。海水中氯化物以外的其他成分可能与水泥石发生离子置换反应，在表层孔隙中沉积出氢氧化镁和碳酸钙，使混凝土结构表面层的渗透性实际上得以降低。而室内混凝土的氯化物渗透性实验不具备这种条件，往往实验结果比实际情况高得多。在海水中，即使氯化物能渗透到钢筋表面，但因缺氧，钢筋也难以锈蚀。

所有混凝土构件，凡是表层能风干到某种程度的，氯离子的侵入都靠直接接触海水的混凝土毛细管吸收作用。风干程度愈高，毛细管的吸收作用就愈大。混凝土毛细管吸收海水的能力取决于混凝土孔结构和混凝土孔隙中游离水的含量。下列 3 种情况下特别严重：

(1) 干饱和。在干热环境中，混凝土温度可高达 50 ℃。完全丧失了全部可蒸发水分的混凝土，一旦接触海水和含盐量高的地下水，就几乎立即被氯化物所饱和，含盐量可以一下子达到混凝土质量的 0.1%～0.3%。

(2) 风干时间比润湿时间长的混凝土构件，海水干湿交替 10 年内，可使混凝土含盐量高达 0.3%～0.4%。

(3) 蒸发/灯草芯作用。在干热环境中，半浸于地下盐碱水中的混凝土由于从混凝土中蒸发掉的只是纯水，盐水遗留于混凝土孔隙中，然后地下盐碱水又被混凝土像灯草芯那样地吸上去，充满毛细孔，致使地表以上的一段混凝土表层孔隙中氯化物浓缩，发生严重的钢筋腐蚀破坏。

干透了的混凝土表层接触海水时，靠毛细管吸收作用吸收海水，一直吸到饱和的程度。如果外界环境又变得干燥，则混凝土中水流方向会逆转，纯水从毛细孔对大气开放的那些端头向外蒸发，使混凝土表层孔隙液中盐分浓度增高，这样在混凝土表层与内部之间形成氯离子浓差，驱使混凝土孔隙液中的盐分靠扩散机理向混凝土内部扩散，只要混凝土具有足够的湿度，就可以进行这种扩散。饱水时，扩散率最高。可见，除了混凝土孔结构特征外，混凝土湿度也是氯离子向混凝土内部扩散的一个重要因素。视外界环境相对湿度，风干持续时间的不同，在混凝土表层中大部分孔隙水有可能蒸发掉；而在混凝土内部，剩余水分将为盐分所饱和，多余盐分就结晶析出。

由此可见，风干时水分向外迁移，而盐分则向内迁移。在下一次再被海水润湿时，又有更多的盐分以溶液的形式带进混凝土的毛细管孔隙中。此时，在混凝土表层内有一个向外降低的浓差，而在离表面一定深度处氯化物浓度有一个峰值。这样，可能有一些盐分会向外表面扩散，但是接着的风干又将纯水向外蒸发掉，将盐分遗留于混凝土内，将更多的盐分带进混凝土内。干湿交替下，盐分会逐渐侵入混凝土内部。盐分向内迁移的程度取决于风干与润湿交替期的长短。随着时间的推移，将有足以使钢筋去钝化的氯化物达到钢筋表面。

混凝土表层的干湿交替，不仅影响着氯化物的侵入，而且较深的风干使以后的润湿可以更多、更深地带进氯化物，也就是使氯离子更充分地侵入。因此，在潮差区(风干期较短)，混凝土对锈蚀的敏感性就不如在浪溅区(风干期较长，只在水位高、风浪大时才可能被海水溅湿)。对锈蚀最敏感的往往是偶尔被海水润湿的混凝土中的钢筋。

冬天为了防止路面结冰而向路面撒除冰盐，这些盐溶液蒸发、浓缩、结晶，或被雨水溶解又形成盐溶液，因此路面与海洋环境中的海工结构相似，在干湿交替作用下，氯化物被带进混凝土中的主要机理也是混凝土毛细管孔隙的吸收。这种毛细管吸收作用使混凝土表层内孔隙液的盐分浓度增高。视混凝土含水量的不同，氯化物将靠扩散作用侵入较深的混凝土内部。

4. 实验过程与结果讨论

目前国内外水泥基材料氯离子渗透扩散性常用的测试方法有扩散方法、电迁移方法(氯离子渗透性方法、稳态方法、非稳态方法)、电导方法等。近年来,在开发有关水泥基材料氯离子渗透扩散性测试方法方面做了许多工作,但要获得一个可靠的氯离子渗透扩散性十分困难,能够得到公认并为大家接受的测试技术几乎没有[195,196]。本项目采用氯离子渗透性实验方法(ASTM C1202)量测通过水泥基材料圆柱体试件的电量,以此来评价混凝土的抗氯离子渗透性能。

(1) 采用混凝土强制式搅拌机,按照《水工混凝土实验规程》"混凝土拌和物室内拌和方法"拌和并成型试件,规格为直径 100 mm、厚 60 mm 的圆盘型混凝土试件(见图 4.15),3 个一组,用于本次实验的试件共 9 个。

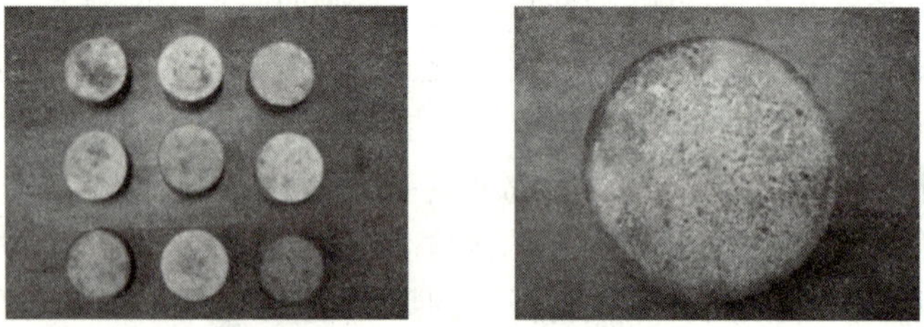

图 4.15 抗氯离子渗透性实验试件

(2) 试件成型后,表面用湿麻袋在室温为 20 ℃ ±5 ℃条件下养护 24 h 后拆模(保留与试件紧贴的钢圈),用钢丝刷刷毛两端面后,试件连钢圈一起放在盛有 20 ℃ ±3 ℃饱和氢氧化钙溶液塑料桶中养护 24 h 后取出,拆除钢圈,试件再在 20 ℃ ±3 ℃饱和氢氧化钙溶液中养护 26 d。

(3) 配置 3%NaCl 和 0.3 mol/L NaOH 溶液,分别装瓶加盖后放在20 ℃ ±3 ℃条件下备用。

(4) 实验采用 NEL - PER 系列混凝土渗透性电测仪(见图 4.16),在室温 20 ℃ ±5 ℃下进行,从氢氧化钙溶液中依次取出每一试件,同时测量并记录氢氧化钙溶液的温度,用湿布擦去表面浮水,试件圆侧面和磨面、底面的边缘用乳胶套封闭后,装入有机玻璃实验槽,用螺杆把两实验槽和试件夹紧,在试件两边实验槽内,分别注入 3%NaCl 和 0.3 mol/L NaOH 溶液,然后通电进行测试实验,实验装置示意图见图 4.17,氯离子渗透性评价见表 4.19。

图 4.16 NEL - PER 系列混凝土渗透性电测仪

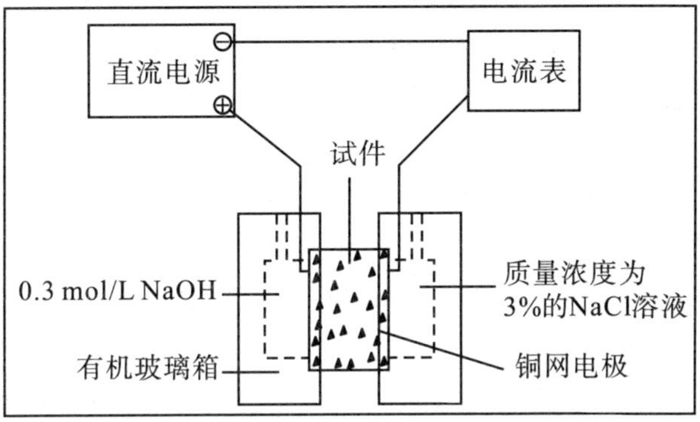

图 4.17　抗氯离子渗透性实验装置示意图

表 4.19　基于通过的电量的氯离子渗透性

通过的电量(C)	氯离子渗透性
>4000	高
2000～4000	中等
1000～2000	低
100～1000	很低
<100	可忽略

实验结果见表 4.20(根据表 4.19 评定氯离子渗透性)。

表 4.20　混凝土试件抗氯离子渗透性实验结果

混凝土强度等级	通过的电量(C)	氯离子渗透性
C40	2492	中等
C60	385	很低
C70	482	很低

从表 4.20 可以看出：C60 与 C70 的抗氯离子渗透性能要远高于 C40。原因有两个方面：第一，C60 与 C70 混凝土的水灰比较低，混凝土拌合所用的水中用于水泥水化所需水量相对增多，这样多余的水分在混凝土硬化过程中所产生的孔隙相对减小，混凝土则相对较密实；第二，硅灰等掺合料的掺入配以减水剂，可以在满足工作性的前提下，减少用水量，提高硬化混凝土的密实性。所有这些均使得 C60 和 C70 高强混凝土的抗氯离子渗透性能要远高于 C40。氯盐的侵蚀过程需要氯离子

侵入到混凝土微结构中，并需要析出的水泥水化相中有反向离子的移动，因此混凝土的孔结构和渗透性对于氯离子侵蚀有非常重要的影响，抗渗性实验结果表明C60与C70的抗渗性要高于C40，比C40更密实，再次证明其抗氯离子渗透性能要远高于C40。

4.4.3　抗冻性能实验研究

1. 概述

混凝土的抗冻性表示其抵抗冻融循环作用的能力，是评价严寒地区混凝土及钢筋混凝土结构耐久性的重要指标之一。Mehta教授1991年召开的第二届国际混凝土耐久性会议上的主旨报告“混凝土耐久性——五十年进展”指出：“当今世界混凝土破坏原因，按重要性递减顺序排列是：钢筋锈蚀、冻害、物理化学作用。”除了氯盐腐蚀以外，冻害是影响混凝土结构耐久性的重要因素。

1986年，欧洲、北美、澳大利亚、日本等16个国家组成一个专家组，历经近4年的时间对这些国家内及跨国的约80万座水泥混凝土建筑物进行了细致和全面的调查。结果指出，钢筋锈蚀和冻融破坏是主要的破坏形式。冻融交替作用是我国北方地区，特别是东北、西北严寒地区混凝土破坏最常见的一个因素，大多发生在水工结构物、道路、水池、发电站冷却塔和建筑物与水接触的部位。过去一般认为在黄河以北才会发生冻融破坏，现在经过调查表明，在长江以北黄河以南的中部地域，由于混凝土设计时没有采取相应的抗冻技术措施，冻融破坏的实例也有很多。特别是深厚表土层冻结井施工，井下温度可达－10～－178 ℃。混凝土的冻融破坏是我国混凝土井壁结构老化病害的主要形式之一，它将严重影响混凝土井壁的长期使用和安全运行。根据以往的经验，混凝土的安全使用期和维护使用期的比例为1∶3～10，而维护使用期的维修费用为建设费用的1～3倍[186]，因此每年的维修费用消耗巨大。其实只要我们在混凝土配合比设计中采取提高抗冻性的措施，绝大部分冻融破坏的事例本来是完全可以避免的[197]，所以进行高性能混凝土的冻融循环实验有着重要的意义。

2. 混凝土抗冻性评价方法

评价混凝土抗冻性的方法有多种，如经过若干次的冻融循环后，测定动弹模量变化、抗压强度变化、体积变化或质量损失。混凝土受冻膨胀，内部因出现裂纹而导致强度降低，但抗压强度损失对内部裂纹是不敏感指标；动弹模量是非破损测试方法，能敏感地反映出内部结构的损伤；体积变化也是比较敏感的，经过少数次冻融循环后即能从膨胀值评价抗冻性；重量损失反映了混凝土表面的损伤程度，但不能反映内部损伤情况。因此，国际通用的评价指标是动弹模量的变化，以抗冻性指数 *DF* 表示。*DF* 是冻融循环300次后试件的动弹模量与初始动弹模量之比值，若循环次数不足300次，动弹模量已减小40%，此时按式(4－3)计算：

$$DF = P \cdot n/300 \tag{4-3}$$

式中，DF——混凝土的抗冻性指数；

n——终止实验时的冻融循环次数；

P——经 n 次循环后试件的相对动弹模量。

一般认为 DF 值小于0.4时混凝土的抗冻性不好，不能用于与水直接接触和遭受冻融的部位；DF 值介于0.4～0.6之间被认为尚可使用；DF 值大于0.6时被认为抗冻性较好。

评价混凝土抗冻性的另一个指标是抗冻等级，是指混凝土能够同时满足相对动弹模量值不小于60%和重量损失率不超过5%时的最大冻融循环次数。

共振法可用于测定混凝土试件在冻融循环过程中的动弹模量变化，进而得到混凝土材料的抗冻性指标，它对试件而言可算是一种无损检测方法，但对混凝土结构，共振法就无能为力了[198]。另外，大量实验表明共振法测定混凝土试件在冻融循环过程中的动弹模量不是很稳定，所以必须研究一种能更真实地反映混凝土结构抗冻性的无损检测方法。研究[199]表明了混凝土动弹模量与超声波速度之间存在着良好的相关性，相关系数非常接近于1，相关系数检验数值显著；对回归方程效果的检验，由相对标准误差计算值很小，可知回归方程所揭示的规律性很强，说明回归方程预报的混凝土动弹模量数值比较精确。因此，对应于混凝土结构中测量到的某一波速，可由曲线获得其相应的动弹模量值，再用该动弹模量值与初始动弹模量值之比，评估出混凝土结构的抗冻性能。超声波法测试量为波速、波谱和衰减系数等，其换算原理为应力波分析及其混凝土弹性、非弹性等性能之间的关系，它不需要整体结构的激振，而且超声波能够穿透混凝土结构本身，其辐射面较大，测量值和分析计算方法选择余地大，因此用超声波参量表达混凝土结构的动弹性模量是可行的，该方法不需要专门形状和尺寸的混凝土试件，就可评价混凝土结构的抗冻融指标。所以这里采用超声波纵向波速度来算出混凝土结构的相对动弹性模量，从而评价混凝土试件的抗冻性。

3. 混凝土冻害的机理分析

美国的T. C. Powers早在20世纪40年代就开始深入地研究水泥净浆结构与其物理性质，对抗冻性也做了深入、独到的理论研究，提出了水压力学说和渗透压学说[200]。Powers指出，混凝土是由水泥砂浆和粗骨料组成的毛细孔多孔体，在混凝土的拌制过程中，为了得到必要的和易性等指标，加入的拌和水量总要多于水泥实际水化所需的用水量，这部分多余的水便以游离水的形式滞留于混凝土中形成连通的毛细孔，并占有一定的体积。这种毛细孔自由水是导致混凝土遭受冻害的主要因素，因为水遇冷结冰后体积会膨胀，从而引起混凝土内部结构的破坏。其实在正常情况下，毛细孔中的水结冰并不至于使混凝土内部结构遭到严重的破坏。因为在混凝土中除了毛细孔以外，还有一些水泥水化后形成的凝胶孔以及一些其他原因形成的非毛细孔，在毛细孔中的水结冰膨胀时，这些孔隙内部的空气能起到缓冲作用，从而减小膨胀压力，避免混凝土内部结构破坏。但当处于饱和水状态时，情况就不同了，此时毛细孔中水结冰，凝胶孔中的水处于过冷状态，因混凝土孔隙中水的冰点随孔径的减小而降低，凝胶孔中处于过冷状态的水分子因其蒸气压高于同温度的冰的蒸气压而向压力毛细孔中冰的界面渗透，由此产生一种渗透压力，其渗透结果也必然使毛细孔中的冰体积进一步膨胀。所以，处于饱和状态的混凝土受冻时，其毛细孔壁同时承受膨胀压和渗透压两种压力，当这两种压力超过混凝土的抗拉强度时混凝土就会开裂。在反复冻融循环过程中，混凝土中的裂缝会相互贯通，强度随之逐步降低，从而使混凝土由表及里遭到破坏。1972年，Fagerlund 提出了其对抗冻性定义新的理解，他不是把抗冻性看作是单纯取决于材料性质的混凝土的内在结构，而是把气候条件以及材料的使用方式(环境)也看作是其不可分割的部分，承认了事物的本来面貌。但由于混凝土结构冻害的复杂性，至今尚无公认的、完全反映混凝土冻害机理的理论。

根据 T. C. Powers 对水泥石结构的研究可知，水泥石中的孔径分为三个范畴，即凝胶孔、毛细孔和气泡。凝胶孔中的水是不会冻结的，而封闭的气泡中是不存在水分的，所以在温度下降的时候，只有毛细孔中的水会冻结。可是在温度下降到 0 ℃时，毛细孔中的水并不会结冰，这是因为在多种因素的共同作用下，毛细孔中水的冰点会降低。

混凝土毛细孔中水的冰点将低于 0 ℃，这主要是由下面 3 个方面的原因决定的：

(1) 溶液冰点理论

由拉乌尔定律[201]可知：

$$\Delta T_f = K_f m \tag{4-4}$$

式中，ΔT_f——溶液冰点降低数；

K_f——溶液的摩尔冰点下降常数；

m——溶液的质量摩尔浓度。

液体的冰点是指液体的蒸气压与固体的蒸气压相等时的温度。从式(4-4)可以看出：在水溶液中溶液冰点的降低数与溶液的质量摩尔浓度成正比。当溶剂水溶有溶质时，溶液的蒸气压就会下降，这时冰的蒸气压高于溶液的蒸气压，于是冰就融化。因此，只有温度下降，冰的蒸气压和溶液蒸气压才会相等。混凝土毛细孔中的水因溶解了一定量的 $Ca(OH)_2$，甚至是 $Ca(OH)_2$ 的饱和溶液，所以冰点将低于 0 ℃。这与除冰盐及防冻剂的应用原理是一样的。当温度降至溶液的冰点时，溶液中开始有冰析出，与此同时，溶液的浓度上升，冰点继续降低，冰晶继续析出，直到溶液达到饱和。在此温度下，水全部冻结成冰。

(2) 毛细孔半径冰点理论

混凝土是一种多孔结构，而且大量的水存在于毛细孔中。T. C. Powers 在研究混凝土冰冻作用时认为，水在毛细作用下，冰点会下降[202]。冰点下降值为：

$$\Delta T = \frac{2\sigma M T_s}{r\rho Q} \tag{4-5}$$

式中，ΔT——毛细孔水的冰点下降值，单位℃；

σ——水的表面张力，单位 MPa；

M——水的克分子量；

T_S——水的正常冰点，取 273 K；

r——毛细孔半径，单位 Å；

ρ——水的密度，单位 kg/m^3；

Q——水的融解潜热，单位 J。

由式(4-5)可知：毛细孔中水的冰点的下降值与毛细孔半径成反比。也就是说，毛细孔半径越小，水的冰点越低。

(3) 压力冰点理论

热力学中，将热力学基本方程应用于纯物质的两相平衡，可以导出两相平衡时的平衡压力与平衡温度之间的函数关系——可拉佩龙方程[203]。

若在温度 T 和压力 P 下，纯物质的 α、β 两相处于相平衡状态。$G_m(\alpha)$、$G_m(\beta)$ 分别为两相的摩尔吉布斯自由能。当温度由 T 改变到 $T+\mathrm{d}T$，平衡压力也相应地由 P 改变到 $P+\mathrm{d}P$ 时，两相的摩尔吉布斯自由能也相应地由 $G_m(\alpha)$、$G_m(\beta)$ 改变到 $G_m(\alpha)+\mathrm{d}G_m(\alpha)$、$G_m(\beta)+\mathrm{d}G_m(\beta)$。根据吉布斯自由能判据，必然有：

$$G_m(\alpha) = G_m(\beta),\quad G_m(\alpha)+\mathrm{d}G_m(\alpha) = G_m(\beta)+\mathrm{d}G_m(\beta) \tag{4-6}$$

所以有：

$$\mathrm{d}G_m(\alpha) = \mathrm{d}G_m(\beta) \tag{4-7}$$

由热力学基本方程知：

$$\mathrm{d}G_m = -S_m\mathrm{d}T + V_m\mathrm{d}P \tag{4-8}$$

代入式(4-7)得：

$$-S_m(\alpha)\mathrm{d}T + V_m(\alpha)\mathrm{d}P = -S_m(\beta)\mathrm{d}T + V_m(\beta)\mathrm{d}P \tag{4-9}$$

整理后得：

$$\mathrm{d}P/\mathrm{d}T = [S_m(\beta) - S_m(\alpha)]/[V_m(\beta) - V_m(\alpha)] = \Delta_\alpha^\beta S_m/\Delta_\alpha^\beta V_m \tag{4-10}$$

式中，$\Delta_\alpha^\beta S_m$、$\Delta_\alpha^\beta V_m$ 分别为同样的平衡温度、压力下 β 相与 α 相的摩尔熵差、摩尔体积差。因 α 相与 β 相处于平衡状态，两相之间在平衡温度、平衡压力下的相互变化为可逆相变，所以 β 相与 α 相的摩尔焓差 $\Delta_\alpha^\beta H_m$ 即为可逆热，因此有：

$$\Delta_\alpha^\beta S_m = \Delta_\alpha^\beta H_m/T \tag{4-11}$$

代入式(4-10)得：

$$\frac{\mathrm{d}P}{\mathrm{d}T} = \frac{\Delta_\alpha^\beta H_m}{T\Delta_\alpha^\beta V_m} \tag{4-12}$$

式(4-12)即为克拉佩龙方程。方程表明了物质两相平衡时的压力与温度的函数关系。

对固—液平衡来说,克拉佩龙方程可以写成:

$$\frac{\mathrm{d}T}{\mathrm{d}P} = \frac{T\Delta_{\mathrm{fus}}V_m}{\Delta_{\mathrm{fus}}H_m}, \quad \Delta_{\mathrm{fus}}V_m = V_m(l) - V_m(s) \tag{4-13}$$

式中 $V_m(l)$、$V_m(S)$分别代表物质在液态和固态时的摩尔体积。将公式变形以后可得:

$$\frac{\mathrm{d}T}{T} = \frac{\Delta_{\mathrm{fus}}V_m}{\Delta_{\mathrm{fus}}H_m}\mathrm{d}P \tag{4-14}$$

将两边分别积分可得:

$$\int_{T_1}^{T_2}\mathrm{d}\ln T = \frac{\int_{P_1}^{P_2}\Delta_{\mathrm{fus}}V_m}{\Delta_{\mathrm{fus}}H_m}\mathrm{d}P$$

即:

$$\ln\frac{T_2}{T_1} = \frac{\Delta_{\mathrm{fus}}V_m}{\Delta_{\mathrm{fus}}H_m}(P_2 - P_1) \tag{4-15}$$

众所周知,水在1个大气压下的冰点是0 ℃,设此平衡态为一初始状态,再根据已知的水在一定温度下其摩尔熔化焓以及摩尔体积差等参数,可以求出水在任意压力下的冰点。

以上这三种理论中,压力是影响水的冰点的最主要的因素。有学者总结了混凝土在冻融作用下破坏时,混凝土因内部的水发生体积膨胀而引起的水的冻结温度与环境压力的关系,如表4.21所示。

表4.21 水的冻结温度与环境压力的关系[204]

环境压力(MPa)	0.10	10.10	50.10	100.10	200.10	400.10
冻结温度(℃)	0.0	-1.0	-5.0	-10.0	-20.0	-40.0

当混凝土的温度降到0 ℃时,由于上述多种原因,混凝土中的水并不结冰。温度继续下降,并且从混凝土传到毛细孔,在达到符合孔内压力的冻结条件时,由于孔壁具备产生冰核的条件,首先在毛细孔壁上生成冰核,然后沿着孔壁冻结,形成一个完全封闭的冰壳。这时由于冰壳附近的水冻结成冰,体积要膨胀,所以冰壳内的水承受的压力变大。如果要继续冻结,混凝土的温度就必须继续下降。温度这样下降的结果,必然导致毛细孔中的水不断冻结成冰,最终趋向于形成若干个由冰包围的圆球形水体。由于力的平衡关系,使得结冰所产生的膨胀不仅使冰壳内的水体承受更大的压力,同时也把这个压力传向了毛细孔孔壁。温度越低,冻结的水量越多,压力越大,毛细孔壁承受的压力也越大。

当混凝土内部处于冻结状态时,冰与毛细孔壁之间的附着力是很大的,冰的抗拉强度、抗弯强度以及弹性模量也会变大。这也可说明混凝土内部空隙中的水，在冻结状态下，是与孔壁紧密结合起来的，未冻结的水被包裹在冰壳的内部[205]。

在冻结状态下，其实在混凝土内部还有一部分可以移动的水分，这是由于冻结在孔壁的冰面与极微小的凝胶孔内的过冷水之间压力不平衡引起的。这些过冷水向冻结的冰面移动，并在那里冻结成冰，直到达到压力平衡为止。

实验过程中，根据所记录的温度可以看出，石屑混凝土的中心温度可以达到 −17 ℃，而试件表面的温度则更低。我们就采用 −17 ℃这一温度来计算毛细孔周围混凝土体所处的应力状态。

将毛细孔及其周围的浆体看作是一个厚壁的球体，内半径为 a，外半径为 b。设孔内壁传给冰体的压力为 p，则同时孔内壁也受到冰传来的压力 p。根据弹性理论[206]，可以求出孔壁附近任意一点的应力：

$$\sigma_r = -\frac{\frac{1}{r^3}-\frac{1}{b^3}}{\frac{1}{a^3}-\frac{1}{b^3}}p = -\frac{\left(\frac{a}{r}\right)^3-\left(\frac{a}{b}\right)^3}{1-\left(\frac{a}{b}\right)^3}p, \quad \sigma_\theta = \frac{\frac{1}{2r^3}+\frac{1}{b^3}}{\frac{1}{a^3}-\frac{1}{b^3}}p = \frac{\frac{1}{2}\left(\frac{a}{r}\right)^3+\left(\frac{a}{b}\right)^3}{1-\left(\frac{a}{b}\right)^3}p \tag{4-16}$$

式中，r ——球体内任意一点到球心的半径，单位 Å；

σ_r——球体内半径为 r 处的径向应力，单位 MPa；

σ_θ——球体内半径为 r 处的切向应力，单位 MPa。

假设 $b/a = 50$ 即 $a/b = 0.02$，则有：

$$\sigma_r \approx -\left(\frac{a}{r}\right)^3 p, \quad \sigma_\theta \approx \frac{1}{2}\left(\frac{a}{r}\right)^3 p \tag{4-17}$$

这时有：

$$\sigma_\theta = -\frac{1}{2}\sigma_r \approx -\frac{1}{2}\left(\frac{a}{r}\right)^3 p \tag{4-18}$$

由此可见，应力随着 r^3 的增大而减小，在 $r = a$ 时，应力达到最大，且当 $r = a$ 时，$\sigma_\theta \approx -\frac{1}{2}p$。这个切向的拉应力是引起混凝土开裂的主要因素。

从表 4.21 中的数据，可以推算得 −17 ℃时水的冻结压力为 170.10 MPa，即 $\sigma_r = 170.10$ MPa，于是便有 $\sigma_\theta \approx 85$ MPa。

这也就是说，包裹着球形水体的冰壳上最大的切向拉应力为 85 MPa，如此大的拉应力是冰和混凝土都无法承受的。因此在温度下降到 −17 ℃之前，沿冰壳和混凝土毛细孔壁就已经出现裂缝。裂缝一旦产生，冰壳内不被包裹的水就立即涌入裂缝中，同时将伴随着水压力的降低。当压力下降到一定程度时，全部的水冻结成冰。

4. 实验过程与结果讨论

实验参照《水工混凝土实验规程》(DL/T 5150—2001)进行，采用快冻法，每个冻融循环时间为 4～5 h。实验所用仪器为美国 HUMBOLDTMFG. GO. 生产的

H－3185型快速冻融仪，如图 4.18 所示。

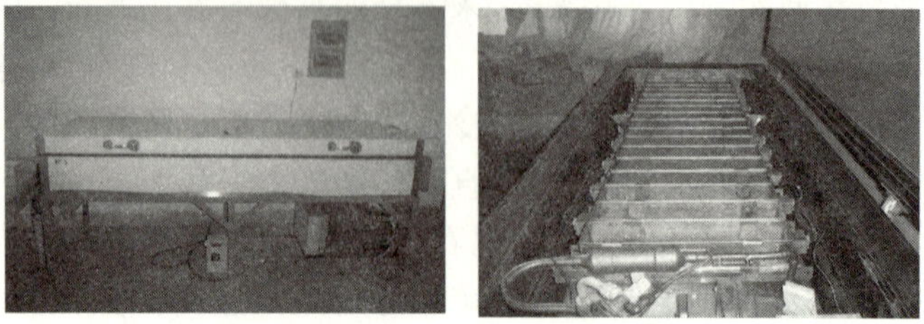

图 4.18 冻融仪外观和内部情况

（1）采用混凝土强制式搅拌机，按照《水工混凝土实验规程》“混凝土拌和物室内拌和方法”拌和并成型试件，规格为 100 mm×100 mm×400 mm 的棱柱体混凝土试件（见图 4.19），3 个一组，用于本次实验的试件共 9 个。

（2）试件龄期 28 d（标准养护），到达龄期前 4 d，将试件在 20 ℃ ±3 ℃的水中浸泡 4 d。

（3）取出试件，擦去表面水后，称初始质量，用 ZBL－U520 非金属超声波检测仪（见图 4.20）测定纵向波速度。

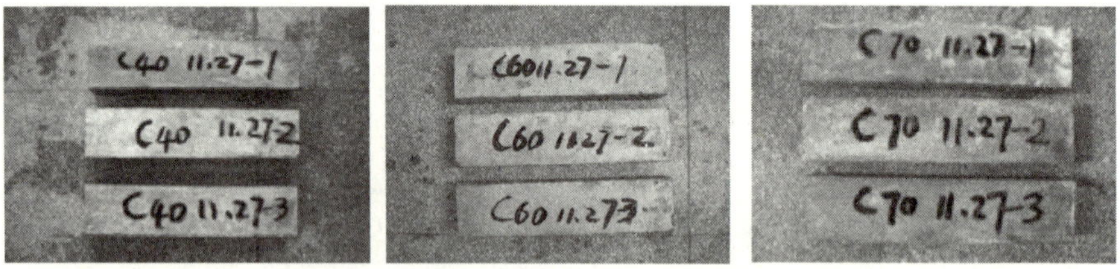

(a) C40 (b) C60 (c) C70

图 4.19 抗冻性实验试件

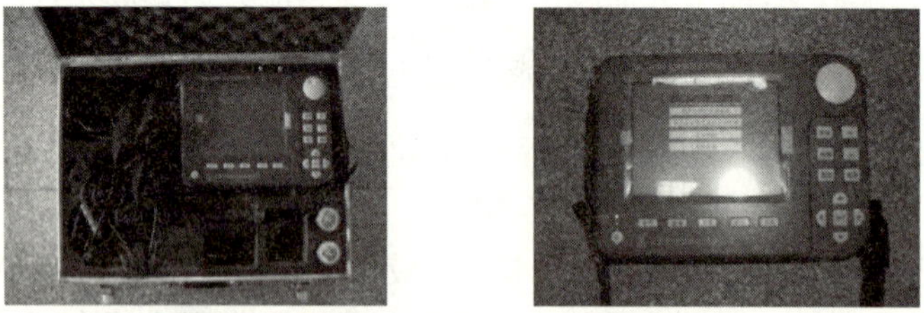

图 4.20 ZBL－U520 非金属超声波检测仪

（4）将试件装入盒内，注入淡水（水面应浸没试件顶面 20 mm），冻融过程中，保证试件中心温度控制在（－17±2）℃～（8±2）℃之间。每隔 25 个循环测定纵向波速，计算相对动弹性模量，并以冻融循环实验前测定的动弹性模量为 100%，同时检查其外部损伤情况和质量损失。抗冻性指标的计算方法如下：

① 混凝土试件的相对动弹性模量按式（4－19）计算：

$$P_n = \frac{V_r^2}{V_{r_0}^2} \times 100 \tag{4-19}$$

式中，P_n——n 次冻融循环后试件相对动弹性模量；

V_r——n 次冻融循环后超声波纵向波速度，单位 m/s；

V_{r0}——初始超声波纵向波速度，单位 m/s。

以 3 个试件实验结果的平均值为测定值。当最大值或最小值之一超过中间值的 20%时，剔除此值，取其余两值的平均值作为测定值；当最大和最小值均超过中间值的 20%时，取中间值作为测定值。

② 混凝土试件冻融后的质量损失按式(4-20)计算：

$$W_n = \frac{G_0 - G_n}{G_0} \times 100 \tag{4-20}$$

式中，W_n——n 次冻融循环后试件的质量损失率；

G_0——冻融前的试件质量，单位 g；

G_n——n 次冻融循环后的试件质量，单位 g。

以 3 个试件实验结果的平均值为测定值。当 3 个实验结果中出现负值时，改负值为 0，仍取平均值。当 3 个值中最大值或最小值之一超过中间值的 1%时，剔除此值，取其余两值的平均值作为测定值；当最大和最小值均超过中间值的 1%时，取中间值作为测定值。

冻融实验过程中混凝土试件的外观形貌见图 4.21、图 4.22、图 4.23、图 4.24、图 4.25。

(a) C40　(b) C60　(c) C70

图 4.21　25 次循环后的混凝土试件

(a) C40　(b) C60　(c) C70

图 4.22　50 次循环后的混凝土试件

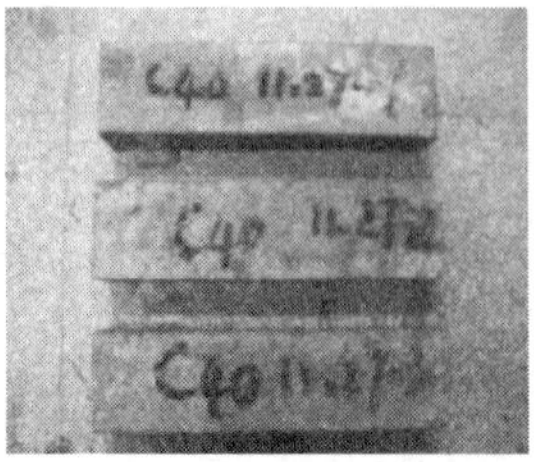

(a) C40

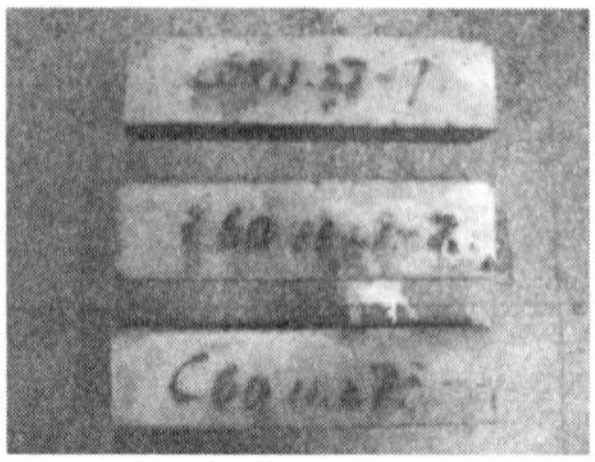

(b) C60

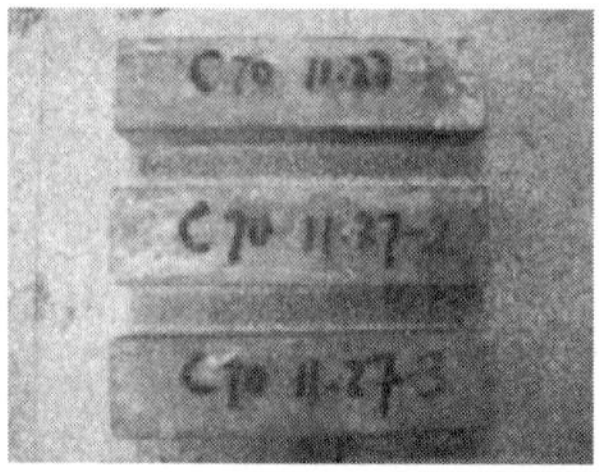

(c) C70

图 4.23　75 次循环后的混凝土试件

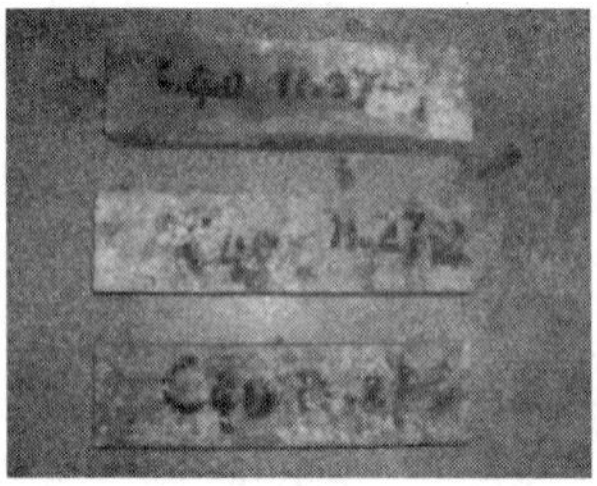

(a) C40

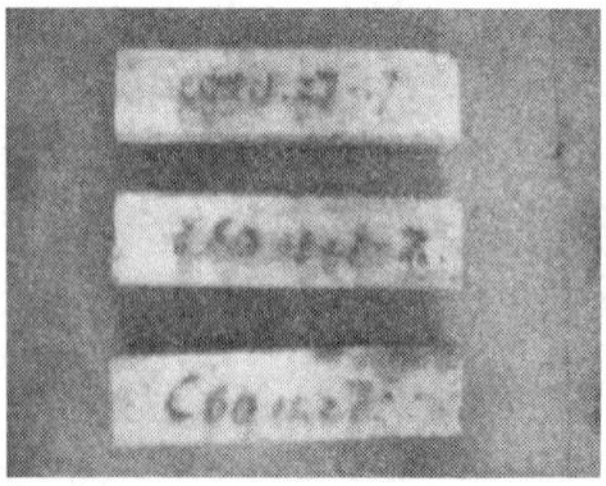

(b) C60

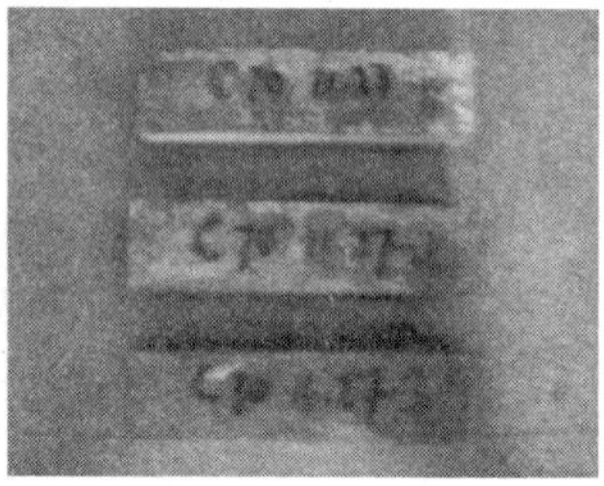

(c) C70

图 4.24　100 次循环后的混凝土试件

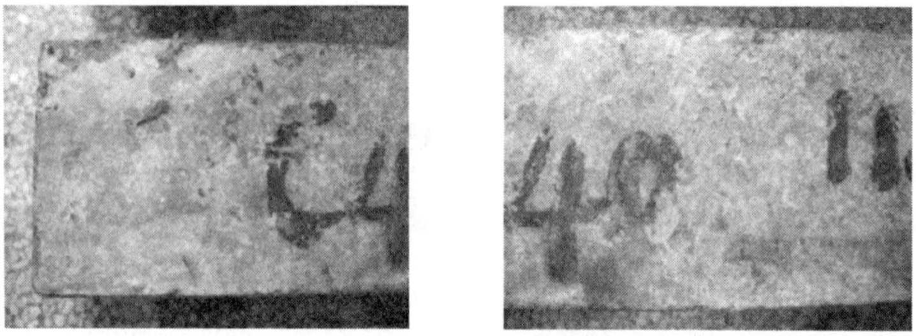

(a) 75次循环后的C40混凝土试件表面剥落情况

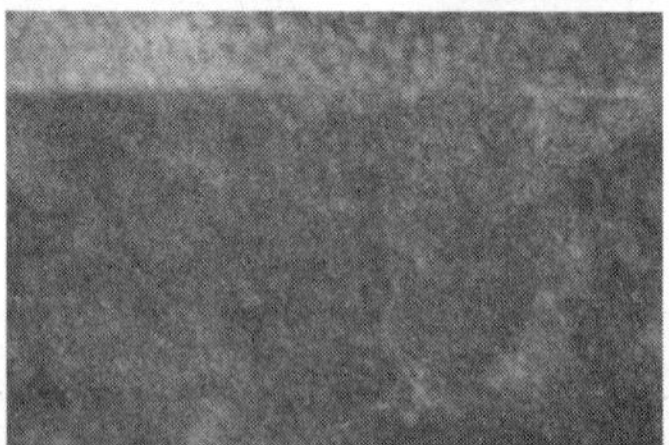

(b) 75次循环后的C60混凝土试件表面开裂情况

图 4.25　冻融实验过程中的混凝土试件

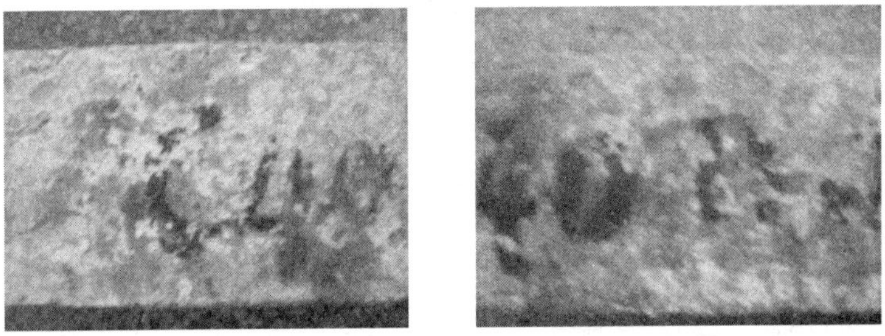

(c) 100次循环后的C40混凝土试件表面剥落情况

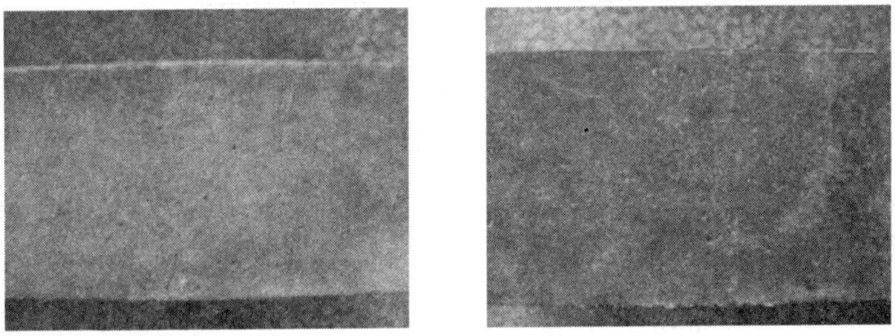

(d) 100次循环后的C40混凝土试件表面开裂情况

续图 4.25　冻融实验过程中的混凝土试件

从以上各图及对实验过程的观察可知，当冻融循环进行到 75 次时，C40 混凝土试件表面出现轻微剥落现象，C60 混凝土中有一个试件表面轻微开裂；当冻融循环进行到 100 次时，C40 混凝土试件表面出现剥落明显，C60 混凝土中有两个试件表面开裂，没有剥落，C70 混凝土试件表面完好。冻融实验具体结果详见表 4.22、表 4.23 及图 4.26。

表 4.22　实验前后试件的基本物理特征

混凝土强度等级	最终冻融循环次数	质量损失率(%)
C40	100	0.013
C60	100	0
C70	100	0

表 4.23　冻融实验结果

混凝土强度等级	指定冻融循环次数下的相对动弹模量(%)				外观描述	抗冻等级
	25	50	75	100		
C40	96.56	94.84	93.25	91.56	表面剥落	＞F100
C60	98.43	97.41	85.57	78.80	表面开裂	＞F100
C70	98.77	97.84	96.97	96.57	—	＞F100

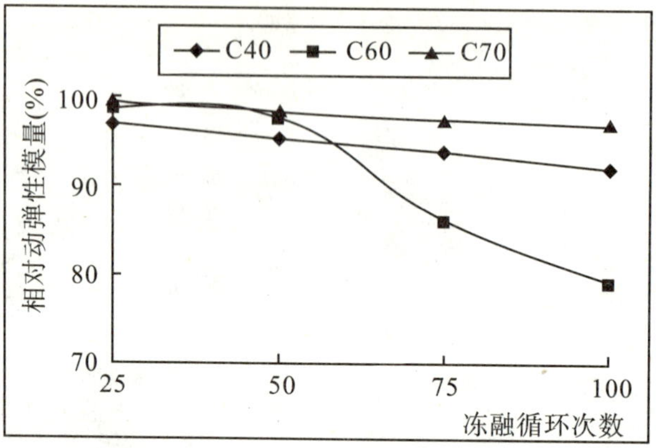

图 4.26 相对动弹性模量变化趋势

一般来说，混凝土受冻融破坏的程度取决于以下因素：冻结温度、冻结速度、可冻水的含量、水饱和程度、材料的渗透性、冰水混合物流入卸压空气泡的距离（以气泡平均间距表示）以及抵抗破坏的能力（强度）等。表 4.22、表 4.23 及图 4.26 表明，C70 混凝土的抗冻性好于 C40，原因是 C70 混凝土的抗渗性要明显好于 C40，一般来说混凝土的抗渗性越好，其抗冻性也越好。陈联荣的研究结果[207]认为，混凝土的抗冻性是平均气泡间距和水灰比两个参数的函数，也就是说，平均气泡间距和水灰比两者是决定混凝土抗冻性的最主要因素。由于 C70 混凝土的水灰比较低，混凝土拌合所用的水泥水化所需水量相对增多，这样多余的水分在混凝土硬化过程中所产生的孔隙相对减小，混凝土则相对较密实，另外掺合料的掺入配以减水剂，可以在满足工作性的前提下，减少用水量，提高硬化混凝土的密实性，掺合料较细，能改善混凝土的气泡结构，减少气泡间距。C60 混凝土的抗渗性要明显好于 C40，C40、C60 混凝土 28 d 强度分别为 58.5 MPa、64.4 MPa，两者之间的差距很小，所以水泥浆的强度和骨料之间的黏聚力比较接近，然而表 4.22、表 4.23 及图 4.26 也表明，C60 混凝土的抗冻性开始好于 C40，但后来却比 C40 差，造成偏差的主要原因，一方面是由于 C60 混凝土拌和物在拌和过程中其黏聚力和保水性比较差，在骨料与浆体之间形成薄弱界面，所以混凝土试件表面虽然没有剥落（100 次冻融循环之后质量几乎没有损失），但在薄弱界面处很容易冻裂，从而使 C60 动弹模量下降突变；另一方面，C40、C60、C70 的水灰比分别为 0.42、0.36、0.25，C40、C60 两者水灰比比较接近，相差 11.6%，而 C60 与 C70 相比，水灰比差距较大，C60 水灰比比 C70 高 44%，混凝土的含水量是影响抗冻性能的主要因素之一，因此也说明了 C40 与 C70 两者抗冻性能比较接近，而 C70 抗冻性能最好，所以，C60 混凝土配合比设计从抗冻指标方面讲较差，不能满足施工要求，需进一步调整配合比设计，适当减少砂、水泥细骨料用量，减少用水量，降低水灰比以提高混凝土拌合物的黏聚性和保水性，提高抗冻性能。

4.4.4　本节小结

(1) C60 与 C70 的抗渗性高达 W38 以上,远高于 C40;

(2) C60 与 C70 的抗氯离子渗透性远高于 C40;

(3) C70 混凝土的抗冻性好于 C40,而 C60 混凝土的抗冻性初始好于 C40,后来却比 C40 差,因此 C60 混凝土配合比设计从抗冻指标方面讲较差,不能满足施工要求,需进一步调整配合比设计,适当减少砂、水泥细骨料用量,减少用水量,降低水灰比以提高混凝土拌合物的黏聚性和保水性,提高抗冻性能。

4.5　高强高性能混凝土微观机理分析

前面对比了高性能混凝土(C60、C70)与普通混凝土(C40)的长期性能和耐久性能,两者存在较大的差异,由于混凝土的宏观性能是其微观结构的反映,因此高性能混凝土(C60、C70)的微观结构与普通混凝土肯定存在差异,故我们进行了高性能混凝土和普通混凝土的微观机理分析实验,以期找出高性能混凝土性能改善的作用机理。

目前对材料的微观分析测试方法主要有 X 射线衍射分析、电子显微分析以及其他一些常用的近代物理检测技术(如热分析等)[208,209]。应针对具体的情况选择合理的分析测试方法,对材料的表面形貌、组织、结构、成分等进行分析[210],从微观的尺度了解材料的强化机理和失效原因,为发挥材料性能的潜力提供理论依据。

4.5.1　XRD 分析

XRD 分析是定性及定量研究晶相物质的非常有效的一种测试技术,其基本原理是当试样原子的内层电子被激发后,外层电子跳入补充即能级产生跃迁,多余的能量就产生 X 射线。各种元素有特定的能量差,因此激发出来的 X 射线具有该元素的特征波长,称为特征 X 射线。测定特征 X 射线的波长或能量,就可以知道为何种元素。测定了强度,就可以知道该元素的含量,从而可以对样品进行定性、定量分析。

X 射线射入晶体样品时,X 射线发生衍射,衍射的条件满足布拉格方程,即:

$$2d\sin\theta = \lambda \tag{4-21}$$

式中,d——晶体晶面的间距;

θ——X 射线与界面的夹角;

λ——X 射线的波长。

晶体一定时，d 值是一系列的定值。因此，如果波长是已知的，衍射角确定后，即可求出晶体网间距 d，通过改变 θ，即可测得一系列的 d 值，从而可确定晶体的类别。通过 X 射线衍射分析，可进行水化产物的判别。

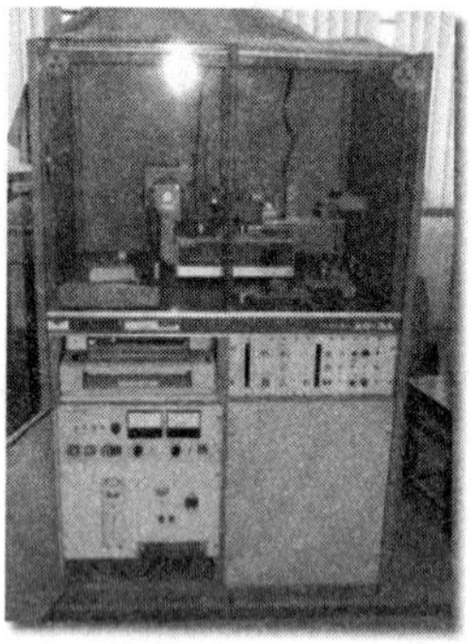

图 4.27 XD-3A X 射线衍射仪

测试仪器采用美国 SHIMADZU 生产的 XD-3A X 射线衍射仪(见图 4.27)，水泥浆体养护 28 d 的测试结果见图 4.28。

从图 4.28 可知：C60、C70 对应水泥浆体与 C40 相比 28 d 的主要水化产物的矿物成分基本相同，没有生成新的水化产物，只是矿物相对含量不同，C60、C70 对应水泥浆体水化 28 d 的图谱中 $Ca(OH)_2$ 的峰值比 C40 普遍要低，表明有更多的 $Ca(OH)_2$ 与掺合料发生了“二次水化”反应，另外从 XRD 图谱中不能判断 C—S—H 凝胶生成的量及结构和形貌，因此需要借助扫描电镜等其他分析手段。

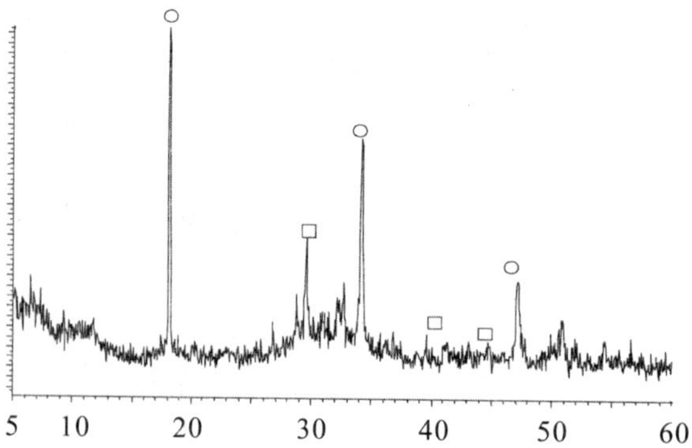

(a) C40 28 d试件的XRD图谱

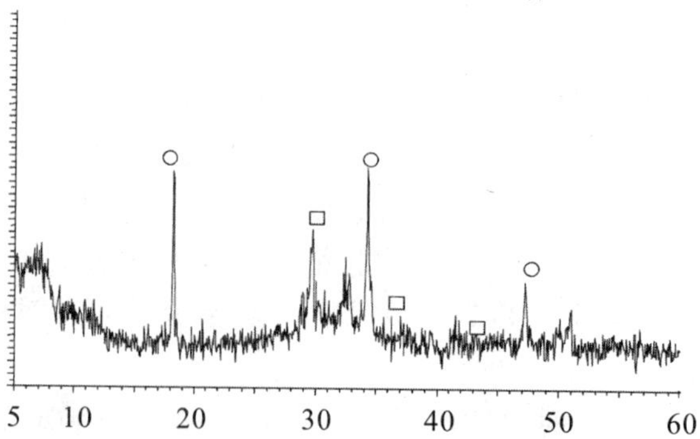

(b) C60 28 d试件的XRD图谱

图 4.28 28 d 试件的 XRD 图谱

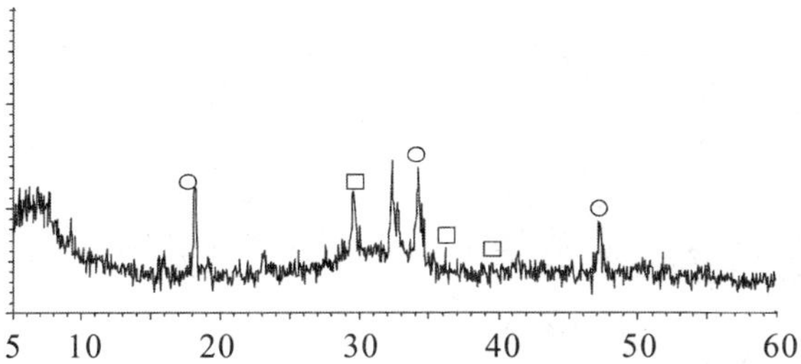

(c) C70 28 d试件的XRD图谱

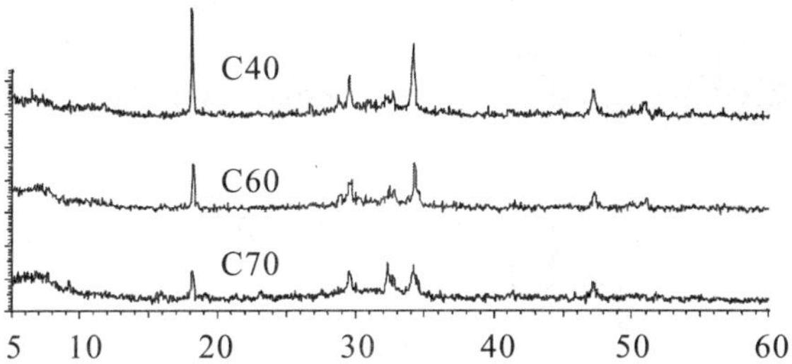

(d) 汇总的28 d试件XRD图谱

续图 4.28　28 d 试件的 XRD 图谱

4.5.2　SEM 分析

扫描电子显微镜是继透射电镜之后发展起来的一种电镜，可以观察直径为 10～30 mm 的大块试样，对试件形貌进行分析[212]。扫描电子显微镜简称扫描电镜(SEM)，其成像原理是基于电子束与试样相互作用所激发产生的物理效应进行工作的。当具有一定能量的电子束轰击试样时，将与试样内原子发生弹性和非弹性接触，入射的能量将有 99%以上转变为热能，而余下的 1%的能量从试样中激发出各种有用的信息，包括二次电子、俄歇电子、背散射电子、透射电子、吸收电子、特征 X 射线、阴极荧光。这些不同的信息，反映出试样不同的显微结构与元素组成。扫描电镜通过检测这些特征信息，可以观察试样的显微结构与元素组成的新特点。仪器采用 HITACHI 公司生产的 X－650 扫描电镜(配 EDAX DX 能谱)Scanning Electron Microanalyzer(见图 4.29)，养护 7 d、28 d 试件的微观形貌见图 4.30、图 4.31。

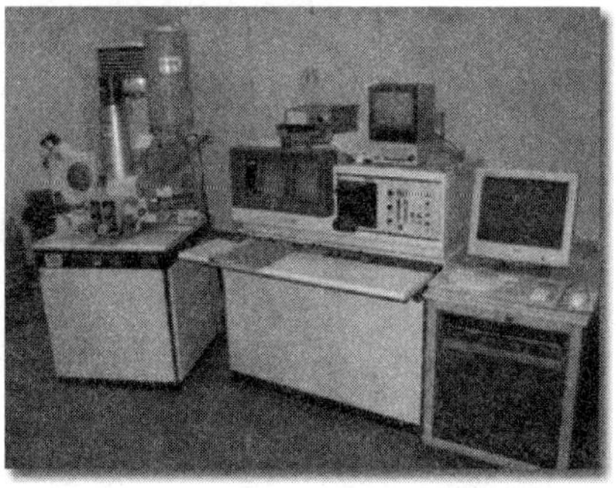

图 4.29　X－650 扫描电镜

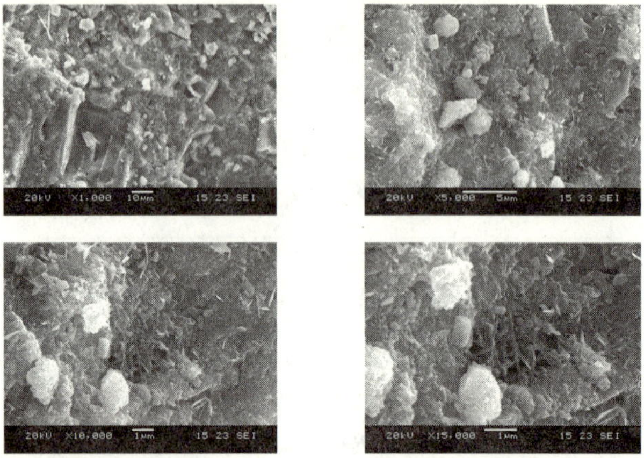

(a) C40

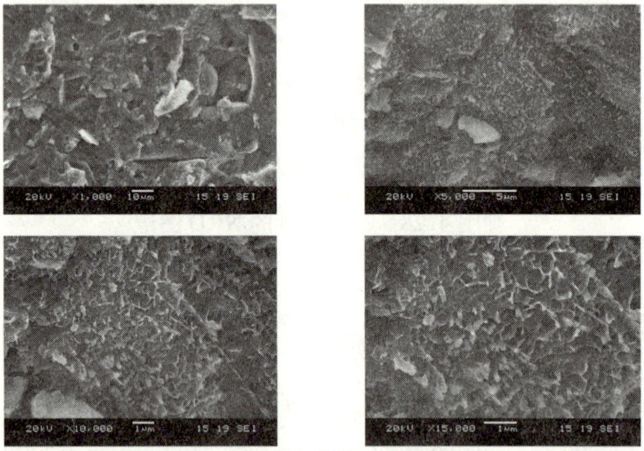

(b) C60

(c) C70

图 4.30　7 d 试件的微观形貌

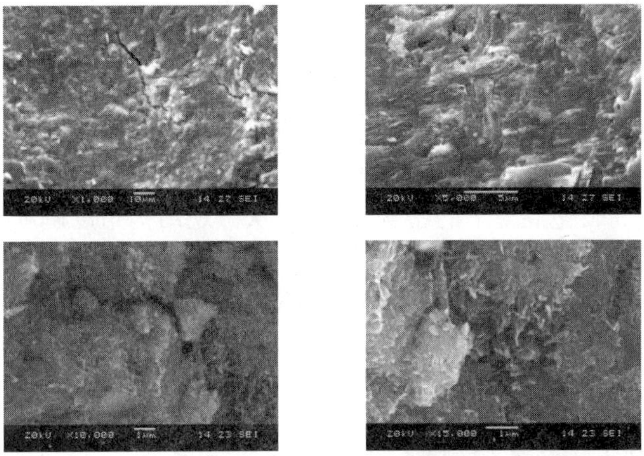

(a) C40

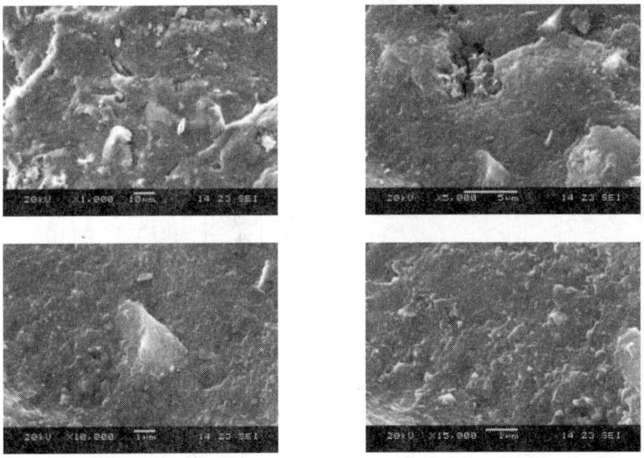

(b) C60

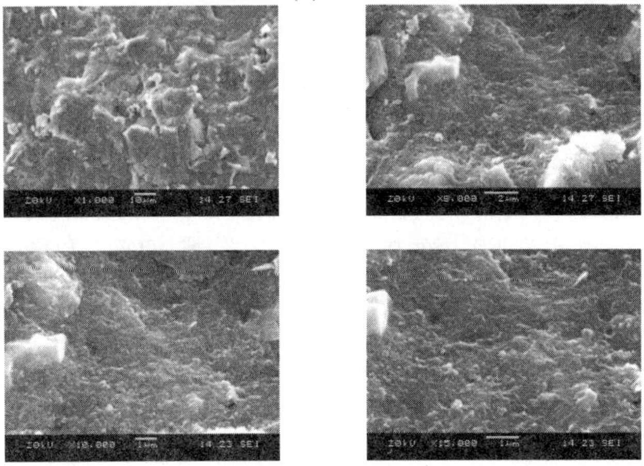

(c) C70

图 4.31　28 d 试件的微观形貌

从图 4.30 及图 4.31 可知：C40 与 C60、C70 相比，混凝土结构中存在较多的孔洞和微细裂纹，C60、C70 中 C—S—H 凝胶多而且组织致密，可能是因为一方面 C60 与 C70 混凝土的水灰比较低，混凝土拌合用水中用于水泥水化所需水量相对增多，这样多余的水分在混凝土硬化过程中所产生的孔隙相对减小，混凝土则相对较密实；另一方面硅灰等掺合料的掺入配以减水剂，可以在满足工作性的前提下，减少用水量，提高硬化混凝土的密实性，这也从微观结构角度解释了 C60、C70 混凝土的抗渗性及抗氯离子侵蚀能力要高于 C40 的原因。C70 混凝土试件养护 7 d 后的 SEM 图中出现了新的物质，采用能谱仪对其进行分析，结果见图 4.32，该物质含有 C—S—H 凝胶，另外还有 Na 等元素存在，可能是外加剂中带入的成分[213]。

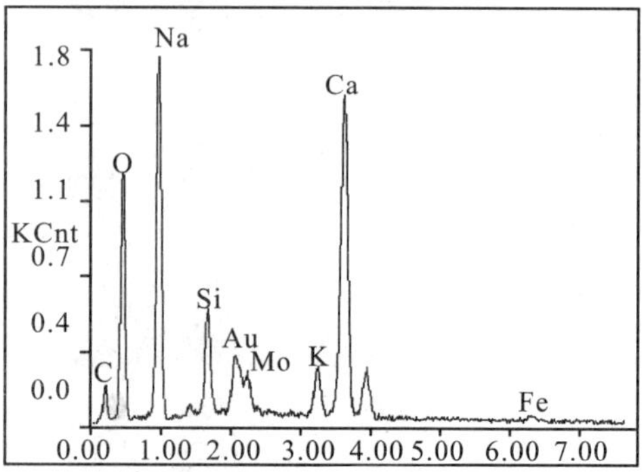

图 4.32 C70 SEM 照片(7 d)中新物质的能谱结果

4.5.3 DSC 和 TG 分析

物质在温度变化的过程中，往往伴随着微观结构和宏观物理、化学等性质的变化，宏观上的物理、化学性质的变化通常与物质的组成和微观结构相关联。通过测量和分析物质在加热或冷却过程中的物理、化学性质的变化，可以对物质进行定性和定量分析。热分析是利用热学原理对物质的物理性能或成分进行分析的总称。国际热分析协会把热分析定义为：热分析是在程序控制温度下，测量物质的物理性质随温度变化的一类技术。本实验所采用的热分析方法为差热法(DSC)和热重法(TG)。

差热分析基本原理是将两种物质在一定的温度范围内加热，其中一种物质在加热后不发生相变化，如果另一种物质在加热过程中也无相变化，则两种物质之间无热量差；如果其中有一种物质在加热过程中产生相变化，由于吸热或放热，会发生与另一种物质的热量差，即差热。量测产生差热时的温度和差热大小，可以定性或定量分析该物质。加热时，无相变化的物质称为参比样，通常采用 $\alpha-Al_2O_3$。差热的量测可使用热电偶进行。

热重分析法是在程序控制(等速升温、降温)温度下测量物质质量随温度变化的一种热分析方法。许多矿物，如氢氧化钙等含有结晶水的化合物，在加热过程中，由于脱水、分解放出气体等而使试样的质量减少[214]。一定的矿物脱水或放出气体的温度 T 是一个定值来可以根据 T 值来估计矿物的种类。

仪器采用美国 TA 公司生产的 DSC Q10 差式扫描量热仪(Differential Scanning Calorimeter)(见图 4.33)，C40、C60 及 C70 对应水泥浆体水化 28 d 后的 DSC 曲线和 TG 曲线分别见图 4.34、图 4.35。

图 4.33　DSC Q10 差式扫描量热仪

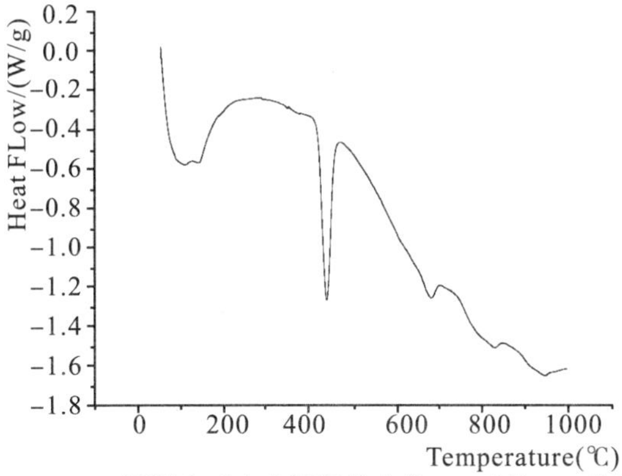

(a) C40混凝土对应水泥浆体水化28 d时的DSC曲线

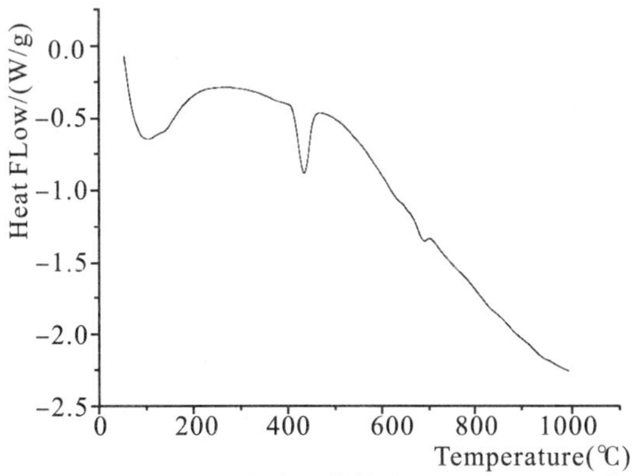

(b) C60混凝土对应水泥浆体水化28 d时的DSC曲线

图 4.34　不同强度等级混凝土试样水化 28 d 时的 DSC 曲线

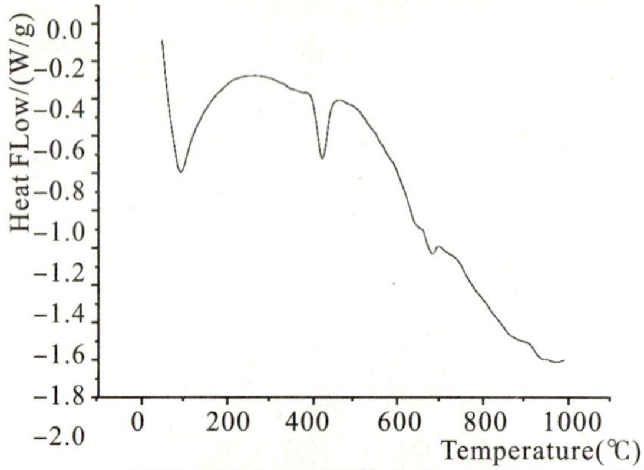

(c) C70混凝土对应水泥浆体水化28 d时的DSC曲线

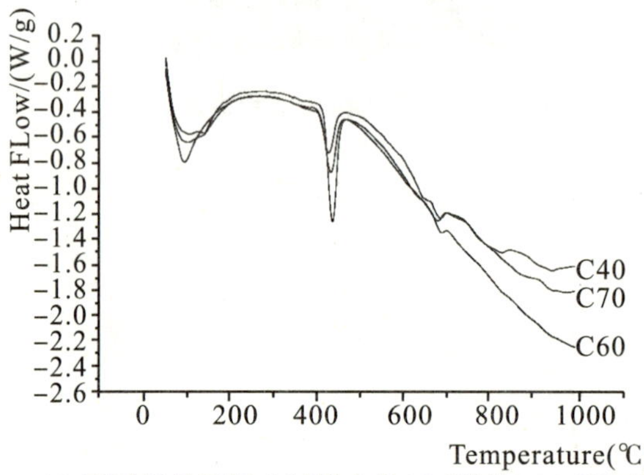

(d) 不同标号混凝土试样水化28 d时的DSC对比图

续图4.34　不同强度等级混凝土试样水化28 d时的DSC曲线

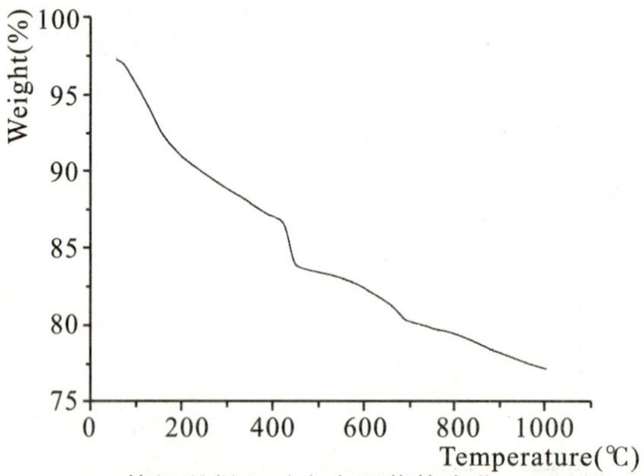

(a) C40等级混凝土对应水泥浆体水化28 d后的TG曲线

图4.35　不同强度等级混凝土试样水化28 d时的TG曲线

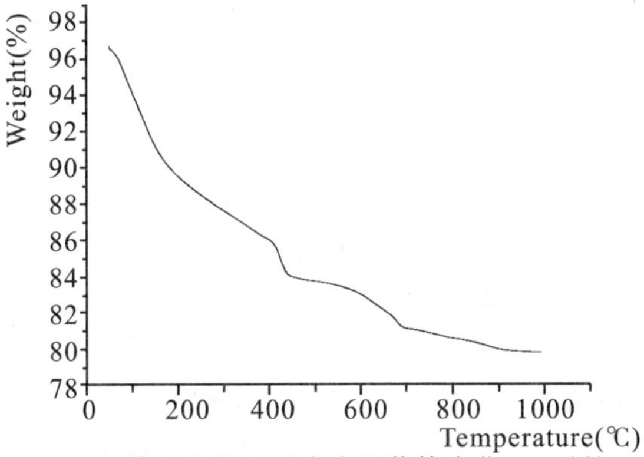

(b) C60等级混凝土对应水泥浆体水化28 d后的TG曲线

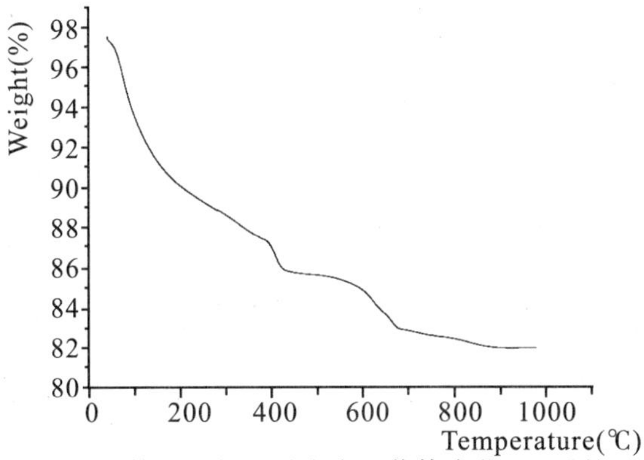

(c) C70等级混凝土对应水泥浆体水化28 d后的TG曲线

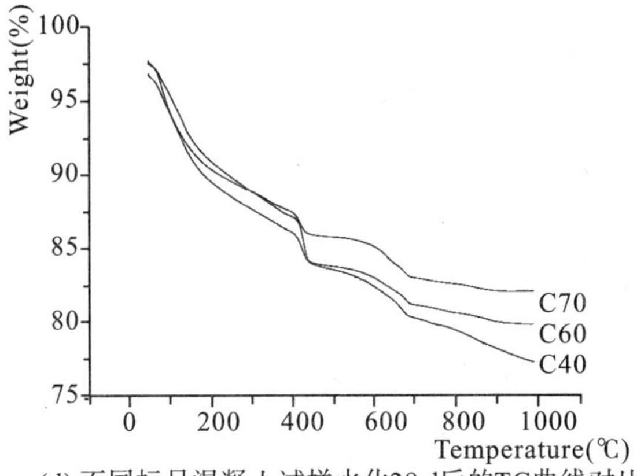

(d) 不同标号混凝土试样水化28 d后的TG曲线对比图

续图 4.35　不同强度等级混凝土试样水化 28 d 时的 TG 曲线

从图 4.34 可知：C40、C60 及 C70 对应水泥浆体水化 28 d 后的 DSC 曲线中均出现了 3 个吸热峰，第 1 个峰在 90～125 ℃，是水化产物 C—S—H 凝胶、钙矾石脱去结合水而产生的；第 2 个峰在 430 ℃左右，是 $Ca(OH)_2$分解而产生的；第 3 个峰在 680 ℃左右，是 $CaCO_3$ 分解而引起的，再次表明 C40、C60 及 C70 对应水泥浆体水化产物的主要矿物成分基本一致。

比较 3 组试样水化 28 d 时的 DSC 曲线（见图 4.34 (d)），在 90～125 ℃的吸热峰中，C60、C70 的峰面积比 C40 大，表明 C60、C70 对应水泥浆体水化 28 d 后产生了较多的水化产物；在 430 ℃左右的吸热峰中，C60、C70 的峰面积明显小于 C40，表明 C60、C70 对应水泥浆体水化 28 d 后 $Ca(OH)_2$ 的量明显小于 C40，原因可能是 C60、C70 对应水泥浆体水化时由于掺入了掺合料，大量一次水化产物 $Ca(OH)_2$ 与掺合料发生了二次水化反应，再次证实了 XRD 的分析。

从图 4.35 可知：C60 及 C70 对应水泥浆体试样与 C40 相比，由 $Ca(OH)_2$ 和 $CaCO_3$ 分解产生的质量损失较小，表明水泥浆体中 $Ca(OH)_2$ 和 $CaCO_3$ 的含量随着掺合料的掺入而减少。

4.5.4　MIP 分析

汞压力法（MIP 法）主要是根据压入多孔系统中的水银数量与所加压力之间的函数关系，计算孔的直径和不同大小孔的体积。首先，必须对孔的形状做假定，因为孔在充满状态下的压力决定于液面曲率半径。孔径的假定影响孔径分布的计算，通常采用 Wittman 的假定，即柱状毛细孔系统。近年来出现的水力半径的理论可避免这种假定[216]。

汞压力法最适合于测定平均孔径为 15 埃至 100 微米范围的孔。依压力的不同分为高压和低压两种，低压测孔压力 2×103 Pa，可测 37.5～5.5 μm 的孔，高压测孔压力 0.15 MPa，可测 5.5 μm～15 埃的孔。本实验采用的是高低压测孔。

汞压力测孔法的基本要求是汞和固体之间接触角大于 90°，即汞不能润湿固体，必须在外界压力作用下，才能使汞压入多孔固体中微小的孔内。若欲使毛细孔中的汞保持一平衡位置，必须使外界所施加的压力 P 同毛细孔中水银的表面张力 P' 相等（如图 4.36 所示），即：

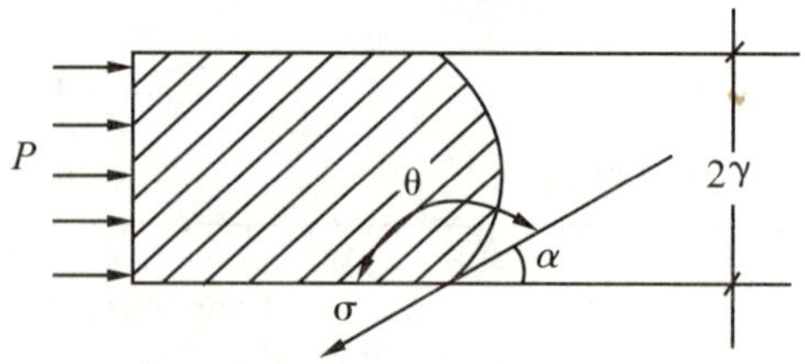

图 4.36　毛细孔中汞的受力情况

$$P=\pi r^2 p=P'=2r\pi\sigma\cos\alpha \tag{4-22}$$

式中，p——加给汞的压力，单位 MPa；

P——外界施加给汞的总压力，单位 N；

P'——由于汞的表面张力的而引起的毛细孔壁对汞的压力，单位 MPa；

$\alpha=\pi-\theta$，θ 为汞对固体的润湿角，在 135°～142°之间变化；

σ——汞的表面张力，25 ℃时为 484.2(48.42 Pa)；

r——毛细孔半径，单位 Å。

由：

$$\pi r^2 p = P' = -2r\pi\sigma\cos\theta$$

得：

$$r = -2\sigma\cos\theta / p \tag{4-23}$$

由式(4-23)可知，只要测出孔压力，就可计算出在此压力下进入的孔的最小半径。式中 $2\sigma\cos\theta$ 一般近似地取 -7500(MPa・Å)，则式(4-23)变为：

$$r(A) = 7500/p \tag{4-24}$$

上述最小孔直径 r 是指在压力 p 下，凡是大于 r 的孔中都已压进了汞。改变压力后，又可测得一个 r。如果压力从 p_1 改变到 p_2，分别测出孔径 r_1、r_2，并设法测量出单位重量试样在此两孔径的孔之间的孔内所压入的汞的体积 ΔV，则在连续改变测孔压力时，就可测出汞进入不同孔级孔中的汞量，从而得到试样孔径分布。

实验仪器采用德国进口的压汞仪(见图 4.37)，C40、C60 及 C70 混凝土养护 28 d后取样分析，结果分别见表 4.24、表 4.25 和图 4.38，将孔径分布曲线的斜率 $dV/d(\lg r)$ 对 $\lg r$ 作图，可得到孔径分布微分曲线如图 4.39 所示。

图 4.37　压汞仪

表 4.24　试样总孔体积情况

试样名称	总孔体积(mL/g)	总孔隙率(%)
C40	0.0368	8.1693
C60	0.0152	3.6806
C70	0.0223	5.4871

表 4.25 试样各孔径范围内的孔体积

混凝土强度等级	孔径范围(nm)				
	$>10^5$	$10^4\sim10^5$	$10^3\sim10^4$	$10^2\sim10^3$	$10\sim10^2$
C40	0.0016	0.0026	0.0018	0.0040	0.0268
C60	0.0007	0.0020	0.0013	0.0023	0.0089
C70	0.0015	0.0020	0.0017	0.0024	0.0146

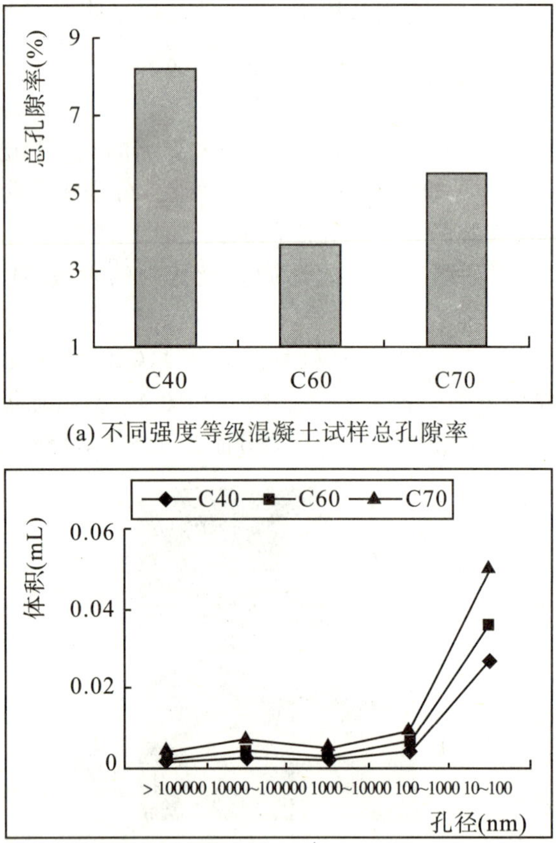

(a) 不同强度等级混凝土试样总孔隙率

(b) 不同强度等级混凝土试样各孔径范围内的孔体积

图 4.38 试样孔径分析结果

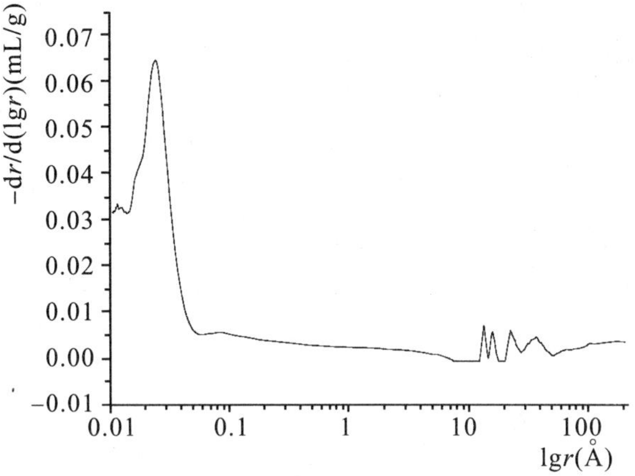

(a) C40等级混凝土试样孔径分布微分曲线

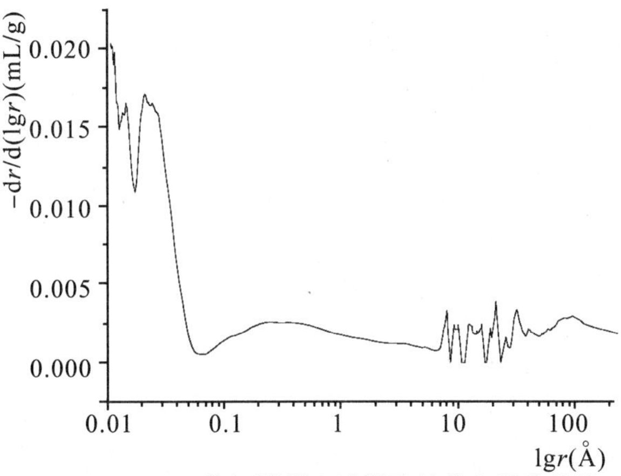

(b) C60等级混凝土试样孔径分布微分曲线

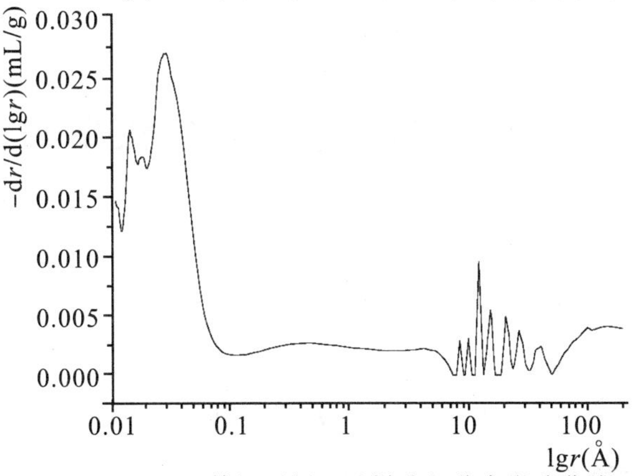

(c) C70等级混凝土试样孔径分布微分曲线

图 4.39　不同强度等级混凝土试样孔径分布微分曲线

从表 4.24、表 4.25 及图 4.38 可知：C60、C70 混凝土试样的总孔体积（即总孔隙率）、各孔径范围内的孔体积均比 C40 小，而且图 4.39 的微分曲线上峰值对应的孔径即最可几孔径（Most Probable Pore Diameter，即出现几率最大的孔径），C40 混凝土试样最大，表明其阈值孔径最大，平均孔径也最大，原因可能有两个方面：(1) C60 与 C70 混凝土的水灰比较低，混凝土拌合用水中用于水泥水化所需水量相对增多，这样多余的水分在混凝土硬化过程中所产生的孔隙相对减小，混凝土则相对较密实；(2) 硅灰等掺合料的掺入配以减水剂，可以在满足工作性的前提下，减少用水量，提高硬化混凝土的密实性，这也从微观结构角度解释了 C60、C70 混凝土的抗渗性及抗氯离子侵蚀能力要高于 C40 的原因[217]。

4.5.5 本节小结

(1) C40、C60、C70 对应水泥浆体 28 d 的主要水化产物矿物成分基本相同，只是矿物相对含量不同，其中 C40 试样水化产物中 $Ca(OH)_2$ 相对含量最大。

(2) C40 与 C60、C70 相比，混凝土结构中存在较多的孔洞和微细裂纹，C60、C70 中 C—S—H 凝胶多而且组织致密。

(3) C40、C60 及 C70 对应水泥浆体水化 28 d 后的 DSC 曲线中均出现了 3 个吸热峰，C60、C70 对应水泥浆体水化 28 d 后产生了较多的水化产物，但 $Ca(OH)_2$ 的量明显小于 C40。

(4) C60、C70 混凝土试样的总孔隙率、各孔径范围内的孔体积以及平均孔径均比 C40 小。

以上 4 个方面从微观结构角度再一次证明了 C60、C70 混凝土比 C40 混凝土各项性能都优越。

4.6 高强高性能混凝土实验室模型实验研究

4.6.1 模型实验系统

模型实验系统由混凝土模型箱、冻土模型箱和测试系统组成。

1. 混凝土模型箱

混凝土模型箱的净空间为 1.5 m×1.1 m×1.1 m（长×宽×高）。在实验时，沿模型箱长度方向浇筑混凝土（混凝土的长度与实际井壁的厚度相等）。在混凝土长度方向相对两面上施加与原型相同的温度边界条件，一侧为空气对流边界，一侧为泡沫塑料板和冻土箱内的冻土。对其他 4 个面通过采用双层钢板中间发泡和垫泡沫板的方法进行隔热处理。

2．冻土模型箱

冻土模型箱的净空间为 3.0 m×1.1 m×1.1 m(长×宽×高)，长度方向两端为泡沫塑料板和混凝土箱。对其他 4 个面采用双层钢板中间发泡和垫泡沫板的方法进行隔热处理。

冻土模型箱内填砂并使其密实、饱和。沿长度方向布置三排冻结管，中间一排，往左右两边 1 m 各布置一排(见图 4.40)。实验中，通过调整冻结管内盐水的温度和流量来控制冻土箱两端面的温度，以模拟实际的井帮温度。对 C60 和 C70 混凝土外壁，井帮初始温度分别取为 −14 ℃和 −22 ℃。

3．测试方法与系统

待测量有盐水温度、冻土箱内温度分布、混凝土箱内温度分布和混凝土的强度等。

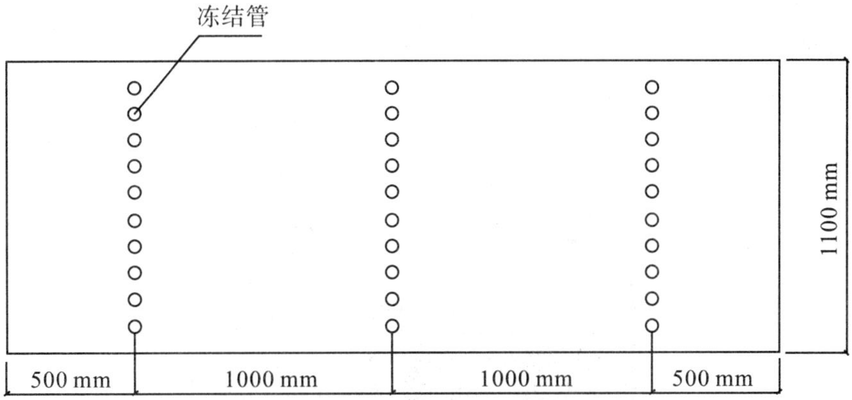

图 4.40　冻土箱内的冻结管布置

(1) 温度的测量

① 盐水温度：在盐水箱中放置一个铜—康铜热电偶来量测，并用水银温度计来校核。

② 冻土温度：采用铜—康铜热电偶串量测。

③ 混凝土温度：主要量测混凝土体的内部温度分布规律，采用铜—康铜热电偶串量测。

(2) 混凝土强度的测量

对模型箱内混凝土强度的测量分为三部分：试块加载测试、超声测试和回弹测试。

① 试块加载测试：在现场工况下养护至预定时间后，按照《混凝土结构实验方法标准》对试块进行加载破坏实验，得到井壁混凝土的试块强度。

② 采用回弹仪在大块混凝土的表面进行测试(与实际工况更为接近，测试结

果便于在现场施工中采用)，以获取不同龄期混凝土的回弹值。

③ 采用声波仪测量大块混凝土的声速，以获取不同龄期混凝土的超声波速度值。

(3) 温度数据采集系统

该系统由传感器、数据采集器和计算机组成。该系统能按设定时间间隔定时采集、存储、打印数据。

4.6.2 冻土模型箱内模拟冻结壁形成过程

(1) 按现场实际的土体参数配制土体，分层填入冻土箱中，每层虚铺厚约200 mm的试样土样，夯实、压密。

(2) 在填土的过程中，埋入热电偶及盐水循环管路。保温处理后正在进行冻结的冻土箱如图 4.41 所示。

(3) 对土体进行冻结，通过对冻土箱温度的监测，计算冻土内的温度分布和两端面处的温度分布。当端面温度达到实验要求后，调节盐水的流量和温度，保持界面温度，开始模型外层井壁的浇筑过程。

图 4.41 正在进行冻结的冻土箱

4.6.3 实验过程

(1) 水泥、碎石、砂、外加剂等均为现场采用品种。

(2) 通过小试块配方实验，优选得到混凝土配方。

(3) 按上述配方配制混凝土，采用搅拌机搅拌。按规范要求完成搅拌后，立即按规范要求测定混凝土拌合物的坍落度和坍落度损失。

(4) 确保在实验前冻土箱端面温度达到要求，暴露冻土箱端面，铺泡沫塑料板。

(5) 在混凝土箱内人工浇灌混凝土(一端与前述泡沫塑料板接触)，同时布置热电偶，用平板振捣仪捣固。同时打 5 组小试块，送养护室进行标准养护（见图 4.42），分别养护至 1 d、3 d、7 d 和 28 d 测定强度，另一组备用。

图 4.42　正在养护中的混凝土

（6）在混凝土另一端施加空气对流边界条件。

（7）监测冻土模型箱和混凝土模型内温度的变化。

（8）至规定养护时间后，打开混凝土模型箱，制作试块（见图 4.43、图 4.44），开展试块强度、回弹值和超声波速度测量。

图 4.43　即将进行加载实验的试块

图 4.44　用于超声、回弹综合测试的大块混凝土

4.6.4　模型实验结果

1. 混凝土配合比

在对 7 种高效减水剂、3 种矿物掺合料和 2 种标号水泥进行的 20 余种配方试块实验的基础上，进行了 13 次大型模型实验，筛选确定了 3 个可行的配合比，得到了按 3 种配合比浇筑的模型井壁在接近实际工况下养护 1 d、3 d、7 d 的强度。

2. 可行配合比所用的实验材料

（1）水泥：山东水泥集团济南总厂生产的 P.O 42.5 水泥和 P.O 52.5 水泥二种。

（2）砂：产于济宁市宁阳县境内大汶河，中砂偏粗，细度模数在 3.0 左右，含泥量在 1.0%左右，为龙固煤矿施工用地材。

(3) 碎石：产于济宁市嘉祥县，颗粒粒径分别为 5～20 mm，含泥量小于 0.5%，针片状颗粒含量小于 5%，为龙固煤矿施工用地材。

(4) 矿物掺合料：硅粉、粉煤灰和细磨矿渣三种。

(5) 高效 减水剂：JC－3A、JM－PCA(Ⅰ)、NC－F600 三种高效减水剂，分别由苏州水泥制品研究院、江苏省建筑科学研究院和山东省建筑科学研究院研制。

(6) 水：自来水。

3. 实验成功的混凝土配方

经实验，筛选确定了 3 个可行的混凝土配方，分别如表 4.26、表 4.27、表 4.28 所示。

表 4.26 凝土配合比 1

单位：kg/m^3

水泥 A	掺合料 A	砂	碎石	NC－F600 型减水剂(山东济南)	总水量
399	171	619	1101	34.2	158.81
1				0.06	0.2786
坍落度：200 mm					

表 4.27 混凝土配合比 2

单位：kg/m^3

水泥 B	掺合料 B	砂	石	JM－PCA(Ⅰ)型减水剂(江苏南京)	总水量
495	55	680	1120	9.9	156.75
1				0.018	0.285
坍落度：165 mm					

表 4.28 混凝土配合比 3

单位：kg/m^3

水泥 B	掺合料 C	砂	石	JC－3A 型减水剂(江苏苏州)	总水量
495	55	680	1090	33	156.75
1				6%	0.285
坍落度：215 mm					

4. 模型井壁内混凝土强度的分布

针对上述混凝土配合比，在实验台上做了模型实验。模型混凝土井壁分别养护 1 d、3 d、7 d，然后从靠近冻结壁的位置向井筒内缘依次取 4 个条带的混凝土(相当于现场垂直半径方向)，对每个条带进行加工各得到 3 块 150 mm×150 mm×150 mm 的标准试块，分别测得各试块的强度值。这样便通过实验获得了井壁混凝土强度沿径向的分布规律，见表 4.29、表 4.30、表 4.31。

从表中可以看出，在井壁养护早期，井帮较低的温度对靠近冻结壁的混凝土强度的增长有所影响，对井壁内部和靠近井筒内缘的混凝土强度增长影响不大。在井壁混凝土养护 3 d 后，由于混凝土水化产生的热量与冻结壁传来的"冷量"相抵消后仍占有优势，故靠近冻结壁的混凝土强度增长不再受冻结壁低温的影响，混凝土的强度沿井壁径向分布比较均匀[218]。

对应于工程中的 C70 混凝土井壁，上述实验结果满足了混凝土 1 d、3 d 和 7 d 强度应分别达到 31.36 MPa、67.2 MPa 和 80.64 MPa 的要求。

表 4.29　按混凝土配合比 1 浇筑的井壁模型强度分布规律

强度 / 试件		混凝土配合比 1								
		1 d强度			3 d强度			7 d强度		
试件编号	至井帮距离(mm)	压力(kN)	强度(MPa)	强度平均	压力(kN)	强度(MPa)	强度平均	压力(kN)	强度(MPa)	强度平均
Ⅰ-1	90	1268	56.3	58.8	1652	73.4	71.6	1930	85.8	89.0
Ⅰ-2		1404	62.4		1588	70.6		2010	89.3	
Ⅰ-3		1296	57.6		1596	70.9		2070	92.0	
Ⅱ-1	400	1598	71.0	69.9	1616	71.8	74.8	2020	89.8	86.7
Ⅱ-2		1558	69.2		1716	76.3		1840	81.8	
Ⅱ-3		1560	69.3		1715	76.2		1990	88.4	
Ⅲ-1	700	1594	70.8	73.0	1800	80.0	82.5	1900	84.4	96.9
Ⅲ-2		1632	72.5		1880	83.6		2140	95.1	
Ⅲ-3		1700	75.6		1892	84.1		2500	111.1	
Ⅳ-1	1010	1608	71.5	67.4	1814	80.6	75.0	1990	88.4	83.7
Ⅳ-2		1560	69.3		1562	69.4		1860	82.7	
Ⅳ-3		1380	61.3		1688	75.0		1800	80.0	

表 4.30　按混凝土配合比 2 浇筑的井壁模型强度分布规律

强度／试件		混凝土配合比 2								
		1 d 强度			3 d 强度			7 d 强度		
试件编号	至井帮距离(mm)	压力(kN)	强度(MPa)	强度平均	压力(kN)	强度(MPa)	强度平均	压力(kN)	强度(MPa)	强度平均
Ⅰ-1	90	960	42.7	46.9	1512	67.2	66.9	1930	85.8	82.4
Ⅰ-2		1174	52.2		1524	67.7		1840	81.8	
Ⅰ-3		1032	45.9		1480	65.8		1790	79.6	
Ⅱ-1	400	1212	53.9	56.4	1600	71.1	66.0	1740	77.3	83.3
Ⅱ-2		1222	54.3		1270	56.4		1980	88.0	
Ⅱ-3		1372	61.0		1588	70.6		1900	84.4	
Ⅲ-1	700	1204	53.5	54.4	1488	66.1	67.9	1840	81.8	84.1
Ⅲ-2		1210	53.8		1532	68.1		1840	81.8	
Ⅲ-3		1260	56.0		1560	69.3		2000	88.9	
Ⅳ-1	1010	1244	55.3	51.3	1580	70.2	68.6	2020	89.8	80.7
Ⅳ-2		1092	48.5		1532	68.1		1800	80.0	
Ⅳ-3		1130	50.2		1516	67.4		1630	72.4	

表 4.31　按混凝土配合比 3 浇筑的井壁模型强度分布规律

强度／试件		混凝土配合比 3								
		1 d 强度			3 d 强度			7 d 强度		
试件编号	至井帮距离(mm)	压力(kN)	强度(MPa)	强度平均	压力(kN)	强度(MPa)	强度平均	压力(kN)	强度(MPa)	强度平均
Ⅰ-1	90	1124	50.0	49.9	1525	67.8	67.2	1890	84.0	82.2
Ⅰ-2		1128	50.1		1490	66.2		1850	82.2	
Ⅰ-3		1118	49.7		1518	67.5		1810	80.4	
Ⅱ-1	400	1198	53.2	51.7	1640	72.9	68.2	1923	85.5	86.3
Ⅱ-2		1184	52.6		1380	61.3		1910	84.9	
Ⅱ-3		1108	49.2		1586	70.5		1990	88.4	
Ⅲ-1	700	1178	52.4	52.4	1520	67.6	69.6	2005	89.1	90.3
Ⅲ-2		1204	53.5		1560	69.3		2070	92.0	
Ⅲ-3		1158	51.5		1620	72.0		2020	89.8	
Ⅳ-1	1010	1152	51.2	50.1	1554	68.6	68.8	1960	87.1	87.2
Ⅳ-2		1132	50.3		1580	70.2		1990	88.4	
Ⅳ-3		1100	48.9		1520	67.6		1940	86.2	

5. 模型混凝土井壁内部温度分布

现浇井壁的厚度达 1.1 m，已属大体积混凝土工程。《混凝土结构工程施工及验收规范》规定：混凝土表面和内部温差应控制在设计要求的范围内，当设计无具体要求时，温差不宜超过 25 ℃。在混凝土的硬化过程中，水泥的水化热可能致使井壁内的温度达到 60 ℃以上，且可能使井壁沿径向的温度差超过 25 ℃以上。因此必须弄清楚按所研究配合比浇筑的井壁的温度场的变化规律。

按配合比 1 浇筑的井壁内部的最高温度分别达到了 61.2 ℃、63.9 ℃和 61.7 ℃，井壁内外最大温差分别为 19.4 ℃、18.4 ℃和 17.4 ℃，符合规范的要求[215]，井壁不会出现温度裂缝。同时本次模拟实验与绝热温升实验基本符合，模型实验结果见图 4.45、图 4.46、图 4.47。

从图中可以看出，在径向方向，井壁内只有靠近冻结壁 200 mm 厚度范围内的部分区域温度较低，对混凝土强度的增长不利，其他大部分区域混凝土内的温度都比较高，有利于混凝土的水化。在环向方向，混凝土温度的分布比较均匀，也就是说井壁强度在环向上的增长是一致的。

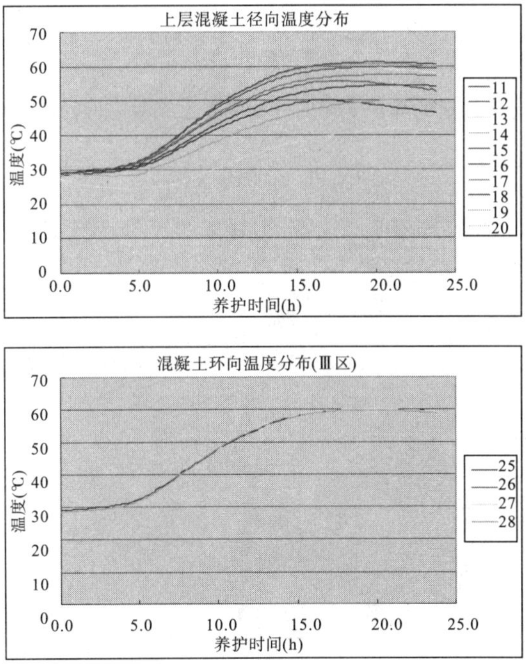

图 4.45　按配合比 1 浇筑的养护 1 天的井壁混凝土实验中沿径向和环向的温度场分布

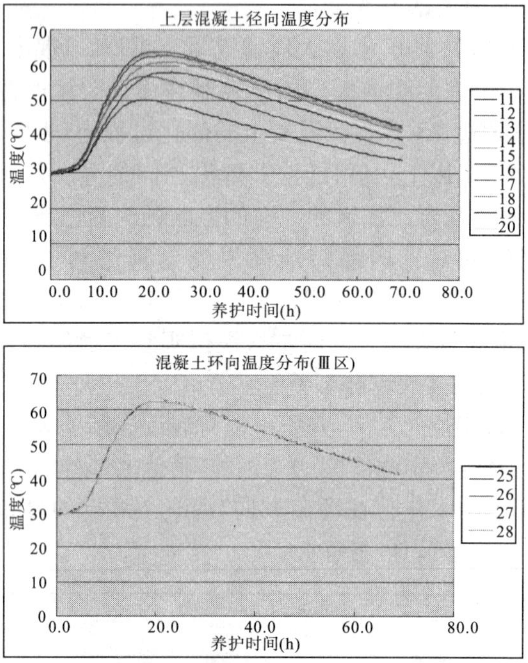

图 4.46　按配合比 1 浇筑的养护 3 天的井壁混凝土实验中沿径向和环向的温度场分布

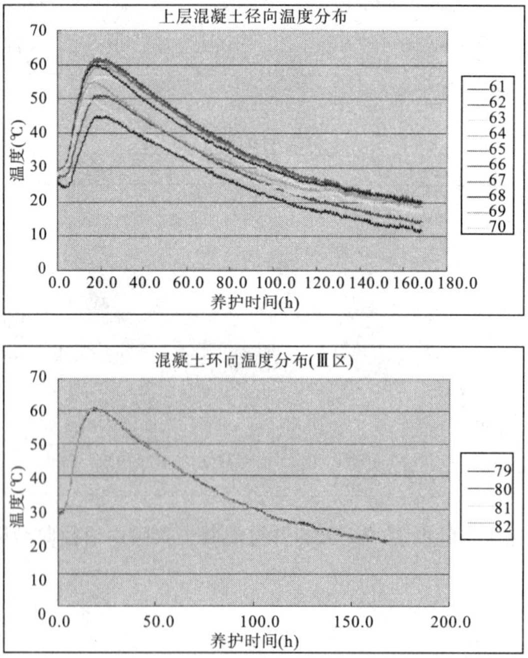

图 4.47　按配合比 1 浇筑的养护 7 天的井壁混凝土实验中沿径向和环向的温度场分布

4.6.5　本节小结

(1) 通过模拟实验可知:在井壁养护早期,井帮较低的温度对靠近冻结壁的混凝土强度3天内影响较大,3天之后,由于水化热较大,混凝土强度不再受冻结壁底温的影响。

(2) 井帮较低的温度对井筒内部及井筒内缘的混凝土强度增长影响不大,混凝土的强度沿井壁径向分布比较均匀。

(3) 对应C70混凝土井壁1 d、3 d、7 d强度分别达31.36 MPa、67.2 MPa、80.64 MPa,满足了设计强度的要求。

(4) 实测井壁内最高温度分别达61.2 ℃、63.9 ℃、61.7 ℃,与绝热温升实验基本相一致。混凝土内部的较高温度有利于低温条件下混凝土水化、混凝土强度的增长,在环向方向,混凝土的温度分布比较均匀,与井壁混凝土强度增长是一致的。

(5) 井壁内外最大温差分别为19.4 ℃、18.4 ℃、17.4 ℃,符合规范的要求,不会出现温度裂缝。

4.7　高强高性能混凝土外层井壁现场实验段实验研究

4.7.1　实验概况

在实验室实验的基础上,通过优化设计对配合比的用水量进行调整,减少用水量10 kg,合计用水量140 kg,其他参数不变,在现场条件下能否达到同样的效果,尚需通过实践来加以检验。在实验的基础之上,最终决定采用配合比1进行现场实验。2004年10月28日、10月29日分别在第130段高(－378.32 m～－381.32 m)和第131段高(－381.32 m～－384.32 m,对应的地层均为黏性土)连续进行了两次C70高强早强高性能混凝土实验段的浇筑施工[219]。

实验段采用的混凝土配合比如表4.32所示。

表4.32　现场混凝土实验段采用的配合比

单位:kg/m^3

水泥	掺合料A	砂	5～20 mm碎石	减水剂A	水
399	171	619	1101	34.2	140

实验段所用水泥、砂、碎石均与室内模拟实验所用材料相同，水为工地经化验合格的自来水。

130 段高实验段采用上述配合比进行浇筑，在 131 段高实验段的浇筑中采用 15～35 mm 碎石替代一半 5～20 mm 碎石，其他各种材料的比例不变。

实验前，现场于 10 月 27 日 18:00 对砂的含水率进行了测定，采用炒干法测定砂的含水率为 4.44%。依据获得的砂含水率，对上述实验室配合比进行调整，得到现场的施工配合比。拌合物的工作性很好地满足了采用的底卸式吊桶井内输送、卸料、浇筑施工的工艺要求，也满足结构设计的强度要求。

130 段高实验段的浇筑时间为 10 月 28 日 5:00，拌制混凝土出机后测定混凝土的坍落度为 200 mm，混凝土的入模温度为 17 ℃；131 段高实验段的浇筑时间为 10 月 29 日 11:00，拌制混凝土出机后测定混凝土的坍落度为 260 mm，混凝土的入模温度为 17.5 ℃。

4.7.2 实验结果

1. 井壁内混凝土强度的增长规律

对试块进行加载破坏实验，可以直接获得混凝土的强度，是检测混凝土强度最可靠的方法。考虑到井壁的特殊条件与重要性，故只在井壁内缘取混凝土试块进行加载实验。取试块采用试模法。试模法是在浇筑井壁的同时浇筑试模，将试模固定于井壁内缘附近的井壁中，待达到养护时间后将其从井壁中取出进行加载实验。

试模法具体操作方法是：

(1) 专门加工 10 组 100 mm×100 mm×100 mm 的三联木板与钢板组合实验盒，实验盒由木板与钢板组合而成，钢板只用在两个长边侧面，埋设时与半径垂直，即有一面在井壁内缘。

(2) 在浇第一罐混凝土前，将试模在地面制作好，立即送到井下，在模板就位之前将其固定于环向钢筋和径向钢筋构成的托架上，试模均紧贴模板布置。

(3)待达到 1 d、3 d、7 d、28 d 和 90 d 养护时间时，在吊盘上或乘坐吊桶将试模取出，进行有关实验。

(4)用同强度等级混凝土充填井壁上的孔洞。

在浇筑井壁的同时，留置 5 组(每组 3 块)100 mm×100 mm×100 mm 的标准养护试块、5 组 100 mm×100 mm×100 mm 和 5 组 150 mm×150 mm×150 mm 同条件养护(在吊盘上自然养护)试块，分别进行 1 d、3 d、7 d、28 d 和 90 d 的强度测定。

实验段井壁混凝土在不同养护条件下不同龄期的强度值见表 4.33 和表 4.34。

表 4.33　130 段高实验段混凝土强度值

试块尺寸(mm)	养护条件	混凝土标准强度(MPa)				
		1 d	3 d*	7 d	28 d*	90 d
100×100×100	井壁内自然养护	62.4	84	94.1	102.8	待测
100×100×100	吊盘上自然养护	32.7	59.8	70.3	86.1	待测
150×150×150	吊盘上自然养护	31.1	59.4	74.6	78.9	待测
100×100×100	标准养护	17.1	56.7	62.3	无效	待测

注:① 井壁内自然养护试块的 3 d 强度是 11 月 1 日测试的,表中数值是其 4 d 强度值。
② 各试块的 28 d 强度是 11 月 26 日测试的,表中数值是其 29 d 强度值。

表 4.34　131 段高实验段混凝土强度值

试块尺寸(mm)	养护条件	混凝土标准强度(MPa)				
		1 d	3 d	7 d	28 d	90 d
100×100×100	井壁内自然养护	43.1	86.9*	81.9	81.7	待测
100×100×100	吊盘上自然养护	21.5	47.1	66.6	82.7	待测
150×150×150	吊盘上自然养护	23.3	52.1	66.4	87.3	待测
100×100×100	标准养护	14.4	53.5	58.3	66.7	待测

*:11 月 2 日时井壁内的试模刚好位于吊盘以下,而乘坐吊桶又够不到,无法取出试块进行测试,只好于 11 月 3 日取出,实际上测出的是 4 d 强度。

从表中可以看出,在井壁内养护的试块强度增长满足了混凝土 1 d、3 d 和 7 d 强度应分别达到 31.36 MPa、67.2 MPa 和 80.64 MPa 的要求。吊盘上养护的试块强度没能很好地达到设计要求,是由于吊盘上的温度在 17 ℃左右,与井壁内 60 ℃以上的温度相差较大,也低于《普通混凝土力学性能实验方法标准》所要求的 20 ℃[220],混凝土的水化过程有所抑制,故其早期强度偏低。标准养护试块的 1 d 强度偏低,和要求强度有比较大的差距,其原因是从成型到 1 d 拆模这段时间里试块处于室温自然条件下,温度和湿度不足抑制了混凝土的水化,从而影响其强度的发展。

2. 混凝土内部温度分布

现浇实验段井壁的厚度达 1.0 m,已属大体积混凝土工程。为弄清楚实验段井壁温度场的变化规律,在浇筑 130 段高实验段时,在井壁内沿径向埋设一串热电偶(10 个测点,测点间距为 90 mm。其中测点 J1 位于井壁外缘靠近泡沫板的位置,J10 位于井壁内缘即井壁内表面),通过电缆将信号引至吊盘上,用数据采集器定时采集数据,对混凝土养护过程中的内部温度变化规律进行测试。温度测试从 2004 年 10 月 28 日 7:30 开始,至 11 月 5 日 9:00 结束,测试结果见图 4.48。目前测试系统正常工作，继续对井壁内的温度进行测试，以得到更长时间内混凝土温度的变化规律。

从图 4.48 中可以看出，在混凝土浇筑后 28 h 时，混凝土内的温度达到最高。此时，井壁内中心温度为 68.3 ℃，井壁内缘温度为 52.6 ℃，井壁外缘温度为 62.5 ℃，最大温差为 15.7 ℃，符合规范的要求，经现场观测，井壁没有出现裂缝。在混凝土内部温度达到峰值后，混凝土水化速度减缓，温度开始下降，井壁的内外温差逐步减小。在井壁浇筑 194 h 时，井壁内最高温度为 29.9 ℃，井壁内缘温度为 25.7 ℃，井壁外缘温度为 20.6 ℃，温差为 9.3 ℃。

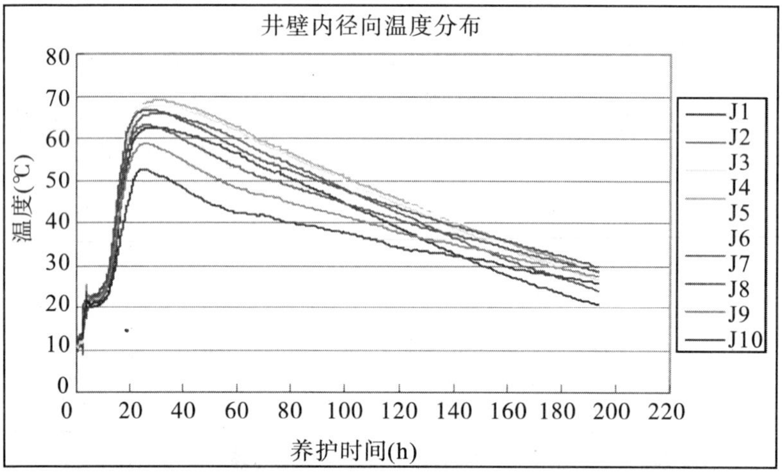

图 4.48 130 段高实验段井壁混凝土内径向温度场分布

3. 实验段对应位置冻土内温度变化

混凝土水化释放出的热量会对靠近井壁的冻土产生一定深度的融化，减薄冻结壁厚度，从而使冻结壁的强度有所降低。到混凝土养护后期，当混凝土水化热减少时，冻结壁的锋面到达井帮，使已融化部分土体再次结冰冻结，即回冻。这个融化－回冻的过程会对井壁施加冻胀压力。因此，检测壁后冻土的融化－回冻过程，确定冻土内的回冻深度，对保证井壁的安全至关重要。为此，在 130 段高实验段井壁内沿径向埋设热电偶时，在对应位置的冻土内同时埋设一串热电偶(5 个测点，测点间距为 50 mm。其中测点 D1 位于冻土内 200 mm 深处，D5 位于井帮靠近泡沫板的位置)，通过电缆将信号引至吊盘上，用数据采集器定时采集数据，测试混凝土养护过程中冻土内温度的变化情况。2004 年 10 月 28 日至 11 月 5 日冻土内的温度变化曲线见图 4.49。

从图 4.49 中可以看出，在井壁浇筑 14.8 h 时，距井帮 50 mm 处的冻土已经开始融化，至 30.3 h 时该处温度达到最高的 9.5 ℃。之后随着混凝土水化放热量的减少，该处温度逐步下降，至 107.3 h 时降至 0 ℃，再次冻结。距井帮距离大于 100 mm 的冻土温度始终在零度以下，没有融化。因此，混凝土浇筑使壁后冻土产生回冻的深度不超过100 mm。

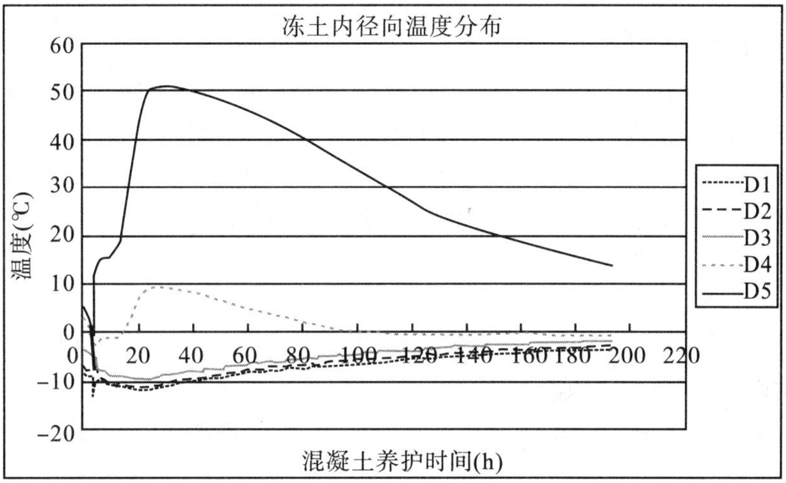

图4.49　130段高实验段处冻土内温度变化曲线

4.7.3　本节小结

本节通过实验段的实验研究，得到以下主要结论：

(1) 井壁内混凝土由于是大体积混凝土，水化热较大，有利于混凝土的养护，其强度增长较快，强度较高，完全能满足设计、施工的要求。自然养护条件下，由于周围环境温度较低(低于标准要求20 ℃)，对混凝土水化有抑制作用，不利于其早期强度的提高，3天之后其强度接近于正常值。

(2) 所研究的配方和施工工艺可满足现场C70混凝土井壁施工要求。

(3) 在井壁厚度不超过1.2 m的条件下，最大温差为15.7 ℃，符合规范要求。用所研究的配方浇筑井壁，井壁不会因径向温度差产生环向温度裂缝[221 222]。

4.8　深厚表土层冻结井壁高强高性能混凝土施工应用研究

4.8.1　工程简介

1. 矿井概况

龙固煤矿副井，由济南煤矿设计研究院设计，年生产能力为600万吨，立井开拓，两主一副一风四个井筒，布置在同一工业广场内。主井和风井井筒表土段采用钻井法施工。副井井筒表土段及基岩上部含水层采用冻结法施工，由中煤七十一工程处承建。山东中建工程监理有限公司进行监理。

2. 技术特征

龙固矿副井井筒设计净径∅7.0 m，全深877.8 m，其中井筒穿过的特厚表土层567.7 m，冻结深度650 m。冻结段井壁设计为内外双层钢筋混凝土井壁，支护厚度1000～2250 mm，混凝土标号C30～C70，外壁与井帮之间铺设50～75 mm厚聚苯乙烯泡沫塑料板，内外层井壁间铺设双层1.5 mm厚聚乙烯塑料板。

3. 井筒水文地质情况

(1) 地层情况

井筒检查孔由上而下穿过的地层有第四系，上第三系，二叠系的上、下石盒子组，山西组及石炭系的太原组。

第四系地层厚160.7 m，主要由黏土、砂质黏土及粉细砂层组成，属冲积河湖相沉积，不整合于下覆地层之上，含砂19层，总厚41.2 m，占该地层总厚度的25.0%，是当地主要供水源，黏土及砂质黏土共21层，总厚119.5 m。

上第三系地层厚407 m，主要由厚层黏土、砂质黏土、黏土质砂及砂层组成，其中含砂19层，总厚84.7 m，占地层总厚的20.8%，黏土层以厚层及巨厚层产出，含较多块状、板状、晶簇状石膏及铁锰质结核，下部大多呈微固结至半固结黏性及膨胀性较强黏土层。

巨厚黏土层有：

孔深196.4～275.9 m，厚79.5 m，浅棕红色，含石膏，半固结。

孔深289.6～328.6 m，厚39.0 m，棕红色夹细砂薄层，含砾石及铁质结核，局部半固结。

孔深417.7～468.9 m，厚51.2 m，棕红、灰绿色，夹一薄砂层，局部半固结。

孔深504.7～567.7 m，厚63.0 m，棕红、灰绿色，含石膏及砾石，膨胀性强，局部半固结。

二叠系上石盒子组残存厚度107.4 m，主要由杂色泥带，粉砂岩，中细、中粗砂岩及铁、钙质岩组成。砂岩多为厚层状中粒、中粗粒结构，裂隙发育，泥岩易风化崩解呈碎块状。与下覆地层呈整合接触，富水性较好。

井筒冻结段穿过本组地层76.3 m，井筒向下进入基岩段下石盒子组、山西组含煤地层。

(2) 水文地质

副井井筒穿过基岩段计有三个含水层位：

(Ⅰ含)上石盒子组风化基岩含水层，位于孔深572.4～588.5 m处，为弱风化的中粒长石石英砂岩，泥质胶结为主，中夹粉砂岩，裂隙较发育，简易水位变化不大，含水条件一般。

(Ⅱ含)B层铝土岩以上砂岩含水层，位于孔深597.5～641.5 m处，由三层砂岩组成，总厚度 8.6 m，上部为一中细砂岩，厚 5.0 m，泥质胶结、裂隙发育，含水性一般，中下部砂岩虽为薄层，但富水性强，是主要含水层段。

（Ⅲ含）B 层铝土以下砂岩下石盒子组顶部砂岩含水层，位于孔深 653.6～684.2 m（在冻结段以下）处，由 B 层铝土间接底板含砾的中、粗粒砂岩及其以下石盒子组粉、细砂互层，砂岩为泥质胶结，含砾石，裂隙较发育，含水性一般。

4.8.2　立井井筒施工机械配套方案

龙固副井井筒冻结段施工时，利用永久井架凿井，充分采用了新技术、新工艺、新设备、新材料，配备了合理的立井施工机械化。井筒内布置主、副两套单钩提升，均选用 2JK－3.5/15.5 型绞车，配 3.0 m^3 吊桶。输送砌壁混凝土分别采用 2.4 m^3、3.0 m^3 底卸式吊桶。井筒作业采用三层凿井吊盘，上下盘间为刚性连接，上层盘是保护盘，下层盘为施工操作盘。盘下安装两台 HZ－4 型中心回转抓岩机。

井筒掘进采用 HZ－4 型抓岩机直接抓土装 3.0 m^3 吊桶，人工用铁锹、风镐、高效风铲配合清底装罐，地面由倒矸台用座钩式翻矸，10 吨自卸汽车排矸。井筒砌壁采用 1.5～2.5 m 高 MJY 整体金属模板，配 0.3 m 高环形斜面合茬模板，浇筑混凝土用 2.4 m^3、3.0 m^3 底卸式吊桶下放，经设在吊盘上的分灰器直接溜入模板，对称浇筑分层振捣，实行短段掘砌平行混合作业。

井筒还布置有一路 Φ800 mm 胶质筒，由地面 2×30 kW 对旋风机压入式通风。砌壁混凝土由地面井口附近设置的 H2S75－Ⅲ型混凝土搅拌站供给。

详见表 4.35 龙固副井井筒施工机械设备配备表。

表 4.35　龙固副井井筒施工机械设备配备表

序号	设备名称	型号规格	数量	产地	制造年份	额定功率（kW）	生产能力	备注
1	井架	永久井架	1					
2	主提升机	2JK－3.5/15.5	1	洛阳	90	2×800		
3	副提升机	2JK－3.5/15.5	1	洛阳	90	1000		
4	提升天轮	TXG－2.5	2	宿州	90			
5	吊桶	3.0/3.0 m^3	6	宿州	89			
	底卸式吊桶	TDX－3.0/TDX－2.4	2					
6	钩头	11T	2	宿州	89			
7	稳车	JZ－16/800A	17	上海	91			
8	稳车	JZJ_2－10/700A	2	上海	96			安全梯用
9	稳车	JZA－5/400	2	上海	91			
10	悬吊天轮	1.0 m 单槽	12	宿州	92			
11	装载机	ZL－50	1	徐州	96			

续表 4.35

序号	设备名称	型号规格	数量	产地	制造年份	额定功率(kW)	生产能力	备 注
12	自卸汽车	10 *t*	4	长春	98			
13	搅拌机	JS - 1500	2	方圆	95	110	100 m^3/h	
14	水泥罐	100T	2					
15	气路系统	W - 1.0/7	1			7.5		
16	骨料配料机	PLD2400						
17	螺旋输机	LSY200 - 9						
18	外加剂泵	32CQ - 15						
19	供水泵	CKS80 - 65 - 125A						
20	喷浆机	ZP - IV	4	江西	97	3		
21	混凝土震动器	ZNQ - 50	16	方圆	98			
22	分料器	QFH	2	自制				
23	整体模板	MJY 3.8 m	1	自制				
24	变压器	S_7 - 500/6/0.4	1	合肥	91			动力
25	变压器	KSJ_2 - 315/6/0.4	1	合肥	91			矿用
26	高压柜	GG_{10}	9	合肥	90			
27	高防开关	PB2 - 6G	4	合肥	92			
28	低防开关	DW80 - 350	4	合肥	90			
29	局扇	2BKJ - 6.3/60	4	泰安	93	2×30		
30	吊泵	80DGL - 75×10	2	博山	99	250	60.2 m^3/h	
31	潜水泵	250KQ125 - 240/15	3	山西	99	132	125m^3/h	
32	调度绞车	JD - 11.4	4	徐州	95	11.4		
33	电焊机	BX_5 - 400	2	合肥	96			
34	排水泵	DC100 - 80×12	3	博山	2000	500	102 m^3/h	
35	吊盘		1	自制				
36	激光仪		1	江西	97			
37	局扇	2×30 kW	1	泰安	99	60		
38	伞钻	FJD - 9	1	太原	96			
39	钢筋切断机	GQ - 40F	1	太原				
40	滚轧直螺纹机	SM - 40NG	1	南宁				
41	钢筋弯曲机	GWH45	1	太原				
42	抓岩机	HZ - 4	2	太原	96			

4.8.3　深厚表土层冻结井壁高强高性能混凝土施工工艺研究

1. 研究方案

龙固矿副井井筒穿过深达 567.2 m 的特厚表土层,冻结深度 650 m,深部井壁混凝土强度等级 C70,该三项均为当时的国内之最。C70 级高强混凝土用于冻结法施工的井壁也属首次。因此该项新技术能否成功应用,对指导今后深冻结井筒的施工具有重要的意义[223,224]。根据优选出的原材料和研制出的特制掺合料,我们进行了配合比设计和优化实验研究,并通过数十组不同配合比混凝土的相关性能实验,经相似模拟实验和实验段实践检验,优化后提出了适合龙固矿副井井筒现场条件的 C70 高强高性能混凝土的配合比设计方案。

2. 原材料选择

(1) 水泥

共考察了三家,最后选中了山东水泥集团济南总厂生产的"东岳"牌 P.O 42.5 级水泥。该品牌的水泥具有强度等级稳定,细度适中,水化热相对不高等特点,经国家质量监督检验检疫总局批准 2002 年 3 月至 2005 年 3 月免检,其物理性能检验结果如表 4.36 所示[225,226]。

表 4.36　水泥物理性能检验结果

检验项目	细度(%)	凝结时间		抗折强度(MPa)		抗压强度(MPa)		标准稠度用水量(%)	安全性(沸煮)
		初凝	终凝	3 d	28 d	3 d	28 d		
标准	<10.0	不早于 45 min	不迟于 10 h	≥3.5	≥6.5	≥16.0	≥42.5		饼法:合格 雷氏:≤5 mm
抽检结果	1.6	3 h 20 min	5 h 10 min	5.1	7.9	21.0	47.8	28.0	饼法:合格

(2) 细骨料

考察人员逆大汶河而上,逐段对砂场进行了现场勘察和取样,最后选定宁阳县北落村砂场为工程用砂供货源。该砂场位于大汶河上游,当时正采河床中部的砂子,所产黄砂颗粒相对较粗,级配合理,含泥量小,不含泥块,其各项指标均符合现行国家标准《建筑用砂》(GB/T 14684—2001) Ⅰ类砂的技术要求,能满足配制高强混凝土的要求。取样检测结果如表 4.37 所示。

表 4.37　砂物性能检验结果

检验项目	表观密度（kg/m³）	堆积密度（kg/m³）	细度模数	含泥量（%）	泥块含量（%）	CI	空隙率（%）	备注
标准	＞2500	＞1350		＜1.0	0	0.01	＜47	Ⅰ类砂
实测结果	2620	1490	3.2	0.3	0	0.004	43.1	
颗粒级配								
筛孔尺寸（mm）	9.50	4.75	2.36	1.18	0.60	0.30	0.15	备注
颗粒级配区域	0	0～10	5～35	35～65	71～85	80～95	90～100	Ⅰ区
实测累计筛余（%）	0	2	18	44	72	96	99	Ⅰ区

(3) 粗骨料

选择了鲁西南石材最好的嘉祥县纸坊镇黄村七山作为工程用石子供货源，所选粗骨料符合《建筑用卵石、碎石》(GB/T 14685—2001) Ⅰ类石子技术要求。取样检测结果如表 4.38 所示。

表 4.38　石子物理性能检验结果

检验项目	表观密度（kg/m³）	堆积密度（kg/m³）	空隙率（%）	含泥量（%）	泥块含量（%）	抗压强度	针片状含量	备注
标准	＞2500	＞1350		＜1.0	0	0.01	＜47	Ⅰ类
实测结果	2620	1490	3.2	0.3	0	0.004	43.1	

颗粒级配

筛孔尺寸(mm)	53.0	37.5	31.5	26.5	19.0	16.0	9.50	4.75	2.36
2.36 标准				0	0～10		40～80	90～100	95～100
检测结果				0	6		79	98	100

(4) 拌合用水

从距副井 100 m 外地下 30 m 深处取样，送菏泽市产品质量监督检验所检验，符合钢筋混凝土拌合用水标准。检验结果如表 4.39 所示。

表 4.39　水质检验结果

检验项目	单位	标准要求	检验结果	单项判定	备注
pH	-	>4	8	合格	
不溶物	mg/l	<2000	77	合格	
可溶物	mg/l	<5000	1929	合格	
氧化物(以 Cl^- 计)	mg/l	<1200	548	合格	
硫酸盐值(以 SO_4^{2-} 计)	mg/l	<2700	1413	合格	

注:表中执行标准为《混凝土拌合用水标准》JGJ 63—1989。

(5) 掺合料与高效减水剂

以技术指标符合国家标准《高强高性能混凝土用矿物外剂》(GB/T 18736—2002) Ⅰ类规定,能满足砌筑井壁用混凝土的设计和施工需要为条件,择优选取了山东省建筑科学研究院外加剂厂生产的 NC-H700 型掺合料和 NC-F60 型高性能减水剂,NC-F60 主要性能指标如表 4.40 所示。

所有原材料要有出厂检验单和合格证,到达现场的材料需抽样进行复检,合格后方能使用,控制砂、石含泥量及粒径的级配。混凝土各种原材料在运输、存储、保管和使用过程中严格按管理制度执行,防止误装、互混和变质。

表 4.40　NC-F60 型高效减水剂主要性能指标

检验项目		一等品	合格品	检验结果
减水率(%)		≥12	≥10	23
泌水率(%)		≤90	≤95	68
含气量(%)		≤3.0	≤4.0	2.0
凝结时间差	初凝	≥-90~+120		-60
	终凝			+140
抗压强度比(%)	1 d	≥140	≥130	180
	3 d	≥130	≥120	225
	7 d	≥125	≥115	202
	28 d	≥120	≥110	174
	90 d	≤135	92	
对钢筋锈蚀作用		应说明对钢筋有无锈蚀危害		无锈蚀危害

3. 施工工艺的应用研究

(1) 混凝土搅拌站

为能满足龙固矿副井高强高性能混凝土的配制需要，在井口南侧附近设置一座 H2S75－Ⅲ型混凝土搅拌站，见图 4.50，生产厂家为山东海阳市方圆集团有限公司。该混凝土搅拌站基本情况为：

图 4.50　混凝土集中搅拌站

配套主机型号：JS/500。

整机装机功率：110 kW。

骨料配料机型号：PLD2400。

配料种数：3 种。

水泥仓：容量 2×100 t。

螺旋输送机型号：LSY200－9。

供水泵型号：CKS80－65－125A。

外加剂泵：磁力驱动离心泵，型号：32CQ－15。

气路系统：空压机型号：W－1.0/7；功率：7.5 kW；额定压力：0.7 MPa。

控制方式：手动控制方式，全自动控制方式。

(2) 各种原材料质量标准

水泥：符合《硅酸盐水泥、普通硅盐水泥》(GB 175—1999)和《普通混凝土配合比设计规程》(JGJ 55—2000)的要求。

碎石：符合《建筑用卵石、碎石》(GB/T 14685—2001)和《普通混凝土配合比设计规程》(JGJ 55—2000)的要求。

砂：符合《建筑用砂》(GB/T 14684—2001)和《普通混凝土配合比设计规程》(JGJ 55—2000)的要求。

化学外加剂：符合《混凝土外加剂应用技术规范》(GB 50119—2003)的要求。

矿物外加剂：技术条件应符合《高强高性能混凝土用矿物外加剂》(GB/T 18736—2002)的Ⅰ级或Ⅱ级规定。

水：符合《混凝土拌和用水标准》(JGJ 63—89)的要求。

4. 混凝土施工工艺指导

(1) 混凝土的搅拌

高性能混凝土配合比是通过科研实验优选得出，并经过工业性实验验证后确定的，其拌和物的工作性能能很好地满足所采用的底卸式吊桶井筒输送、卸料、浇筑等施工工艺的要求，也满足井壁设计的强度要求。因此混凝土拌制时要严格按配合比计量配料，正确执行搅拌制度，必须注意原材料外加剂的投料顺序，控制好混凝土的搅拌时间。高强混凝土的配料和拌和均采用自动计量装置，原材料按重量计量的允许偏差为：水泥和掺合料±1%，粒骨料±2%，水和化学外加剂±1%[227,228]。见表 4.41。

表4.41　计量系统

物料名称	型式	最大称量值	精度
水泥	电子秤	1000 kg	±1%
骨料	电子秤	4000 kg	±2%
外加剂	电子秤	50 kg	±2%
水	电子秤	300 kg	±1%

高强混凝土搅拌工艺为：

$$砂+石子+水泥+掺合料\xrightarrow[\text{搅拌 60 s}]{\text{水 W1}}中间料\xrightarrow[\text{搅拌 120～180 s}]{\text{水 W2+减水剂}}出料$$

严禁在拌和物出机后加水，确保拌和物坍落达到160～200 mm，入模温度控制在15 ℃。

(2) 混凝土的运输

按照井筒混凝土施工的常规做法，将搅拌好的混凝土装入2.4 m^3底卸式吊桶，吊桶用平板式矿车经地面铺设的轨道运到封口盘提升口处，由主、副提升机将吊桶运至吊盘上，然后再用分料器溜灰管直接浇筑混凝土。

(3) 混凝土的浇筑

井壁按短段掘砌工艺施工，段高3 m。见图4.51、图4.52。混凝土浇筑应对称分层进行，每层厚度控制在50 cm左右，尽可能均匀。混凝土浇筑时可采用振捣器放溜混凝土，以加快混凝土的流动速度。

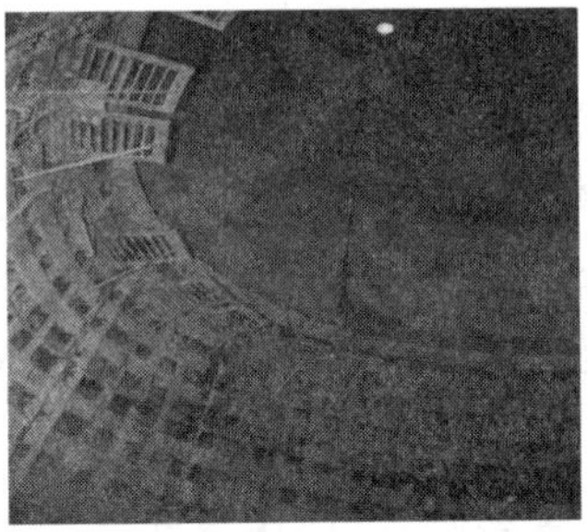

图4.51　MJY整体金属液压模板

图4.52　钢筋骨架施工现场

(4) 振捣

采用高频振捣器振捣。混凝土分层浇筑，每层都要振捣密实，尽可能地垂直点振，不得平拉。既不能过振也不能漏振，可考虑震动棒移动间距为30～40 cm，振捣时间为10～15 s。

(5) 脱模

要合理地掌握拆模时间，过早脱模会出现黏膜，过晚脱模会出现脱模困难。由于混凝土的早期强度增长快，根据实际操作经验，一般脱模时间定为4个小时，特殊情况下，视现场试配样的初、终凝时间和强度发展情况最后确定。

(6) 养护

高强高性能混凝土的水胶比小，胶凝材料多，因此养护是非常重要的环节。由于井下空气湿度较大，因此在脱模后暂不考虑采取喷水或养护剂等措施，以方便施工。但在井筒内壁滑模套壁施工时，由于高强高性能混凝土前期水化热放热量较大，为避免环境温度突变而使内层产生裂缝，可采取以下相应措施来加强混凝土井壁的早期管理养护：控制原材料温度以降低混凝土入模温度(15 ℃)；套壁时风筒穿过滑模操作盘以加强井筒通风降温；在滑模盘下四周布设洒水管，对所砌井壁进行喷淋洒水养护。

4.8.4　高强高性能混凝土施工质量控制措施应用研究

(1) 建立项目质量保证体系。成立以项目经理为组长的质量管理领导小组，配备专职质检工程师，施工队成立质检管理小组，队长为组长，各作业班组开展 QC 活动，并根据需要配置合格的专职质检员，项目部成立实验室、质检办公室[229]。见图 4.53。

图 4.53　现场监控量测

(2) 根据工程特点，技术人员认真编制“施工组织设计”和“技术工艺标准”，并对所有参加施工人员进行技术培训和措施交底，确保都领会设计意图，熟记工序质量标准。

(3)加强施工原材料管理，严把原材料质量关。联合建设、监理及科研单位对高性能混凝土所用原材料进行考察优选，确保水泥、钢筋、外加剂等材料均符合设计要求。原材料进场时，按《采购控制程序》严格执行验收制度，并按规范规定的批量进行取样送检，确保应用在井筒中的所有原材料都能满足规范中对高强高性能混凝土所需原材料的要求。

(4) 根据工程施工工艺流程，预先设置好各工序的质量控制点，执行操作人员“当班自检，班组互检，质检员随时检”制度，混凝土分项工程的质量控制点为原材料进场检验，混凝土配料、搅拌、入模、振捣。原材料检验和混凝土搅拌实行质量记录。

(5) 积极采用新技术，严格控制混凝土施工质量。为了确保砌壁混凝土的搅拌质量，施工单位投资购置了一套先进的 HK－75 Ⅲ型混凝土搅拌系统，该套设备具有自动化程度高、性能稳定、计量误差均小于规范规定、所有原材料都经过自动计量、污染小等优点，对保证高强高性能混凝土的质量起到了关键的作用，使用新型搅拌站能严格按配合比配料，每次搅拌混凝土前都能坚持做到对各物料进行标称，测试砂石含水率，计算出含水量从搅拌用水中扣除，校正搅拌时间，确保不小于 120 s。

(6) 采用信息化指导施工。井筒掘砌施工期间，与冻结单位密切配合，通过壁后预埋信息化施工器件，获得监测数据，科学地指导施工。先后克服了特厚黏土层冻胀力大，井帮位移、变形，对混凝土早期养护不利及过固结特厚黏土层施工困难等因素，保证了龙固井筒在复杂地质条件下的安全快速施工。

4.8.5 高强高性能混凝土现场应用效果

龙固副井井筒冻结深度为 650 m，在井深 380 m 以下，内外层井壁混凝土的强度等级达 C60～C70，且内外层井壁厚度最大均达 1.1 m。施工 C60 混凝土井壁 166 m，浇筑 C60 混凝土 5982 m^3；施工 C65 混凝土井壁 128 m，浇筑 C65 混凝土 8134.4 m^3，留取试块五组，标准养护后实测强度等级均达到设计强度。施工 C70 混凝土井壁 201 m；浇筑 C70 混凝土 12773.55 m^3，共留取 13 组试件，标准养护后实测平均强度等级达 86.6 MPa，达到设计强度的 123.7%(详见抗压强度统计表)。在整个井筒施工过程中，无论外壁和内壁高强高性能混凝土均未出现温度裂缝、干缩裂缝、蜂窝、麻面等质量通病，也未出现冻结壁片帮位移、冻结管断裂等易发事故，混凝土各项性能均达到设计要求，每月施工质量均被业主和监理评定为优良，再一次证明了理论实验研究的正确性。最终井壁施工成形外观见图 4.54。

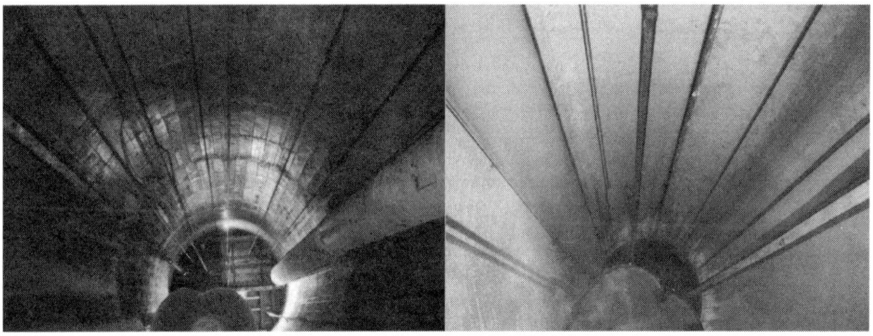

图 4.54　井壁施工成形外观

到 2005 年 9 月中旬，龙固副井井筒冻结段内外层井壁(5.0 ～649 m)施工全部安全优质完成，无论内壁、外壁在施工中均未出现裂缝、蜂窝、麻面等现象，也未因混凝土井壁质量问题而造成深孔冻结过程中的盐水管断裂情况。从工程开工到结束，每月的施工质量均被业主和监理评定为优良。分项分部工程检验评定详见表 4.42、表 4.43、表 4.44。

表 4.42 龙固副井井筒冻结段 C65、C70 级混凝土试块抗压强度统计表

序号	施工部位	施工日期	设计强度等级	实测强度等级(MPa)	达到设计强度(%)	备注
1	外壁－378.32～－384.32 m	2004.10.28	C70	85.8	123	实验段
2	外壁－422.35～－457.35 m	2004.11.24	C65	65.9	101	
3	外壁－457.35～－486.60 m	2004.12.09		66.1	102	
4	外壁－486.60～－500.00 m	2004.12.29		68.7	106	
5	外壁－500.00～－524.80 m	2005.02.17	C70	75.3	108	
6	外壁－584.25～－551.00 m	2005.02.02		91.0	130	
7	外壁－551.00～－567.70 m	2005.02.12		93.0	126	
8	外壁－567.70～－582.00 m	2005.03.03		94.0	134	
9	外壁－594.00～－588.00 m	2005.03.18	C70	84.3	120	
10	外壁－588.00～－582.00 m	2005.03.20		87.5	125	
11	外壁－582.00～－556.00 m	2005.03.20		86.2	123	
12	外壁－556.00～－530.00 m	2005.03.30		86.2	123	
13	外壁－530.00～－506.00 m	2005.04.02	C65	77.8	120	
14	外壁－506.00～－480.00 m	2005.04.05		74.4	114	
15	外壁－649.00～－646.00 m	2005.08.30	C70	75.6	108	
16	外壁－646.00～－643.00 m	2005.08.31		78.2	112	
17	外壁－643.00～－640.00 m	2005.09.01		80.3	115	
18	外壁－640.00～－615.00 m	2005.09.08		87.1	124	
19	外壁－615.00～－594.00 m	2005.09.11		91.1	124	

表 4.43 龙固副井井筒冻结段掘砌工程观感质量检验评定结果

序号	检验项目	标准分	基本分	评定分				
				建设单位	施工单位	监理单位	质量监督	平均
1	井壁表面质量	10	7	9	10	9	9	9.25
2	井壁接茬平整度	10	7	10	6	9	9	9.25
3	井筒竖直程度	15	11	13	14	14	13	13.5
4	预留孔洞、预埋构件	15	10					
5	井筒与各水平连接处	10	7					
6	井筒与各硐室连接处	10	7					
7	井筒总漏水量	30	21					
合计		应得 35 分，实得 32 分，得分率 91.43%						

表 4.44　龙固副井井筒冻结段分部工程质量检验评定统计表

序号	施工部位	分项工程名称	评定情况			工程量	检验日期	备注
			合格项数	优良项数	优良率(100%)			
1	外壁 −320～−385 m	掘进分项		1	100	65 m	2004.10.25	
		钢筋分项		1	100			
		模板分项		1	100			
		混凝土分项		1	100			
2	外壁 −385～−450 m	掘进分项		1	100	65 m	2004.11.26	
		钢筋分项		1	100			
		模板分项		1	100			
		混凝土分项		1	100			
3	外壁 −450～−500 m	掘进分项		1	100	50 m	2004.12.25	
		钢筋分项		1	100			
		模板分项		1	100			
		混凝土分项		1	100			
4	外壁 −542～−582 m	掘进分项		1	100	40 m	2005.2.26	
		钢筋分项		1	100			
		模板分项		1	100			
		混凝土分项		1	100			
5	内壁 −582～−554 m	钢筋分项		1	100	28 m	2005.3.26	
		模板分项		1	100			
		混凝土分项		1	100			
6	壁座 −594～−582 m	掘进分项		1	100	12 m	2005.3.26	
		钢筋分项		1	100			
		模板分项		1	100			
		混凝土分项		1	100			
7	内壁 −554～−274 m	钢筋分项		1	100	280 m	2005.4.26	
		模板分项		1	100			
		混凝土分项		1	100			
		卷才防水层分项		1	100			
8	壁座 −640～−649 m	掘进分项		1	100	9 m	2005.9.25	
		钢筋分项		1	100			
		模板分项		1	100			
		混凝土分项		1	100			
9	内壁 −640～−594 m	钢筋分项		1	100	46 m	2005.9.25	
		模板分项		1	100			
		混凝土分项		1	100			
		卷才防水层分项		1	100			

4.8.6 本节小结

（1）龙固煤矿副井井筒是目前国内已施工过的表土段最厚（表土层 580 m）、冻结段最深（冻结段深度 650 m）、混凝土设计标号最高（C70）的矿井，其地质条件和设计都比较复杂，没有成功的经验可借鉴。其中冻结井壁高强高性能混凝土配合比设计、施工工艺、质量控制是整个矿井建设的核心技术。

（2）在前期对高强高性能混凝土一系列实验研究的基础上结合工程实践，正确选择了高强高性能混凝土所需用的机械设备，并对其施工工艺和质量控制措施进行实验研究，制定了切实可行的方案，取得了很好的效果。

（3）本次工程施工 C60 混凝土井壁 166 m，浇筑 C60 混凝土 5982 m^3；施工 C65 混凝土井壁 128 m，浇筑 C65 混凝土 8134.4 m^3；施工 C70 混凝土井壁 201 m，浇筑 C70 混凝土 12773.55 m^3。在整个井筒施工过程中，无论外壁和内壁高强高性能混凝土均未出现温度裂缝、干缩裂缝、蜂窝、麻面等质量通病，也未出现冻结壁片帮位移、冻结管断裂等易发事故，混凝土各项性能均达到设计要求，每月施工质量均被业主和监理评定为优良，再一次证明了理论实验研究的正确性。

第 5 章　技术经济效果分析

我们围绕“立井井壁破裂机理”与“高强高性能混凝土井壁材料的实验研究与应用”两大中心内容进行了前后 12 年的研究，前者的研究揭示了立井井壁破裂的最根本的原因在于井壁材料的强度不能满足表土沉降的要求；后者针对这一结果，从提高井壁材料强度入手，同时考虑到混凝土井壁的施工环境与耐久性能等方面的要求，对高强高性能混凝土井壁材料进行了相当规模的实验室研究与现场应用研究，研究获得了巨大成果，自 2004 年至今，该成果得到了迅猛的推广，至今全国范围内的煤矿立井表土段井筒几乎全部采用高强高性能混凝土井壁材料。具体到经济技术效果，可以从以下两个方面进行分析：

5.1　直接经济效益

20 世纪 80 年代初期至 2000 年，全国范围内呈现出规模性的、连续性的井壁变形与破裂现象，破裂井筒的数量达 60 余个，井壁破裂的时间大多发生在矿井竣工投产后的 3～8 年时间内。破裂的井筒不仅造成煤矿的停工停产，而且修复井壁也耗费了大量的资金。据不完全统计，上述期间内，每一个井筒的平均修复成本约为 3250 万元，60 个井筒的修复成本耗费资金约为 60×3250 万元 = 19.5 亿元人民币（以当时的物价计算）。

2004 年之后，由于采用了高强高性能混凝土井壁材料，井壁强度得到了大幅提升，具体提升幅度从库伦—纳维尔准则右端的比较标准可以清楚地看出。根据公开发表的文献，2006 年至今，发生破裂的井壁数量极少，即使发生破裂其原因也与井壁强度关系不大，因此可以断定，高强高性能混凝土井壁材料的推广应用已经产生了巨大的经济效益。虽然采用高强高性能混凝土井壁材料会导致井筒建设材料成本的上升，但由于井壁强度的提高同时也会导致井壁荒径的相对减小，故高强高性能混凝土材料的应用会直接导致井筒建设成本的有效降低，由于此中涉及因素众多，具体数值难以计算，但不可否认，总体建设成本是降低的，加上井壁破裂导致的修复费用，显然使用了高强高性能混凝土井壁材料后，直接经济效益巨大。

5.2 间接经济效益

间接经济效益主要指矿井停工停产引发的经济损失。以一个年产 300 万吨的矿井而言，停产一天损失约在 300 万元左右，而因井壁破裂导致的矿井停产时间大多在 20 天左右，故导致的间接经济损失在 6000 万元左右，以 60 个井筒计算，因采用高强高性能混凝土带来的间接经济效益在 36 亿元左右。

5.3 社会效益

除了经济效益之外，高强高性能混凝土的采用给我国煤矿安全生产带来的变革是无法用金钱来描述的，它对较大程度地改变我国煤矿的形象、推进煤炭工业的发展，发挥了巨大的作用。

第6章　结论与展望

本书主要研究内容有两个:(1) 矿山立井井筒破裂机理研究;(2) 高强高性能混凝土井壁材料的实验研究与应用,针对这两大研究内容,下面分别进行总结。

6.1　矿山立井井筒破裂机理研究

本研究针对目前矿山立井井壁破裂机理理论研究少及尚无切实可行的破裂预测理论等问题,以徐、淮、大屯、兖州等矿区所发生的大规模井壁破裂情况为背景,采用现场实测、模拟实验、力学理论分析等综合研究方法对矿山地下水流失造成的立井次生地压、井壁破裂机理及井壁破裂预测理论进行了较为深入的研究,获得了如下主要结论:

(1) 根据现场实测资料及有关的实验数据分析,明确提出我国发生破裂的很多立井井筒周侧土体中存在有渗水通道,并以此为基础建立了较为客观的深厚表土层中立井井筒的力学模型,该力学模型的建立揭示出了过去的立井井筒力学模型中存在的问题;得出了表土与井筒之间的塑性剪切带应发生在表土段的上方,而不应该发生在表土段下方的重要结论。从而为立井井筒正确的受力分析奠定了基础。

(2) 通过模拟实验,揭示出在渗水通道存在的情况下,表土段下部存在微压缩区(井筒周侧的土体)。结合土体与井筒之间竖向剪切力相互作用的理论分析,同时依据弹性理论,推导出了立井次生地压的分布规律,并依据该规律得到了一个极为重要的结论,即:长期以来应用于井壁结构设计中的"挡土墙压力"公式和"重液理论"压力公式的不完善性。

(3) 依据薄板弹性理论及静不定问题的求解方法推断出了作用于井筒外壁上的竖向附加力分布规律的解析表达式,揭示出了在表土段井筒中存在着一特殊位置,该位置之上,附加力方向向下;该位置之下,附加力方向向上。在综合考虑了表土沉降、温度变化、井筒重力及地压等因素的基础之上,推断出了立井井壁沿轴向的应力分布规律,并在此基础之上得出一重要结论,即:井壁中最大的竖向应力并不都发生在土岩交界面处的井筒横截面上,在渗水通道存在的情况下,危险截面应处于土岩交界面的上方，文中建立了危险截面位置的确定方程，并以典型井筒“张双楼副井”为例验证了该方程的准确性和实用性。从而发生在我国徐、淮、大屯、兖州等矿区的大规模的井筒破裂特征得到了全面而完善的解释。

(4) 根据次生地压的分布规律，揭示出了表土沉降所导致的作用于立井井筒上的竖向附加力存在着固定的作用范围，即某一立井井筒在表土沉降过程中所承受的竖向附加力有一数量上的限值；并在上述发现的基础之上，获得了一非常重要的成果，即：对于深厚表土层，上述的限值与表土的厚度无关；在地下水位下降到一定界限之后，这一限值与地下水位的继续下降也不再相关，正是这一发现充分地论证了为什么我国各大矿区在发生大规模井壁破裂的同时，仍有很多地质条件相近的井筒不发生破裂的原因。

(5) 依据理论分析，揭示出在竖向附加力的限值范围之内，危险截面上竖向应力的数值与地下水位之间存在一一对应关系。同时，由于各矿区地下水位的下移也具有一定的规律性，因此，立井井筒的破裂存在着可预测性。本研究以典型井筒“张双楼副井”为例系统地研究了立井井筒破裂的预测方法，依据本研究的预测理论，不仅井壁破裂的位置可以得到预测，而且破裂的时间也可以得到较为准确的预测。此外，依据本研究，立井井壁在地下水流失过程中，会不会发生破裂也可以得到事先确定。

(6) 从改变危险截面上危险点处的受力状态出发，提出了一系列切实可行的井壁破裂的预防措施和治理措施。

6.2 高强高性能混凝土井壁材料的实验研究与应用

研究中，综合运用理论分析、实验室实验、模拟实验及现场实验段实验相结合的研究方法，对深厚表土层冻结混凝土井壁关键技术难题之一——高强高性能(其中高耐久性是高性能的核心)混凝土方面的内容从微观机理和宏观实验方面进行了大量深入的研究，所取得的成果已被实验和工程实践证明是成功有效的，并具有重要的理论价值和工程实践意义，为进一步深入研究特厚表土层冻结立井井壁高强高性能混凝土提供了理论和实践依据[230,231]，也为研究其他相类似工程提供了新的研究方法和依据。此处我们获得以下结论：

(1) 高强高性能混凝土原材料选择及配合比设计实验研究表明，在冻结立井中配制 C60～C80 强度等级混凝土理论上是可行的，所选择的本地化原材料和添加剂，既能满足高强高性能混凝土的配合比要求，又能满足经济节约的原则。

(2) 通过用 C40 普通混凝土与 C60、C70 高强高性能混凝土干缩性能和绝热温升特性的对比实验研究，获得如下结论：

① 28 d 内 C60、C70 混凝土试件的干缩率远高于 C40，但其值均在通常范围内，不会因干缩和温升产生裂纹，同时浇筑 C60、C70 高强高性能混凝土时需注意早期养护，防止干缩引起混凝土裂纹。

② 无论是 C40 还是 C70 混凝土，大部分的水化热都是集中在前 3～4 d 内释放，C70 的放热速度先慢后快，最终的放热量高于 C40；高强混凝土的早期温升速度随着拌和物的起始温度的增加而增大，因此，工程施工时应制定温控措施。高强高性能混凝土 C60、C70 的绝热温升值高达 50 ℃，而且温升基本在前 3～4 d 内完成。如果排热不畅，在短期内可因蓄热而导致较大的内外温差，由于混凝土的龄期短，强度发展还不充分，若环境温度发生突变，极易产生温度裂缝。因此在施工过程中必须采取一定的措施降低温升，控制温差，尤其早龄期应当加强对温升值的监控，加强施工管理。

(3) 通过对高强高性能混凝土耐久性能的对比实验研究，获得如下结论：

① C60 与 C70 的抗渗性高达 W38 以上，远高于 C40。

② C60 与 C70 的抗氯离子渗透性远高于 C40。

③ C70 混凝土的抗冻性好于 C40，而 C60 混凝土的抗冻性初始好于 C40，后来却比 C40 差，因此 C60 混凝土配合比设计在抗冻指标方面较差，不能满足施工要求，需进一步调整配合比设计，适当减少砂、水泥细骨料用量，减少用水量，降低水灰比以提高混凝土拌合物的黏聚性和保水性，提高抗冻性能。

(4) 通过对高强高性能混凝土微观机理的对比实验分析，获得如下结论：

① C40、C60、C70 对应水泥浆体 28 d 的主要水化产物矿物成分基本相同，只是矿物相对含量不同，其中 C40 试样水化产物中 $Ca(OH)_2$ 相对含量最大。

② C40 与 C60、C70 相比，混凝土结构中存在较多的孔洞和微细裂纹，C60、C70 中C—S—H凝胶多而且组织致密。

③ C40、C60 及 C70 对应水泥浆体水化 28 d 后的 DSC 曲线中均出现了 3 个吸热峰，C60、C70 对应水泥浆体水化 28 d 后产生了较多的水化产物，但 $Ca(OH)_2$ 的含量明显小于 C40。

④ C60、C70 混凝土试样的总孔隙率、各孔径范围内的孔体积以及平均孔径均比 C40 小，以上 4 个方面从微观结构上再一次证明了 C60、C70 混凝土比 C40 混凝土各项性能都要优越。

(5) 通过对高强高性能混凝土实验室模型的实验研究，获得如下结论：

① 在井壁养护早期，井帮较低的温度对靠近冻结壁的混凝土强度 3 天内影响较大，3 天之后，由于水化热较大，其混凝土强度不再受冻结壁底温的影响。

② 井帮较低的温度对井筒内部及井筒内缘的混凝土强度增长影响不大，混凝土的强度沿井壁径向分布比较均匀。

③ 对应 C70 混凝土井壁 1 d、3 d、7 d 强度分别达 31.36 MPa、67.2 MPa、80.64 MPa，满足了设计强度的要求。

④ 实测井壁内最高温度分别达 61.2 ℃、63.9 ℃、61.7 ℃，与绝热温升实验基本相一致。混凝土内部的较高温度有利于低温条件下混凝土水化和混凝土强度的增长，在环向方向，混凝土的温度分布比较均匀，与井壁混凝土强度增长是一致的。

⑤ 井壁内外最大温差分别为 19.4 ℃、18.4 ℃、17.4 ℃，符合规范的要求，不会出现温度裂缝。

(6) 通过对外层井壁现场实验段实验的研究，获得如下结论：

① 井壁内混凝土由于是大体积混凝土，水化热较大，有利于混凝土的养护，其强度增长较快，强度较高，完全能满足设计、施工要求。

② 所研究的配方和施工工艺可满足现场 C70 混凝土井壁施工要求。

③ 在井壁厚度不超过 1.2 m 的条件下，最大温差为 15.7 ℃，符合规范要求。用所研究的配方浇筑井壁，井壁不会因径向温差产生环向温度裂缝。

(7) 把高强高性能混凝土研究成果应用于龙固副井井筒特厚表土层立井井壁施工现场，取得了良好的效果。

(8) 深厚表土层冻结井壁高强高性能混凝土实验研究具有重要的理论价值和工程实践意义。目前煤炭是我国的基础能源，其消耗量占 70%左右，而浅部煤炭资源已面临枯竭，新井建设深度越来越大，特别是华东地区，深厚表土层厚度达 600 ～1000 m，要开采深部煤炭资源，特厚表土层冻结井壁支护难题是深井建设尚未解决的关键技术之一，进一步实验研究高强高性能混凝土不仅能够解决井壁支护技术难题，而且可大大节约冻结施工费用及掘砌费用，降低建井工程造价，提高井筒施工质量和施工速度。

目前，由于冻结混凝土井壁的应用研究滞后，深井井壁混凝土支护难题没有得到很好的解决，致使很多急待开发的矿井未能得到开发建设。每个井筒冻结、掘砌造价高达 3 亿元左右，若进一步实验研究开发高强高性能混凝土[79,80]，应用于深厚表土层复杂环境条件下冻结立井混凝土井壁，不仅可以解决深厚冻结立井支护技术难题，而且每一矿井累计可节约资金 10%以上，达上亿元。本书的研究成果也可应用于其他地下工程，具有广泛的应用前景。

参考文献

[1] 周治安,杨为民.破裂井筒侧摩阻力分析[J]. 煤田地质与勘探,2003,35(5):37 - 39.

[2] 刘希亮,朱维申,李书才.高应力作用界面剪切性质的实验研究[J].岩石力学与工程学报,2004,23(3):408 - 414.

[3] 葛晓光.地面与破壁注浆治理井壁破裂灾害的工程分析[J].煤炭学报,2002,27(1):42 - 44.

[4] 张世芳,杨小林.深厚表土层中矿井建设技术[M].北京:煤炭工业出版社,2002.

[5] 刘环宇,李晓,王思敬,等.厚冲积层立井井筒非采动破裂过程的三维耦合数值模拟[J].工程地质学报,2004,12(z1):529 - 532.

[6] 刘环宇,李晓,曾钱帮,等.兖州矿区立井井筒非采动破裂的非线性预测与判别方法[J].工程地质学报,2005,12(z1):529 - 532.

[7] 琚宜文,刘宏伟,王桂梁,等.卸压套壁法加固井壁的力学机理与工程应用[J].岩石力学与工程学报,2003,22(5):773 - 777.

[8] 姚直书,程华,孙文若.深厚表土层中高强复合井壁结构的实验研究[J].岩土力学,2003,24(5):739 - 743.

[9] 周国庆,刘雨忠,冯学武,等.围土注浆缓释和抑制井壁附加力效应及应用[J].岩土工程学报,2005,27(7):742 - 745.

[10] 刘希亮,张廷顺.井壁竖直附加力与底部含水层应变的关系研究[J].矿山压力与顶板管理,2003,20(4):1 - 3.

[11] 刘希亮,罗静.高应力下接触面抗剪特性影响因素分析[J].山东大学学报:工学版,2003,33(4):461 - 466.

[12] Ge Xiaoguang. Shaft - wall rupture induced by coal mine's drainage in thick soil deposition area, EstemChina[C]//Proceedings of International Symposium on Hydrogeology and Environment.北京:环境出版社,2000.

[13] 杨华,江向阳.立井井壁破坏机理的力学模型与分析[J].济南大学学报,2003,17(4):383 - 385.

[14] 许延春,耿得庸,官云章,等.深厚含水松散层的工程特性及其在矿区的应用[M].北京:煤炭工业出版社,2003.

[15] 李文平.深部土层失水变形时土与井壁相互作用实验与理论研究[J].岩土工程学报,2000,22(4):475 - 480.

[16] 毕思文.徐淮地区竖井变形破坏机理三维系统物理模拟实验研究[J].系统工程理论与实践,1997(3):42 - 49.

[17] 淮南矿业学院,淮北矿务局.临涣矿区立井井壁破坏形态及机理研究[R]//淮北临涣矿区立井井壁破裂的机理研究与治理技术鉴定材料(9),1993.

[18] Zhou Guoqing, Cui Guangxin. Simulation study on reinforcing overburden to prevent and cure the rapture of shaft lining[J]. Journal of China University of Min-

ing &Technology,1999,9(1):1 - 7.

[19] 周国庆,程锡禄,崔广心,等.黏土层中立井井壁附加应力的模拟研究[J].中国矿业大学学报,1991,21(3):87 - 91.

[20] 吕恒林,崔广心.钢筋混凝土井壁与深厚围岩(土)耦合机理的研究[J].煤炭学报,2001,26(5):501 - 506.

[21] 周国庆,崔广心,程锡禄,等.地下工程问题三轴模拟实验台及其应用[J].岩土工程学报,1999,21(6):715 - 718.

[22] 崔广心,杨维好,吕恒林.深厚表土层中的冻结壁和井壁[M].徐州:中国矿业大学出版社,1998:125 - 157.

[23] Wengping Li,Shuangzhong Yu,Huanjie Liu. Engineering geological study of the mechanism of non - mining ruptures of the shaft in coal mine[C]//A. A. Balkman,Mining Science and Technology. 1994:89 - 97.

[24] Wengping Li,Shuangzhong Yu,Pingping Du. Study on the mechanism of the interaction between soil and shaft wall in thick deep soils duo to the bottom aquifer losing water[C]//International symposium on New Development of Rock Mechanics Engineering. Qctober 10 - 12,Shenyang,China - NDRM,1994:616 - 622.

[25] 葛晓光.底部含水层缩水时表土层的流变作用及井壁受力模型[J].煤炭学报,2001,16(2):137 - 140.

[26] 吕恒林,崔广心.深厚表土中井壁结构破裂的力学机理[J].中国矿业大学学报,1999,28(6):539 - 543.

[27] 刘希亮,罗静,华安增.特殊地层井壁破裂黏弹性数值模拟研究[J].焦作工学院学报,1999,18(3):219 - 222.

[28] 程桦,苏骏,汤如山.疏水沉降地层井筒负摩擦力的模糊反演[J].西安矿业学院学报,1999,19(4):309 - 312.

[29] 程桦.疏水沉降地层冻结井筒综合负摩擦力的反演研究[J].建井技术,1997,18(6):31 - 36.

[30] 刘全林.地表沉陷引起作用于冻结井内壁上负摩擦力的反演[M]//王长生.地层冻结工程技术和应用.北京:煤炭工业出版社,1995:273 - 277.

[31] 淮北矿务局,等.临涣矿主井井壁应力套筒致裂实验研究报告[R]//淮北临涣矿区立井井壁破裂机理的研究与治理技术鉴定材料(11),1993.

[32] 淮北矿务局,等.临涣、海孜、童亭井壁变形监测报告[R]//淮北临涣矿区立井井壁破裂机理的研究与治理技术鉴定材料(12),1993.

[33] 张双楼矿.张双楼煤矿测试井筒变形总结报告[R].1994.

[34] 刘中江.采用注浆治理破裂井筒[J].煤炭科学技术,1999,27(5):6 - 9.

[35] 谢洪彬.童亭矿副井、风井井壁变形治理效果比较与问题探讨[J].矿山测量,1998(2):39 - 41.

[36] 汪仁和.临涣煤矿井壁应力监测与井筒附加力计算[J].煤,1997,6(4):23 - 26.

[37] 高孟民,吕恒林,崔广心,等.卸压法治井壁破裂机理的实测研究[J].煤炭工程,2002(1):36 - 39.

[38] 张印,周玉华,董永青.深厚表土层中的井壁破裂与治理[J].青岛建筑工程学院学报,2001,22(2):10-12.

[39] Lai Wangjing,Lu Jun. Relation between the seepage sedimentation mechanism of soil in mining area and shaft rupture[C]//Proceedings of the seventh international symposium on land subsidence. Shanghai Scientific &Technical Publishers, 2005:351-360.

[40] Chen C X,Pei S P. Study on the groundwater withdrawal-land subsidence model [J]. Hydrogeology and Engineering Geology,2001(2):5-8.

[41] Hoffimann,Join,Galloway,Devin L,Zebker,Howard A. Inverse modeling of interbed storage parameters using and subsidence observations, Antelope Valley, Californmia[J]. Water Resources Research,2003,39(2):13.

[42] Sato H P,Abe K Ootaki O. GPS-measured land subsidence in Ojiya City,Niigata Prefecture,Japan[J]. Engineering Geology,2003(67):379-390.

[43] Tosi L,Carbognin L,Teatini P,Rosseeli R,Stori G G. The ISES project subsidence monitoring of the cacthment basin south of the Venice Lagoon(Italy)[C]// Proceeding of the Sixth International Symposium on Land subsidence (24-29 September). Ravenna,Italy,2000,Vol.2:113-126.

[44] Kusky T M,Geological Hazards. A Source Book[M]. London:Green Oress West Port Conn,2003:12-20.

[45] Ren Y P. Research on the land subsidence of Taiyuan City in period of the ninth five-year plan[J]. Urban Survey,2004(1):42-44.

[46] 张云,薛禹群.抽水地面沉降数学模型的研究现状与展望[J].中国地质灾害预防治学报,2002,13(2):1-6.

[47] 魏子新.杨桂芳,俞俊英.上海市承压含水层系统应力—应变特征及地面沉降防治对策[J].中国地质灾害预防治学报,2005,16(10):357-365.

[48] Xue Y Q,Zhang Y,Ye S J,et al. Land subsidence in China and problems to be solved[J]. Hydrological Geology and Engineering Geology,2003(5):1-5.

[49] Amelung F,Jonsson S,Zebker,H,Segall P. Widespeade uplift and trapdoor faulting on Galapagos volcanoes observed with radar interferometry[J]. Nature,2000 (407):993-996.

[50] Janssen V,Ge L,Rizos C. Tropospheric corrections to SAR interferometry from GPS observations[J]. GPS Solutions,2004,8(3):140-151.

[51] Ge Xiaoguang,Hu Fusheng,Chen Jinson,Liu Rongqiong. Land subsidence of coal mine areas in Huanghe-Huaihe plain, eastern China[C]//Proceedings of the seventh international symposium on land subsidence. Shanghai Scientific &Technical Publishers. 2005:182-187.

[52] Larson K J,Basagaoglu H,Marino M A. Prediction ofoptimal safe ground water yield and land subsidence in theLos Banos-Kettleman City area, California, using a calibrated numerical simulation mode[J]. Journal of Hydrology,2001,242

(1-2):79-102.

[53] 陈湘生.华东地区立井井壁破坏原因浅析[J].建井技术,1991,18(6):1-3.

[54] 杨平,张婷.人工冻融土物理力学性能研究[J].冰川冻土,2002,24 (5):665-667.

[55] 朱耀辉,邱吉龙,沈虎.三河尖煤矿主井井壁破裂成因及治理[J].煤炭科技,2002(4):29-31.

[56] 梁捷,程志荣,郑忠友.深厚表土层中立井井壁结构破裂的力学分析[J].陕西煤炭技术,2000(3):37-40.

[57] 许延春,刘秀娥,葛洪章,等.兴隆庄煤矿松散地层沉降、倾斜观测分析[C]//中国煤炭学会.井筒破坏治理技术论文集.北京,2000:50-54.

[58] 刘宏伟,陈家强,庄惠平,等.地面注浆法加固竖井与事例分析[J].工程力学,2003,20(增刊):226-228.

[59] 王树常,葛洪章.兖州矿区立井井壁破裂的原因分析及防治[J].中国矿业大学学报,1999,28 (5):494-498.

[60] 李文平.徐淮矿区深厚表土底含失水压缩变形实验研究[J].煤炭学报,1999,24(3):231-235.

[61] 李文平.兖腾—两淮矿区井壁重复破裂黏滑机制研究[J].中国矿业大学学报,2000,29(5):459-462.

[62] 大屯煤电公司,淮南矿业学院建筑工程系.龙东井壁变形监测及分析[J].淮南矿业学院学报,1991,15(2):26-30.

[63] 经来旺.矿区含水层之间水力关系的实测分析及表土沉降机理研究[J].建井技术,2005,26(1):21-26.

[64] 虞咸祥.大屯矿区立井井壁破裂原因分析与治理[C]//中国煤炭学会.井筒破坏治理技术论文集.北京,2000:192-197.

[65] 崔广心.特殊地层条件竖井井壁破裂机理[J].建井技术,1998,19(2):29-32.

[66] 杨平.立井井壁负摩擦力的反演统计分析[J].东北煤炭技术,1997(3):22-26.

[67] 经来旺,张天勇,牛学超,等.矿区表土疏水沉降机理及其与井壁破裂的关系[J].煤田地质与勘探,2005,33(2):61-64.

[68] 毕思文.竖井变形破坏机理与对策研究[J].地学前沿,1996,3(1-2):111-118.

[69] 葛晓光,张朱亚,王国强.厚松软层疏水的黏弹特性与井壁应力数值分析[J].淮南工业学院学报,2002,22(增刊):109-111.

[70] 吕恒林.深厚表土中井壁的力学特性研究[D].中国矿业大学,1999.

[71] 崔广心.特殊地层条件竖井井壁破坏机理及防治技术[J].建井技术,1998,19(1):28-32.

[72] 姚直书,程桦,荣传新,等.临涣矿副井井壁修复加固设计优化[J].煤炭工程,2002(9):4-6.

[73] 王勇.淮北矿业集团临涣煤矿副井破坏治理[J].煤炭技术,2002,21(10):49-51.

[74] 王伟成.厚冲击层疏水引起地面沉降时井筒受力分析[J].中国矿业大学学报,1996,25(3):54-58.

[75] 汪仁和.井筒治理技术方案选择[C]//中国煤炭学会.井筒破坏治理技术论文集.

北京,2000:243－246.

[76] 张文泉,张永双,席京德,等.煤矿立井井壁破裂的机制及防治措施[J].中国地质灾害与防治学报,2001,12(4):13－17.

[77] 席京德,官云章,葛洪章,等.兴隆矿井壁破裂的不停产预防性治理技术[C]//中国煤炭学会.井筒破坏治理技术论文集.北京,2000:178－181.

[78] 李勋干,杨春来,周庆芬.井筒涌水量预测及注浆堵水[M].北京:煤炭工业出版社,1992:56－121.

[79] 王峰,孙照引.注浆法在加固井筒井壁中的应用[J].江苏煤炭,2003(2):47－49.

[80] 丑万禧,魏善斌,藏德胜.立井井壁应力测试的套筒致裂测试及其分析[J].岩土工程学报,1995,1(17):61－65.

[81] 苏立凡.疏水沉降地层中冻结井壁破坏和井壁表面综合剪移力的取值[M].北京:煤炭工业出版社,1995:10－51.

[82] 杨维好.深厚表土层中井壁垂直附加应力变化规律的研究[D].中国矿业大学,1994:7－9.

[83] 杨维好,崔广心,周国庆,等.特殊地层条件下井壁破裂机理与防治技术[J].中国矿业大学学报,1996,25(4):1－5.

[84] Bridget R Scanlon, Peter G Cook. Theme issue on groundwater recharge[J]. Hydrogeology Journal, 2002, 10(1):3－4.

[85] Phien－wej N, Giao P H, Nutalaya P. Field experiment of artificial recharge through a well with reference to land subsidence control[J]. Engineering Geology, 1998(50):187－201.

[86] Mohammad Mohsen TOUFIGH, Ahad OURIA, Ahmad FAHMI. Laboratory investigation of land subsidence under cyclic inkerman province, iran[C]//Proceedings of the seventh international symposium on land subsidence(24－29 October). Shanghai Scientific & Technical Publishers, 2005(Ⅰ):335－343.

[87] Zhang Xinggui, Wu Heng, Yi Nianping, Wang Jiaqian, Lu Jia. Soilmass deformation simulator experiment investigation under water－soil's long－term chemical interaction and certain load in urban[C]//Proceedings of the seventh international symposium on land subsidence(24－29 October). Shanghai Scientific & Technical Publishers, 2005(Ⅰ):325－334.

[88] Leake S A. Interbed storage changes and compaction in models of regional groundwater flow[J]. Water Resource Research, 1990, 26(9):1939－1950.

[89] Zhou Guoqing, Xu Jiang, Xia Hongchun, Liu Zhiaiang, Ju Xianbo. Testing study of land deformation and response of shaft lining during discharging and recharging to the strata [C]//Proceedings of the seventh international symposium on land subsidence(24－29 October). Shanghai Scientific & Technical Publishers, 2005(Ⅰ):344－350.

[90] Yao Zhishu, Yang Junjie, Sun Wenruo. Experimental study on sliding shaft lining mechanical mechanisms under ground subsidence conditions[J]. Journal of Coal

Science &Engineering,2003,9(1):95 - 99.

[91] 经来旺,刘飞,高全臣,等.表土沉降阶段煤矿立井井壁破裂应力分析[J].岩石力学与工程学报,2004,23(19):3274 - 3280.

[92] Wengping Li. Study on the formation mechanism of non - mining rupture of coal mine shaft inEast China[C]//30th International Geological Congress. Beijing, China,1996:336 - 342.

[93] 杨维好,付厚利.特殊地层条件下井壁竖直附加力的理论研究[C]//中国煤炭学会.井筒破坏治理技术论文集.2000:1 - 7.

[94] 李文平.深厚表土中煤矿立井破裂工程地质研究[M].徐州:中国矿业大学出版社,2000:28,42,99 - 101.

[95] 经来旺,高全臣,杨仁树.冻结壁融化阶段井壁温度应力分析及危险破裂位置研究[J].岩土力学,2004,(9):1357 - 1362.

[96] 北京矿业学院,东北工学院岩石力学教研组.岩石力学与井巷支护[M].北京:中国工业出版社,1961:80 - 94,128 - 128.

[97] 李世平.岩石力学简明教程[M].徐州:中国矿业大学出版社,1986:146 - 149.

[98] 马英明.立井厚表土层地压的研究和计算[M].徐州:中国矿业学院出版社,1978:29 - 46.

[99] 高磊.矿山岩石力学[M].北京:机械工业出版社, 1987.

[100] 崔托维奇・H・A.土力学[M].北京:地质出版社,1956:102 - 171.

[101] Potyondy J G. Skin friction between various soils and construction materials[J]. Geotechnique,1961,11(4):339 - 373.

[102] Kishida H, Uesugi M. Tests of the interface between sand steel in the simple shear apparatus[J]. Geotechnique,1987,37(1):45 - 52.

[103] Peter J B,Carlos O G. Frictional properties between sand and various construction materials[J]. Journal of Geotechincal Engineering, 1987, 113(9): 1035 - 1039.

[104] Abderrahim A,Tisot J P. Friction at the cohesion less soil - structure interface: effect of various parameters according to a classic study and a new approach [J]. Geotechnical Testing Journal,1993,16(1):122 - 130.

[105] Tejchman J, Wei Wu. Experimental and numerical study of sand - steel interfaces[J]. International Journal for Numerical and Analytical Methods in Geomechanics,1995,19(4):513 - 536.

[106] Acar Y B,Durgunoglu H T,Tumay M T. Interface properties of sand[J]. Journal of the Geotechnical Engineering Division,1982,108(GT4):648 - 654.

[107] Desai C S,Drumm E C,Zaman M M. Cyclic testing and modeling of interfaces [J]. Journal of Geotechnical Engineering,1985,111(6):793 - 813.

[108] Kishida H,Uesugi M. Tests of the interface between sand and steel in the simple shear apparatus[J]. Geotechnique 1987,37(1):45 - 52.

[109] Riadh H Ai - Douri,Harry G Poulos. Static and cyclic direct shear tests on car-

bonate sands [J]. Geotechnical Testing Journal, 1992, 15(2): 138 - 157.

[110] Ovando E. Direct shear tests on Mexity City clay with reference to friction pile behaviour[J]. Geotechnical and Geological Engineering, 1995(13): 1 - 16.

[111] 刘希亮,罗静,马文定,等.高应力下土与结构接触面剪切特性的实验研究[J].焦作工学院学报,2001,20(2):125 - 129.

[112] 刘希亮,于广云,赵光思,等.高应力下界面抗剪强度实验研究[J].中国矿业大学学报,2003,32(1):34 - 37.

[113] Shiffman R L, Stein J R. One - DimensionalConsolidationofLay ered Systems [J]. Journal of the Soil Mechanics and Foundations Division, ASCE, 1970, 96 (4): 1499 - 1504.

[114] Burland J B, Starke W. Review of Measured Negative Pile Fric tionin Terms of Effective Stress[C]//Proc 13 Int Conf Soil Mech Found En. New Delhi: A A Balkema, 1994: 493 - 498.

[115] Cho Keunhee, Cho Jeong - Rae, Chin Won - Jong, Kim Byung - Suk. Bond - slip model for coarse sand coated interface between FRP and concrete from optimization technique[J]. Computers & Structures, 2006, 84(7) 7: 439 - 449.

[116] Shamsabadi Anoosh, Ashour Mohamed, Norris Gary. Bridge Abutment Nonlinear Force - Displacement - Capacity Prediction for Seismic Design[J]. Journal of Geotechnical & Geoenvironmental Engineering, 2005, 131(2): 151 - 161.

[117] 刘希亮.深厚表土不稳定地层中井壁受力研究[M].北京:煤炭工业出版社,2004:131 - 146.

[118] 钱家欢,殷宗泽.土工原理与计算[M].北京:水利水电出版社,1994.

[119] 徐辉东,经来旺,杨仁树.矿山立井井筒与表土之间的剪切力分析[J].岩石力学与工程学报,2006,25(2):176 - 180.

[120] 毕继红,王晖.工程弹塑性力学[M].天津:天津大学出版社,2004:174 - 178.

[121] 王龙甫.弹性理论[M].北京:科学出版社,1984:136 - 197.

[122] Atkinson J H, Bransby P L. The Mechanics of Soils[M]. Mc Graw - Hill Book Company Limited, 1978: 233 - 312.

[123] Desai C S, Gallagher R H. Mechanics of Engineering Materials[M]. London: J. Wiley and Sons, 1984: 33 - 171.

[124] James M. Gere. Mechanics of Materials[M]. New York: Brooks/Cole publishing Company, a division of Thomson Learning, 2001: 102 - 197.

[125] 刘鸿文.材料力学[M].北京:高等教育出版社,2004:15 - 45.

[126] 许延春,席德京.井壁卸压槽应力、变形特征及防治井壁破坏效果分析[J].建井技术,2001,22(4):26 - 28.

[127] 章熙民,任泽霈,梅飞鸣.传热学[M].北京:中国建筑工业出版社,2001.

[128] 任洞天.矿井通风与安全[M].北京:煤炭工业出版社,1983:6 - 8.

[129] 徐秉业,刘信声.应用弹塑性力学[M].北京:清华大学出版社,2002:35 - 38.

[130] Srinath L S. Advanced Mechanics of Solids[M]. New Delhi: Tata McGraw - Hill

Publishing Company Limited,1980:240-360.
[131] 徐芝纶.弹性力学简明教程[M].3版.北京:高等教育出版社,2002:44-78.
[132] 陈仲颐,叶书麟.基础工程学[M].北京:中国建筑工业出版社,1991:175-180.
[133] Robert M. Keorner,Construction and Geotechnical Methods in Foundation Engineering[M]. McGraw-Hill Book Company,1984:251-363.
[134] Selvadural A P S. Elsevier Analysis of Soil-Foundation Interaction[M]. Elsevier Scientific Publishing W,1979:365-346.
[135] Slater R A C. Engineering Plasticity[M]. The Macmillan Press,1977:214-276.
[136] Timoshenko S,GooDier J N. Theory of Elasticity [M]. New York:McGraw-Hill,1970:223-281.
[137] 陈希哲.土力学地基基础[M].4版.北京:清华大学出版社,2004:31-179.
[138] Shinsha H, et al. Consolidation settlement and lateral displacement of soft ground improved by sand drain[M]. Soils & Foundations (in Japanese),1982:45-56.
[139] Zeng G X,Xie K H,Shi X Y. Consolidation analysis of sand-drained ground [C]//F. E. M. Proc. 8th ARCSMFE,Vol. 1. Kyoto,1987:334-342.
[140] Xie K H, Pan Q Y, Zeng G X, Zhu X R. Pridiction versus Performance in Geotechnical Engrg[C]. Bangkok,1993:348-359.
[141] 徐芝伦.弹性力学.上册[M].北京:高等教育出版社,1990.
[142] 刘鸿文,林建兴,曹曼玲.高等材料力学[M].北京:高等教育出版社,1985.
[143] 经来旺,汪汇.冻结立井表土段井壁破裂规律研究[J].淮南工业学院学报,2000,20(1):14-21.
[144] 李文平,丁双忠.深厚表土层中煤矿立井非采动破裂的研究[J].工程地质学报,1995(1):45-55.
[145] 吴怀俊.立井井壁破坏应力研究[J].中国安全科学学报,2003,13(7):21-24.
[146] 蔡荣,姜振泉,梁媛,等.煤矿井筒重复破坏的化学注浆治理[J].煤田地质与勘探,2003,31(4):46-48.
[147] 程桦,孙文若,杨俊杰,等.特殊地层井筒破裂修复治理的工程实践[C]//中国煤炭学会.井筒破坏治理技术论文集.北京,2000:226-230.
[148] 经来旺,张皓.冻结壁融化阶段井壁破裂因素分析及防破裂措施研究[J].工程力学,2003,20 (1):121-126.
[149] 经来旺.立井井壁破裂危险深度的确定[J].煤炭科学技术,2002,30(10):43-46.
[150] 周维恒.高等岩石力学[M].北京:水利电力出版社,1989:13-25.
[151] 毕思文.徐淮地区煤矿竖井变形破坏机理及防治对策的研究[J].建井技术,1996,17(3):26-29.
[152] 王国民,孙勇,丁成华.注浆加固井壁的探讨[J].建井技术,1998,19(3):31-32.
[153] 席京德,许延春,官云章,等.注浆法治理井筒破坏的理论分析[J].建井技术,1998,19(4):33-36.
[154] American Society of Civil Engineering(ASCE)[R]. 2001 Report Card forAmer-

ica's Infrastructure,2001.

[155] M EHTA P K. Concrete durability:fifty year's progress[C]//Proceeding of 2nd International Conference on Concrete Durability. ACISP126 - 1,1991:1 - 33.

[156] A performance specification for durable concrete[J]. Construction and Building Materials,1996,10(5):375 - 379.

[157] 卢木.混凝土耐久性研究现状和研究方向[J].工业建筑,1997,27(5):1 - 6.

[158] 洪定海,潘祖强.华南海港钢筋混凝土码头锈蚀调查报告[J].水运工程,1982(2):1 - 7.

[159] 陈剑雄,石宁,张旭日.高掺量复合矿物掺合料自密实混凝土耐久性研究[J].混凝土,2005(1).

[160] 唐伟.高强自密实混凝土的实验研究[J].四川建筑科学研究,2005(2),110 - 112.

[161] H·索默.高性能混凝土的耐久性[M].冯乃谦,等,译.北京:中国科学出版社,1998.

[162] 庞煜霞,楼宏铭,邱学青,杨东杰,等.改性木素磺酸盐高效减水剂对水泥水化及混凝土耐久性的影响[J].四川大学学报:工程科学版,2005,37(1):74 - 77.

[163] 程云虹,刘斌.混凝土结构耐久性研究现状及趋势[J].东北大学学报:自然科学版,2003,24 (6):600 - 605.

[164] 邱学青,杨东杰,王晓东.改性木素磺酸盐高效减水剂 GCL1—3A 性能研究[J].化学建材,2001,40 (2):40 - 44.

[165] 覃维祖.混凝土结构耐久性的整体论[J].建筑技术,2003 34(1):19 - 22.

[167] 水利水电科学研究所.全国水工混凝土建筑物耐久性及病害处理调查报告[R].1986.

[168] 混凝土结构耐久性综合调查组.混凝土结构的耐久性综合调查报告[R].1990.1.

[169] 吴中伟,廉慧珍.高性能混凝土[M].北京:中国铁道出版社,1999.

[170] 黄士元,蒋家奋.近代混凝土技术[M].西安:陕西科学技术出版社,1998.

[171] 赵国藩.高性能混凝土发展简介[J].施工技术,2002(4):1 - 2,16.

[172] Soutsos M N,Domone P L J. Designof High Strength Concrete Mixeswith Normal Weight Aggregates[C]//Proc. Of the 3rd International Symposiumon Utilizationof High - strength Concrete. Norway,1993(5):937 - 944.

[173] Domone P L J, Soutsos M N. An Aproach to the Proportioning of High - strengthConcreteMixes[J]. Concrete ternational,1994(10):26 - 31.

[174] 牛学超,杨仁树,经来旺.高强混凝土在立井井壁中的应用及展望[J].中国矿业,2004,13(11):51 - 55.

[175] 冯乃谦.高性能混凝土[M].北京:清华大学出版社,1995.

[176] 尤启俊,肖景新,王立新.引气剂在高性能混凝土中的应用[J].化学建材,1999(3):23 - 26.

[177] 储洪强.电沉积方法修复混凝土裂缝技术研究[D].南京:河海大学,2005.

[178] 吴中伟.高性能混凝土及其矿物细掺料[J].建筑技术,1999(3):160 - 162.

[179] 廉慧珍,路新瀛.我国混凝土工程发展中的几个问题[J].建筑技术,2001 (1):10 -

15.
[180] Mehta P K. High Performance Concretefor the Future. Proceedings International Congresson High Performance Concrete [D]. Brazil University of SantaCatarina, 1996(6): 225 - 242.
[181] Mehta P K. Durability - critical Issues for the Future[J]. Concrete International, 1997(7): 27 - 33.
[182] 岩崎训明. 混凝土的特性[M]. 尹家辛,李景星,译. 北京:中国铁道出版社,1990.
[183] 黄国兴,惠荣炎. 混凝土的收缩[M]. 北京:中国铁道出版社,1990.
[184] Mindess Sidney, Young J Francis. 混凝土[M]. 方秋清,等,译. 北京:中国建筑工业出版社,1989.
[185] 王红春. 南水北调中线工程高性能混凝土干缩性能和绝热温升特性研究[D]. 南京:河海大学,2004.
[186] 邢有红. 复合外加剂对石屑混凝土主要性能的影响研究[D]. 南京:河海大学,2005.
[187] 林宝玉,吴绍章. 混凝土工程新材料设计与施工[M]. 北京:中国水利水电出版社,1998:51 - 72.
[188] 惠荣炎,王秀军. 硅灰混凝土及其应用[M]. 北京:中国铁道出版社,1995:64 - 67.
[189] 陈肇元,朱金铨,吴佩刚. 高强混凝土及其应用[M]. 北京:清华大学出版社,1992:191 - 192.
[190] 李金玉,彭小平,邓正刚,等. 混凝土抗冻性的定量化设计[J]. 混凝土,2000(12):61 - 65.
[191] Gunnar M Idorn. Concrete Durability & Resource Economy[J]. Concrete International, 1991(7): 18 - 23.
[192] 张新华. 准确检测混凝土抗渗性能的思考[J]. 混凝土,2003(5):15 - 17.
[193] 龚洛书,刘春圃. 混凝土的耐久性及其防护修补[M]. 北京:中国建筑工业出版社,1990.
[194] 金伟良,赵羽习. 混凝土结构耐久性[M]. 北京:科学出版社,2002.
[195] 赵丁. 水泥混凝土抗渗性的实验研究[J]. 东北公路,2000(1):83 - 85.
[197] 王俊. 润扬长江公路大桥混凝土的研究与应用[D]. 南京:河海大学,2005.
[198] 汪澜. 水泥混凝土组成、性能、应用[M]. 北京:中国建材工业出版社,2005.
[199] 储洪强,蒋林华. 利用电沉积方法修复混凝土裂缝实验研究[J]. 河海大学学报:自然科学版,2005,33 (3):310 - 313.
[200] 储洪强,蒋林华,杨彪. 电沉积效果评价中图像处理方法的应用探讨[J]. 河海大学学报:自然科学版,2005,33(5):567 - 570.
[201] 储洪强,蒋林华,华卫兵. 辅助电极及电极距离对沉积效果的影响[J]. 建筑材料学报,2005,8(4):456 - 461.
[202] 蒋林华,储洪强. 混凝土参数对沉积效果的影响[J]. 水利水电科技进展,2005,25(2):23 - 25.
[203] 储洪强,蒋林华. 电沉积方法修复混凝土裂缝实验装置及相应参数的确定[R]//

中国水利学会水工结构专业委员会换届及第八届全国水工混凝土建筑物修补和加固技术交流会,2005.

[204] 蒋林华,Zhang M H,Malhotra V M.水泥基材料氯离子渗透扩散性测试技术[J].建筑材料学报,2002,5(2):147-154.

[205] 蒋林华.混凝土抗氯离子渗透扩散性研究[J].中国腐蚀与防护学报,2002,22(6):343-348.

[206] 黄士元,蒋家奋,杨南如,等.近代混凝土技术[M].陕西:陕西科学技术出版社,1998.

[207] 国家建筑工程质量监督检验中心.混凝土无损检测技术[M].北京:中国建筑工业出版社,1996.

[208] 刘卫东,张东芹,王依民.混凝土结构抗冻性超声检测方法的研究[J].水利学报,2003(3):125-128.

[209] 徐定华,徐敏.混凝土材料学导论[M].北京:中国标准出版社,2002.

[210] 张永安.无机化学[M].北京:北京师范大学出版社,1998.

[211] 石海山,苏晶,杨向东.关于混凝土防冻剂的作用机理[J].建筑技术,1998,29(10):683-684.

[212] 王正烈.物理化学[M].北京:化学工业出版社,2001.

[213] 方璟,武世翔.混凝土在实验室条件下冻融破坏的特点[J].混凝土与水泥制品,2003(4):18-20.

[214] 关慎吾.加气混凝土的水泥用量、水灰比、含气量的变化对抗压强度、强度增进、抗渗性和抗冻性的影响[M]//南京水利科学研究所.混凝土抗冻性译丛.第三辑.1964.

[215] 陈国荣.弹性力学[M].南京:河海大学出版社,2002.

[216] 陈联荣,黄士元.混凝土的抗冻性及其气泡结构[J].上海建材学院学报,1989:4.

[217] 邱平善,王桂芳,郭立伟.材料近代分析测试方法实验指导[M].哈尔滨:哈尔滨工程大学出版社,2001.

[218] 廉慧珍,童良,陈恩义.建筑材料物相研究基础[M].北京:清华大学出版社,1996.

[219] 冯乃廉,邢锋.高性能混凝土技术[M].北京:原子能出版社,2000.

[220] 洪伯潜.我国深井快速建井综合技术[J].煤炭科学技术,2006(1).

[221] 陈肇元,朱金铨,吴佩刚.高强混凝土及其应用[M].北京:清华大学出版社,1992.

[222] 深圳市恒高混凝土实业有限公司.混凝土的高性能与高耐久性混凝土的研究与应用鉴定材料[R].1997(7).

[223] 冯乃廉,陆新瀛,等.耐久性100年以上高性能混凝土[J].混凝土与水泥制品,1998(4).

[224] 蔡昊.混凝土抗冻耐久性预测模型[D].清华大学,1998(4).

[225] Smuller H,Rubner K.高强混凝土:微观特征及有关耐久性[M].冯乃廉,丁建彤,等,译.北京:科学出版社,1998.

[226] 纪细煌.高强混凝土的断裂与内部结构关系研究[D].清华大学,1994(1).

[227] 候君伟,等.现浇混凝土建筑结构施工手册[R].

[228] 牛学超，杨仁树，经来旺．高强混凝土在立井井壁中的应用及展望[J]．中国矿业，2004(11)：51－55．

[229] 赵国藩．高性能混凝土发展简介[J]．施工技术，2002(4)：1－2，16．

[230] 储洪强．电沉积方法修复混凝土裂缝技术研究[J]．南京河海大学学报，2005(03)：310－313．

[231] 蒋林华．混凝土抗氯离子渗透扩散性研究[J]．中国腐蚀与防护学报，2002(6)：343－348．

[232] 林宝玉，吴绍军．混凝土工程新材料设计与施工[M]．北京：中国水利水电出版社，1998：51－72．

[233] 汪澜．水泥混凝土组成性能应用[M]．北京：中国建材工业出版社，2005．

[234] 河海大学科学与工程系．高性能混凝土特性实验报告[R]．2005．

[235] 徐辉东，杨维好，潘声杰，等．龙固煤矿副井井壁 C70－C80 混凝土配制技术[R]．2004．

[236] 徐辉东，杨仁树，郭保国．龙固矿副井特厚表土层冻结段外壁施工技术[J]．煤炭科学技术，2005(9)：20－22．

[237] 徐辉东，王敏建，崔建井．冻结井深厚黏土层施工实践[J]．建井技术，2005(5)．

[238] 徐辉东，王敏建．揭穿有突出危险煤层立井筒的施工技术[J]．煤炭工程，2005(12)：29－32．

[239] 徐辉东，经来旺，杨仁树．矿山立井井筒与表土之间的剪切力分析[J]．岩土力学与工程学报，2006(2)．

[240] 徐辉东，蒋林华，王敏建，储洪强．冻结深井高性能混凝土实验研究报告[R]．2005(11)．

[241] 周治安，杨为民．破裂井筒侧摩阻力分析[J]．煤田地质与勘探，2003，35(5)：37－39．

[242] 刘希亮，朱维申，李书才．高应力作用界面剪切性质的实验研究[J]．岩石力学与工程学报，2004，23(3)：408－414．

[243] 葛晓光．地面与破壁注浆治理井壁破裂灾害的工程分析[J]．煤炭学报，2002，27(1)：42－44．

[244] 张世芳，杨小林．深厚表土层中矿井建设技术[M]．北京：煤炭工业出版社，2002：78－123．

[245] 刘环宇，李晓，王思敬，等．厚冲积层立井井筒非采动破裂过程的三维耦合数值模拟[J]．工程地质学报，2004，12(z1)：529－532．

[246] 刘环宇，李晓，曾钱帮，等．兖州矿区立井井筒非采动破裂的非线性预测与判别方法 [J]．工程地质学报，2005，12(z1)：529－532．

[247] Wengping Li. Study on the formation mechanism of non－mining rupture of coal mine shaft in East China[C]//30th International Geological Congress. Beijing, China ，1996：336－342．

[248] 姚直书，程华，孙文若．深厚表土层中高强复合井壁结构的实验研究[J]．岩土力学，2003，24(5)：739－743．

[249] 周国庆,刘雨忠,冯学武,等.围土注浆缓释和抑制井壁附加力效应及应用[J].岩土工程学报,2005,27(7):742-745.

[250] 刘希亮,张廷顺.井壁竖直附加力与底部含水层应变的关系研究[J].矿山压力与顶板管理,2003,20(4):1-3.

[251] 刘希亮,罗静.高应力下接触面抗剪特性影响因素分析[J].山东大学学报:工学版,2003,33(4):461-466.

[252] Ge Xiaoguang. Shaft-wall rupture induced by coal mine's drainage in thick soil deposition area, Estem China [C]//Proceedings of International Symposium on Hydrogeology and Environment.北京:环境出版社,2000:311-314.

[253] Ge Xiaoguang, Hu Fusheng, Chen Jinson, Liu Rongqiong. Land subsidence of coal mine areas in Huanghe-Huaihe plain, eastern China[C]//Proceedings of the seventh international symposium on land subsidence. Shanghai Scientific & Technical Publishers, 2005:182-187.

[254] 许延春,耿得庸,官云章,等.深厚含水松散层的工程特性及其在矿区的应用[M].北京:煤炭工业出版社,2003:81-82,170.

[255] 李文平.深部土层失水变形时土与井壁相互作用实验与理论研究[J].岩土工程学报,2000,22(4):475-480.

[256] Lai Wangjing, Lu Jun. Relation between the seepage sedimentation mechanism of soil in mining area and shaft rupture[C]//Proceedings of the seventh international symposium on land subsidence. Shanghai Scientific & Technical Publishers, 2005:351-360.

[257] 淮南矿业学院,淮北矿务局.临涣矿区立井井壁破坏形态及机理研究[R]//淮北临涣矿区立井井壁破裂的机理研究与治理技术鉴定材料(9).1993.

[258] Zhou Guoqing, Cui Guangxin. Simulation study on reinforcing overburden to prevent and cure the rapture of shaft lining[J]. Journal of China University of Mining &Technology, 1999, 9(1):1-7.

[259] 周国庆,程锡禄,崔广心,等.黏土层中立井井壁附加应力的模拟研究[J].中国矿业大学学报,1991,21(3):87-91.

[260] 吕恒林,崔广心.钢筋混凝土井壁与深厚围岩(土)耦合机理的研究[J].煤炭学报,2001,26(5):501-506.

[261] 周国庆,崔广心,程锡禄,等.地下工程问题三轴模拟实验台及其应用[J].岩土工程学报,1999,21(6):715 - 718.

[262] 崔广心,杨维好,吕恒林.深厚表土层中的冻结壁和井壁[M].徐州:中国矿业大学出版社,1998:125-157.

[263] Wengping Li, Shuangzhong Yu, Huanjie Liu. Engineering geological study of the mechanism of non-mining ruptures of the shaft in coal mine[C]//A. A. Balkman, Mining Science and Technology. 1994:89-97.

[264] Wengping Li, Shuangzhong Yu, Pingping Du. Study on the mechanism of the interaction between soil and shaft wall in thick deep soils duo to the bottom aqui-

fer losing water[C]//International symposium on New Development of Rock Mechanics Engineering. Qctober 10 - 12, Shenyang, China - NDRM 1994:616 - 622.

[265] Zhou Guoqing, Xu Jiang, Xia Hongchun, Liu Zhiaiang, Ju Xianbo. Testing study of land deformation and response of shaft lining during discharging and recharging to the strata [C]//Proceedings of the seventh international symposium on land subsidence(24 - 29 October). Shanghai Scientific & Technical Publishers, 2005(Ⅰ):344 - 350.

[266] Yao Zhishu, Yang Junjie, Sun Wenruo. Experimental study on sliding shaft lining mechanical mechanisms under ground subsidence conditions[J]. Journal of Coal Science & Engineering, 2003, 9(1):95 - 99.